Sommair

W0360253

Dédicace :
Victor HOST a été responsable, de 1970 à 1978, de la section « didactique des sciences » à l'Institut national de recherches pédagogiques. Il y a créé des équipes ; certaines restent, encore aujourd'hui, soudées...
Il a fondé, en France, la didactique des sciences et a assuré son passage du domaine des chercheurs spécialisés et des Universitaires vers l'ensemble de ceux qui enseignent les sciences à l'école ou qui présentent cette discipline et la font vivre dans les musées et les centres scientifiques culturels et techniques.
Ses collaborateurs connaissaient son souci du service public, sa volonté de contribuer à ce que tous les jeunes bénéficient d'une éducation scientifique, d'une éducation à l'éco-citoyenneté qui correspondent à son idéal démocratique.
Nous souhaitons que cet ouvrage prolonge son œuvre.

Remerciements :
Cet ouvrage n'aurait pu voir le jour sans la collaboration d'enseignants et d'élèves des écoles primaires de Boulogne-Billancourt, Châtenay-Malabry, Colombes, Meudon, Meudon-la-Forêt, Paris, Rueil-Malmaison et Vic-sur-Seille.

Introduction

La vie

Quand on vous dit « les végétaux »
Vous répondez : « la vie »
Quand on vous dit « les animaux »
Vous répondez : « la vie »
Une seule planète dans l'Univers,
Je nomme bien sûr la Terre,
Connaît cette chose fantastique
Et qui apparaît sous nos yeux,
Je prononce là un mot magique,
C'est la vie et c'est merveilleux.

Camille, 10 ans.

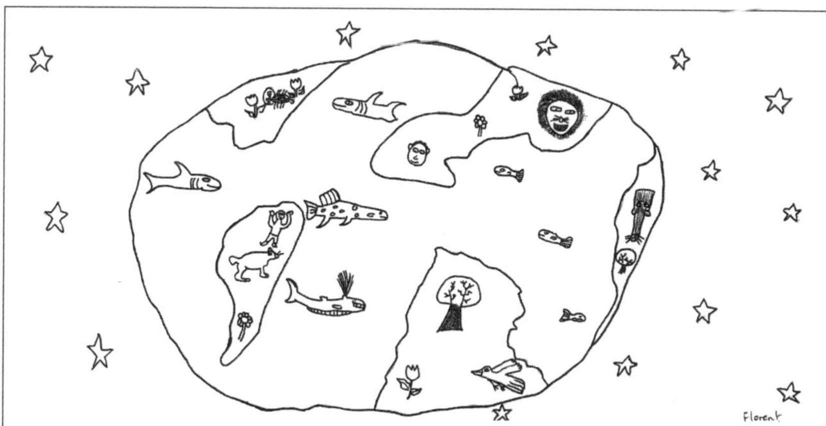

La découverte du monde d'aujourd'hui, avec l'omniprésence des techniques et de grands problèmes d'environnement à l'échelle de la planète, ne peut se concevoir sans la découverte du vivant. Pourtant, il n'est pas si facile de définir la vie. La vie est un état éphémère, fragile. Elle est le bien le plus important que nous possédons.

Sur notre planète Terre, la vie a pris une multitude de formes, que les enfants peuvent percevoir en découvrant à la fois l'unité et la diversité des êtres vivants.

Une actualité pédagogique

La découverte du vivant a, depuis longtemps, une place importante dans les programmes scolaires de sciences. Dès la maternelle, « la découverte du monde vivant » est à la base de la « découverte du monde » par les élèves. Au cycle 2, les instructions officielles mentionnent « le monde du vivant » avec une « découverte du corps de l'enfant », « les manifestations de la vie animale et végétale » et « les êtres vivants dans leur milieu ». Au cycle 3, le domaine des « sciences et techniques » laisse une place importante à « l'unité et la diversité du monde vivant ».

Avec l'an 2000, la prise de conscience de l'importance des sciences, y compris les « sciences de la vie », à l'échelle de la nation a conduit l'Éducation nationale à développer un *plan de rénovation de l'enseignement des sciences et de la technologie à l'école*, qui déclare les sciences et la technologie priorités nationales dans l'éducation à l'école primaire.

La promotion médiatique d'une opération comme « la main à la pâte », dirigée par des physiciens, concourt à la prise de conscience de l'intérêt de « faire des sciences à l'école » et de l'importance de la méthodologie de découverte à mettre en œuvre dans les classes. Cette opération met fortement l'accent sur l'expérience. Or, expérimenter au sens du physicien est loin d'être toujours possible sur les êtres vivants, en tout premier lieu pour des raisons éthiques : on ne va pas prendre le risque de mettre en péril la vie des animaux, ni expérimenter sur l'homme ! De plus les phénomènes vivants se déroulent dans le temps et on a rarement dans l'immédiat les résultats de l'expérience. L'étude du vivant nécessite de prendre en compte ce paramètre du temps, et surtout elle fait davantage appel à des démarches d'investigation par l'observation qu'à des expériences.

Pourquoi un livre sur la pédagogie du vivant ?

La spécificité de l'étude du vivant nous a donc conduits à proposer cet ouvrage, afin d'aider les enseignants à répondre à cette question fondamentale pour les enfants : *« Dis, c'est quoi la vie ? »*

La question de la vie est fondamentale pour les enfants

Une enquête nationale sur les jeunes et la science dans les années 1990 avait indiqué que le thème scientifique le plus prisé des enfants était « le vivant », et en particulier les animaux dès la petite section de maternelle. Cette priorité persistait pour les garçons jusqu'à 10 ans et pour les filles perdurait jusqu'à 12 ans. Aborder la question de la vie est donc une évidence à l'école élémentaire et, encore plus, à l'école maternelle. En effet, si vous proposez à des élèves de maternelle de lire une image, ils repèrent en premier les animaux et seulement en second les personnages.

Comme l'a montré notre enquête (voir chapitre 1, p. 12), les questions des élèves sont multiples, et leurs représentations sur le vivant sont souvent incomplètes ou erronées. Elles le sont d'ailleurs de plus en plus, si l'on compare la situation actuelle à celle vécue vingt ans plus tôt. Les enfants ne sont plus en relation directe avec les manifestations de la nature. Maintenant, en milieu urbain, ils sont bien éloignés des observations que faisaient naturellement les générations antérieures qui étaient plus proches de la vie rurale, s'amusaient à cultiver un petit jardin potager et avaient même assisté à la naissance d'un veau, d'un chiot ou d'un chaton.

Les enseignants sont souvent en difficulté face aux questions des élèves sur le vivant

Est-ce que la rose que vous avez placée dans le vase sur votre bureau est vivante ? Il n'est pas si facile de donner une définition du vivant. Les scientifiques ont été conduits à faire évoluer la définition en fonction de la précision de leurs outils d'observation et d'investigation (voir chapitre 2, p. 28).

Aussi il n'est pas surprenant que les enseignants aient des difficultés face à certaines questions des élèves. La nature des interrogations, qui touchent des sujets sensibles comme celles de la procréation et de la mort, qui sous-tendent des problèmes d'éthique et de religion dans des classes d'élèves aux cultures différentes, peut parfois gêner les enseignants.

Aussi cet ouvrage souhaite d'abord, dans une première partie, remettre à jour leurs connaissances scientifiques sur la définition du vivant, mais aussi faire part de l'expérience d'une équipe d'enseignants et de formateurs sur la façon de répondre par des situations de classe.

Il ne s'agit pas pour autant de répercuter sur les élèves les connaissances des biologistes du plus haut niveau en leur parachutant un discours vide de sens, si l'on n'a pas auparavant construit, sur des bases solides, le concept de vivant. Cet ouvrage reprend donc, dans ses parties 2 à 6, les différents critères qui sous-tendent la définition de la vie en proposant aux enseignants, non de donner des réponses, mais de mettre en œuvre des situations pédagogiques à partir desquelles les élèves construiront progressivement ce concept.

L'actualité met régulièrement sur le devant de la scène des problèmes du vivant

Les médias mettent régulièrement « à la une » des questions dont la compréhension dépend de la connaissance du vivant : problème de la vache folle, OGM, inondations et changements climatiques, etc.

À toutes ces questions, les réponses sont complexes. Elles impliquent toujours des choix politiques face aux « lobbies » de l'économie mondialiste. Faut-il préserver la vie à moyen et long terme aux dépens de profits immédiats ? Chaque citoyen est acteur en tant qu'électeur, mais également par ses choix individuels. Il n'y a qu'à voir le problème de la défiance des consommateurs par rapport à la viande bovine lors des affaires de vache folle. Elles ont jeté le trouble par rapport à la notion d'herbivore !

La mise au clair de ce qu'est le vivant permet de fournir les bases de connaissances afin que les citoyens de demain puissent jouer leur rôle.

Face à cet afflux d'informations, véhiculées par les médias et Internet, mais aussi par les films et les revues pour enfants dont les élèves sont inondés, l'école doit jouer son rôle d'organisatrice des savoirs, en les aidant d'abord à construire le concept de vivant.

Un livre pour aider les enseignants dans leur classe

L'objectif de cet ouvrage est d'aider tous les enseignants à aborder ce concept dans la découverte du monde et la démarche scientifique à l'école primaire.

Faire découvrir les représentations des élèves et aider à les utiliser pour construire un savoir scientifique sur le vivant

Pour savoir comment aborder un thème d'étude avec des élèves, il est important de savoir quel est le niveau de leurs connaissances, leurs questions et leurs représentations sur le sujet. Le premier chapitre de cet ouvrage permet de découvrir les idées et les questions des élèves de l'entrée en maternelle à la fin du cycle 3. En anticipant sur les réactions de ses élèves, l'enseignant pourra mieux prévoir les situations pédagogiques à mettre en place pour faire évoluer leurs représentations en une construction progressive et cohérente du concept de vivant.

L'enseignant peut mesurer l'évolution entre les conceptions initiales de ses élèves et celles qu'ils ont en fin d'apprentissage. Les critères du vivant proposés au début sont en général modifiés. Les critères prédominants, tels que le mouvement, les références anthropomorphiques, l'imitation mécanique de la vie disparaissent au profit de caractères plus spécifiques comme la nutrition, la reproduction et l'évolution. Les enfants prennent surtout conscience de la pluralité des critères qui permettent de définir le concept de vie.

Donner des connaissances scientifiques pour définir le vivant

La définition de la vie pour les scientifiques d'aujourd'hui est une base de connaissances sur laquelle nous pouvons nous appuyer pour faire ressortir les principaux critères du vivant.

Même si leur définition repose souvent sur des observations et des expériences aux niveaux cellulaire et même moléculaire, elle permet de dégager une liste de points essentiels dans la définition de la vie, et ces critères peuvent être perçus par les élèves dès le plus jeune âge.

Aussi, tout en s'appuyant sur elles, cet ouvrage n'en reste pas aux connaissances de pointe des scientifiques d'aujourd'hui. Les parties principales de l'ouvrage sont construites autour des critères principaux qui définissent la vie : procréation et naissance (partie 2), principales fonctions du vivant (partie 3), interactions (partie 4), naissance et mort de l'individu (partie 5), évolution (partie 6).

Proposer des situations d'apprentissage à mettre en œuvre dans les classes

Il ne s'agit en aucun cas de faire un discours aux élèves sur la définition du vivant. Il s'agit de créer des situations d'apprentissage dans l'esprit des instructions officielles et du plan de relance des sciences à l'école. Dans le cas de la découverte du vivant par l'enfant, mettre la main à la pâte signifie aussi avoir « la main verte » pour entretenir des cultures afin de comprendre pourquoi la plante est vivante, ce qui n'est pas une évidence pour les jeunes enfants, de prendre des insectes ou des petits animaux dans sa main pour mieux découvrir leur comportement et entretenir leur élevage ! La découverte du vivant stimule la curiosité. L'apprentissage de la démarche scientifique consiste, à partir du questionnement des élèves (foisonnant dans ce contexte d'appréhension du réel), à faire des hypothèses que l'on vérifie le plus souvent par des observations dont il faut conserver des traces écrites afin de comparer l'évolution des phénomènes et des comportements dans le temps. Ces situations d'investigations scientifiques sont d'une grande richesse, à la fois dans l'intégration de la démarche et pour la maîtrise du langage par les élèves.

À chaque fois l'ouvrage décrit et analyse des situations pédagogiques mises en œuvre dans des classes, et ceci à tous les niveaux de l'école primaire. Cette relation de situations pédagogiques vécues est souvent complétée par des fiches pédagogiques, facilitant leur mise en œuvre par tout enseignant, même débutant.

Comme la découverte du vivant nécessite d'abord de le voir vivre devant soi dans la classe, des fiches techniques guident les enseignants dans la mise en œuvre de petits élevages simples, de cultures ou d'expériences.

Mais l'approche du vivant est surtout l'occasion de construire des partenariats avec des organismes extérieurs à l'école sans perdre la maîtrise pédagogique des projets. Elle est d'abord l'occasion de sorties hors de la classe, dans la ville, dans les espaces verts, dans les forêts... Elle est aussi l'occasion d'utiliser des lieux ressources, comme les maisons de la nature, les expositions de certains musées. Bien entendu, les anciennes classes-découvertes, devenues classes avec nuitées, sont des moments privilégiés pour cette approche du vivant dans toutes ses dimensions.

Participer à l'éducation à la citoyenneté

L'approche de questions d'environnement et de respect du vivant sont l'occasion de développer des conseils d'enfants, mais aussi de connaître les mécanismes de décision, de contacter les élus locaux, les responsables municipaux étant le plus souvent bien réceptifs aux demandes des écoles.

Plus simplement, le suivi d'élevages dans une classe, tout comme la gestion d'un jardin ou de plantations dans la cour de l'école, sont un apprentissage du respect du vivant, où les élèves doivent tour à tour être capables d'assurer le suivi sur la durée, de s'organiser pour effectuer les tâches, même les plus ingrates, d'expliquer aux autres leur démarche pour les amener à respecter le vivant. La mise en œuvre d'observations du vivant contribue donc à une éducation civique, non pas théorique, mais ancrée sur des réalités perceptibles par les élèves.

Permettre aux enseignants et à leurs élèves de mieux comprendre les problèmes d'actualité

Enfin ces réponses à « C'est quoi la vie ? » sont pour l'enseignant le moyen de répondre à ses propres interrogations et à celles de ses élèves. Elles participent à l'éducation à la santé, à la prévention des conduites à risques. Elles peuvent servir d'axes d'élaboration de projets d'école ou de cycle, permettant ainsi de développer une vie de l'école dans le cadre de la formation des élèves à la démarche scientifique pour la connaissance et le respect de la vie.

1

Des représentations des élèves à la définition scientifique du vivant

Définir le vivant n'est pas une évidence. Les biologistes ont aujourd'hui une définition du vivant qui a évolué par rapport à celle de leurs prédécesseurs. Pour les adultes non biologistes, il n'est pas si simple de définir ce concept. La fleur coupée est-elle encore vivante ? Et les ongles, les cheveux ? Sans parler de ceux qui utilisent l'image du vivant pour parler de la Terre, planète active, avec ses séismes et ses volcans ! Alors pourquoi s'offusquer des jeunes enfants qui prêtent vie à la voiture qui roule, aux nuages qui bougent dans le ciel, et la dénient aux plantes parce qu'elles ne bougent pas ?

La construction du concept de vie est un travail de longue haleine que les enseignants mènent de la petite section de maternelle jusqu'à la fin du cycle 3, en proposant des situations d'observation des êtres vivants et en amenant leurs élèves à synthétiser leurs découvertes.

Mais pour mener à bien sa tâche, il convient que l'enseignant ait lui-même une vision claire de ce qui définit le vivant, d'une part dans une approche simple telle qu'elle peut être communiquée aux élèves, mais aussi dans celle qui lui servira de référence, celle des biologistes.

SOMMAIRE

1. Les représentations des enfants sur le vivant

« Les dents sont vivantes parce que quand on mange elles mangent aussi. » Matthias, 4 ans et demi.

« La machine à laver, c'est vivant parce qu'elle marche. » Joana, 7 ans.

Pour les enfants de l'école primaire, des concepts comme celui du vivant sont loin d'être construits.
Ignorer leurs représentations conduit les enseignants qui veulent aborder la biologie dans leur classe à plaquer un savoir sans l'ancrer dans les représentations des enfants.

Pourquoi rechercher les représentations des élèves sur le vivant ?

L'enseignant construit ses situations pédagogiques en fonction de ses conceptions et pratiques de référence. L'enfant, lui, ne peut décrypter ces situations qu'en fonction de ses propres représentations, qui ne sont pas toujours les mêmes que celles de l'enseignant. Il importe donc, pour l'enseignant, de rechercher et de prendre en compte les conceptions de ses élèves, ceci d'autant plus qu'ils sont jeunes et que leurs conceptions sont éloignées de celles de l'adulte.

Connaître les représentations des élèves sur le vivant, c'est évaluer leurs connaissances, prendre en compte leurs questions, leurs façons de raisonner, leur cadre de référence. Gérard de Vecchi et André Giordan préfèrent utiliser le terme *« conception, qui met l'accent sur le fait qu'il s'agit d'un ensemble d'images mentales, de modèles présents chez l'apprenant avant même qu'une activité quelconque ne débute*[1] ».

1. A. Giordan, G. de Vecchi, *L'Enseignement scientifique, Comment faire pour que ça marche*, Z'éditions, 1994, p. 12.

Les recherches en didactique s'accordent pour penser que c'est à travers leurs structures et leurs outils de pensée que les individus s'approprient et mobilisent les savoirs, ou encore se façonnent une image de la réalité. Les conceptions des apprenants ne sont ni évidentes ni transparentes. Pour les connaître, il faut disposer d'une série d'éléments provenant de l'observation systématisée.

Cette démarche nous a conduits à un recueil des représentations d'un nombre important d'enfants de 4 à 11 ans.

ACTIVITÉ 1

RECUEILLIR LES REPRÉSENTATIONS DES ÉLÈVES

Quelques manières de faire émerger les conceptions des élèves

▸ **Questionnaires**

Exemple : *qu'est-ce qui vivait avant l'homme ?*

▸ **Choix à effectuer**

– Le Qsort : l'enseignant élabore une série d'affirmations écrites parmi lesquelles l'élève va faire un choix et un classement.
– QCM.
– Vrai / faux.
– Oui / non.

▸ **Formes plus ouvertes**

– Dessins, schémas.
– Mots-clés : si on vous dit (microbes ou eau…), à quoi pensez-vous ?
– Photo-langage : quelles photos (choisies par l'enseignant ou recherchées par les élèves) représentent le mieux le concept à l'étude ?

Les préalables au recueil des conceptions

▸ **En fonction du sujet d'étude, de l'âge des élèves**

– Distinguer les démarches individuelles et / ou collectives, orales ou écrites.
– Faire varier les formes en tenant compte des différents profils d'apprentissage des élèves : meilleure réception des uns aux formes plus fermées telles : questionnaire, choix… ou pour d'autres, meilleure réception aux formes plus ouvertes telles : dessins, mots-clés ou photo-langage.
– Expliciter l'ensemble de la démarche aux élèves : manière de recueillir les conceptions, manière de les traiter, intérêts.

Comment prendre en compte ces conceptions ?

▸ **Recenser les réponses collectées** (sous forme d'un tableau, d'affichage de la trace écrite ou dessinée)

▸ **Faire prendre conscience des différentes représentations** en favorisant les échanges et les confrontations entre les élèves

▸ **Dégager une problématique**

ACTIVITÉ 1

▸ **Élaborer un projet d'activités,** d'investigations pour répondre aux interrogations

POUR LE MAÎTRE

▸ **Garder une trace de ces premières conceptions**

▸ **Prendre en compte les obstacles à l'apprentissage**

▸ **Mesurer l'écart entre les conceptions des élèves et les objectifs à atteindre** en fin d'apprentissage

▸ **Mettre en place des situations d'apprentissage** en cohérence avec le projet défini

▸ **Mesurer l'écart entre les conceptions initiales et le nouveau savoir construit,** à la fin du travail sur le concept

Comment ont été recueillies les conceptions des élèves sur le vivant ?

Deux méthodes complémentaires ont été associées : le questionnaire et l'entretien. Cet ensemble constitue la phase de recueil de l'information.

Le questionnaire

Le questionnaire donne des informations sur un grand nombre d'enfants, en particulier en distinguant les différents âges, le concept de vivant évoluant de façon importante en fonction de l'âge.

Les représentations prises en compte dans cet ouvrage ont été recueillies à partir du questionnaire suivant.

ACTIVITÉ 2

QUESTIONNAIRE SUR LES CONCEPTIONS DU VIVANT

▸ **Liste des items proposés oralement par les enseignants de maternelle**

Prénom : ....

Âge (année, mois) ....

Classe ....

Sexe ....

Qu'est-ce que la vie ? ....

....

Sont-ils vivants ?	O, oui N, non	Pourquoi ?
L'arbre qui est dans la cour ?		
Les fleurs dans le vase ?		
Les ongles ?		
Les boutures ?		
Une plante dans un pot ?		
Les dents ?		
Un coquillage ?		
La lune ?		
Le soleil ?		
Un chien ?		
Un caillou ?		
Un arbre en hiver ?		
Les cheveux ?		
Un chat qui dort ?		
Le feu ?		
Un rocher dans la montagne ?		
Un poisson dans la mer ?		
Un ours en peluche ?		
Un ordinateur ?		
Une marionnette ?		
Un nuage ?		
Le ciel ?		
Une voiture téléguidée ?		
La maîtresse ?		
La poussière ?		
La télévision ?		
Et toi ?		

▸ Complément du questionnaire pour les élèves de l'école élémentaire

Sont-ils vivants ?	O, oui N, non	Pourquoi ?
Un œuf au supermarché ?		
Les endives au supermarché ?		
L'amour ?		
Un microbe ?		
Un embryon ?		
La machine à laver ?		
L'ampoule électrique ?		
La pendule ?		

▸ Remarques

....

....

Pour les élèves de cycle 3, on a d'abord proposé de répondre par écrit à une question ouverte : « *Qu'est-ce que la vie ?* » afin de mieux cerner leur représentation du vivant.

« *La vie est une grande histoire qui se déroule de plus en plus.* »
Henri, 9 ans.

« *La vie, c'est quelque chose de magique, de féerique, quelque chose qui nous fait réfléchir.* » Anaïs, 9 ans et demi.

La qualité de l'expression des élèves dépend de la consigne. Il est important d'être rigoureux par rapport aux consignes afin de ne pas induire, de ne pas fausser les réponses des enfants en les dirigeant dans la direction qu'ils considèrent être celle que souhaite l'enseignant. En effet, dans tout recueil de représentations, les élèves cherchent à se conformer à ce qu'ils imaginent être l'attente du maître. C'est ainsi que pour cette enquête, on a recueilli ces réponses :

« *La vie, c'est la plus belle chose au monde et c'est l'école.* »
Benjamin, 8 ans et 10 mois.

« *La vie, c'est d'aller à l'école, de faire un métier et de bien s'amuser.* »
Benjamin, 8 ans.

De plus, les conceptions qui vont émerger à cette occasion n'existant pas de manière formelle dans la tête des élèves, tout peut être inducteur. La consigne doit être rédigée simplement avec des mots choisis pour éviter d'orienter les réponses. Ce type de travail est souvent en rupture avec les activités habituelles de la classe. Les élèves surpris vont demander des précisions à l'enseignant qui veillera à ne pas expliciter la consigne, mais à la répéter dans les mêmes termes. Certains élèves peuvent refuser de s'exprimer. Le sens de ce type de travail oblige à accepter leur refus. L'absence de quelques productions n'empêchera pas la poursuite de l'activité.

L'entretien

L'entretien s'utilise en complément aux questionnaires afin de clarifier certains types de réponses incomplètes ou nécessitant des explications pour être interprétables.

On peut aussi, dans la phase collective, poser des questions complémentaires pour susciter la confrontation entre les enfants d'opinions différentes.

Bien sûr pour les enfants de moins de six ans, les méthodes orales ou le dessin (dessin explicatif et non dessin d'imagination) sont mieux adaptées à leur moyen d'expression.

Pour les plus jeunes, les entretiens individuels permettent d'exprimer davantage d'idées que par écrit et de faire préciser leur pensée. Les élèves peuvent dicter à l'adulte leurs réponses, ce qui les amène par ailleurs à un premier contact avec un écrit signifiant.

Le questionnaire proposé permet donc de repérer chez les jeunes enfants et même chez les moins jeunes, voire les adultes, ce qu'ils considèrent comme vivant et non vivant. Il permet de débuter une réflexion sur la définition du vivant, et ceci à différents niveaux justement en fonction des conceptions rencontrées.

Pourquoi ne pas vous interroger vous-mêmes ? Les réponses à ce questionnaire sont-elles toutes évidentes ?

■ Questionnaire adulte

Sont-ils vivants ?	**O, oui N, non**	**Pourquoi ?**
Les fleurs dans le vase ?	Oui	Tant qu'elles ne sont pas fanées, elles peuvent, dans certains cas, produire des graines.
Les dents ?	Oui	Elles sont alimentées en sang.
Les ongles ?	Non	Sauf la matrice qui régénère l'ongle à la base.
Les boutures ?	Oui	Puisqu'elles se développent en une plante entière.
La terre ?		La terre, si elle n'est pas stérile, contient des éléments vivants (microbes, microflore, bactéries) et des éléments minéraux (non vivants).
Le soleil ?	Non	
Les cheveux ?	Non	Inertes : composés de kératine.
La poussière ?		Elle contient à la fois des poussières minérales non vivantes et des organismes vivants (spores, pollens, bactéries...).
Un microbe ?	Oui	
Un virus ?	Oui/Non	Voir page 34
Un embryon ?	Oui	
Un œuf au supermarché ?		L'œuf est un ovule de poule. Il est encore vivant, même si sa durée de survie est limitée étant donné qu'il n'a pas été fécondé, et qu'il ne peut donc pas se développer.

Le traitement de l'information

Les réponses aux questionnaires et aux entretiens sont analysées à l'aide de grilles et rassemblées par grandes catégories, notre objectif étant de savoir ce que les élèves considèrent comme vivant ou non et pourquoi.

La terminologie utilisée par les apprenants doit parfois être « décodée ». Par exemple, à la question : *« Est-ce qu'un arbre en hiver est vivant ? »*, certains enfants répondent que non. Si les réponses sont enregistrées telles quelles, on peut en déduire que, dès qu'il n'y a plus de signes visibles, l'arbre est considéré comme mort. Pourtant, lorsque l'on fait s'exprimer les auteurs de ces réponses, on se rend compte que *« il n'est pas mort parce qu'il repousse au printemps, mais il n'est pas vivant car il n'a pas de feuilles et ne pousse pas »*. D'ailleurs, dans notre langage, il arrive que *disparaître* ou *ne plus exister* puisse avoir la même signification (mourir). Il est essentiel de mener le plus souvent possible ce type d'analyse afin de ne pas tomber dans les travers qui amèneraient inévitablement à de fausses interprétations.

De même, nombre de mots n'ont pas le même sens pour l'apprenant ou pour l'enseignant. Pour un enfant : *« Est-ce que la mite aime la laine ? »* ne signifie pas *« manger la laine »*, mais y rechercher une douce chaleur ! Le sens exact d'un mot ou d'une expression évite de nombreuses confusions d'interprétation.

Ce qui intéresse l'enseignant, ce sont les erreurs des élèves, les notions essentielles manquantes, la cohérence des réponses, les obstacles à l'apprentissage, les façons de raisonner, les critères d'identification du vivant retenus.

Notre enquête a été réalisée dans des écoles maternelles et élémentaires des Hauts-de-Seine de population scolaire hétérogène (ZEP, milieu intermédiaire, milieu favorisé, absence de milieu rural). Pour chaque tranche d'âge, 400 élèves ont été interrogés.

Analyse des représentations des élèves

Élèves de moins de 6 ans : maternelle

D'après les résultats figurant dans le tableau, seule la maîtresse est vraiment vivante !

Les critères retenus par les enfants de moins de 6 ans sont essentiellement :
– le mouvement ;
– les échanges nutritifs ;
– les manifestations sensorielles.

Pour ces jeunes enfants est vivant ce qui bouge, se nourrit, boit…

Sont-ils vivants ?	Vivant en %	non vivant en %	NSP en %	Échanges gazeux	Échanges nutritifs	Mouvement	Anthropomorphisme	Reproduction	Manifestations sensorielles du vivant	Critères de vie humaine (amour, éducation)	Respect du corps (hygiène, santé)	Imitation mécanique de la vie	Irréversibilité de la mort	Évolution et transformation
La maîtresse ?	100	0	0	X	X				X	X				
Un chien ?	99	1	0	X	X	X			X					
Et toi ?	99	1	0	X	X	X							X	X
Un poisson dans la mer ?	95	4	1	X	X	X								
L'arbre dans la cour ?	86	4	10		X									X
Les fleurs dans le vase ?	82	15	3		X									X
Une plante en pot ?	79	13	8		X									X
Les cheveux ?	74	25	1		X				X		X			
Un arbre en hiver ?	69	24	7	X	X									
Les dents ?	56	48	0		X		X		X					X
Les ongles ?	54	44	2						X					X
Un coquillage ?	54	42	4						X					
La lune ?	54	37	9	X	X	X	X		X					X
Une voiture téléguidée ?	54	38	8			X	X					X		
Un ours en peluche ?	51	48	1				X		X	X		X		
Le soleil ?	48	40	12			X	X							X
Un caillou ?	48	50	2			X								
Un nuage ?	48	39	13			X	X							
Le feu ?	47	40	13			X								X
Le ciel ?	45	38	17			X	X							
Un chat qui dort ?	43	37	20						X					
Un ordinateur ?	43	40	17			X	X					X		
Les boutures ?	36	22	42		X									X
Un rocher dans la montagne ?	32	42	26			X								
La télévision ?	32	56	12			X						X		
La poussière ?	31	58	11			X								
Une marionnette ?	30	49	21			X	X					X		

Vivant/non vivant pour les moins de 6 ans

Ceci explique par exemple que le chat qui dort ne soit pas vivant. Au contraire, on peut avoir aussi quelques résultats surprenants, par exemple pour quelques élèves qui ont fait un travail sur les plantes, la plante en pot est vivante *« parce que la terre est son repas »*.

Les critères de reproduction et d'irréversibilité de la mort n'apparaissent pas. L'analyse des réponses montre en revanche de fortes conceptions anthropomorphiques.

« Les cheveux, c'est pas vivant parce que ça a pas de zyeux. »
« Un caillou, c'est pas vivant parce que ça ne mange pas et ça ne boit pas. »
« Les ongles, c'est pas vivant parce qu'ils ne parlent pas. »
« Les dents quand on les lave, je mets de l'eau. Elles en gardent un peu, comme ça, elles vivent. »
« La lune, elle est vivante parce qu'elle nous éclaire et elle a une bouche et des yeux. » Clémentine, 5 ans et demi.

« Les cheveux, c'est vivant, ils sont plantés dans notre tête, ils grandissent, ils boivent dans notre tête. Quand on les arrache, ils meurent. » Lyes, 5 ans et demi.

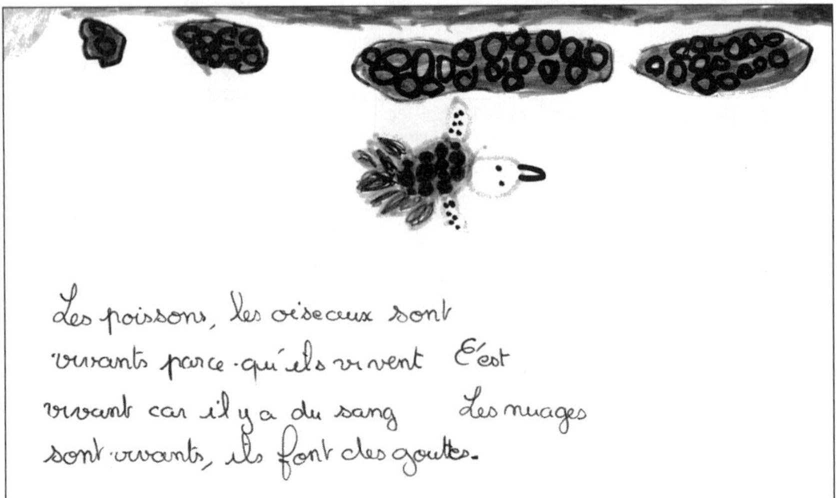

Pierre-Louis, 6 ans : « Les poissons, les oiseaux sont vivants parce qu'ils vivent… Les nuages c'est vivant, ils font des gouttes. »

Pour les élèves de maternelle, le concept de vie n'est pas construit ; les représentations des enfants restent très liées à l'anthropomorphisme et à l'animisme.

Enfants de 6 à 8 ans : cycle 2

Sont-ils vivants ?	Vivant en %	non vivant en %	NSP en %	Échanges gazeux	Échanges nutritifs	Mouvement	Anthropomorphisme	Reproduction	Manifestations sensorielles du vivant	Critères de vie humaine (amour, éducation)	Respect du corps (hygiène, santé)	Imitation mécanique de la vie	Irréversibilité de la mort	Évolution et transformation
Un chien ?	100	0	0	X	X	X			X					X
Un poisson dans la mer ?	100	0	0	X	X	X								
La maîtresse ?	100	0	0	X	X	X			X	X				
Et toi ?	100	0	0	X	X	X			X	X	X			X
Un chat qui dort ?	90	10	0	X	X				X				X	
Un microbe ?	88	10	2		X	X					X			X
Un embryon ?	85	5	10		X	X	X							X
Une plante en pot ?	80	20	0		X									
Un nuage ?	79	12	9			X	X							
L'arbre dans la cour ?	75	25	0	X	X									X
L'amour ?	75	5	20							X	X			
Un arbre en hiver ?	66	29	5		X		X							X
Les cheveux ?	66	23	11								X			X
Les boutures ?	65	35	0											X
Le ciel ?	65	25	10				X							X
Les fleurs dans le vase ?	60	40	0		X									
Les dents ?	50	45	5						X				X	X
La pendule ?	50	47	3			X								
Le soleil ?	48	47	5			X								
La lune ?	45	52	3			X			X					
Les ongles ?	44	54	2											X
Un coquillage ?	40	52	8						X					
Un œuf au supermarché ?	23	70	7											X
Un rocher dans la montagne ?	20	75	5			X								
L'ampoule électrique ?	20	79	1									X		
Un ordinateur ?	15	80	5			X						X		
La poussière ?	15	80	5							X				
La télévision ?	15	80	5			X						X		
Le feu ?	12	79	9							X				
Une voiture téléguidée ?	12	87	1			X						X		
Un ours en peluche ?	10	85	5						X					
Les endives au supermarché ?	10	88	2										X	
La machine à laver ?	10	90	0			X						X		
Un caillou ?	8	90	2											
Une marionnette ?	0	100	0											

Vivant/non vivant pour les 6-8 ans

D'après les résultats figurant dans le tableau, la notion de vie en ce qui concerne le *monde animal* (chien, poisson, chat qui dort...) semble être acquise pour tous les enfants de 6 à 8 ans, alors que pour le *monde végétal*, un enfant sur quatre affirme encore que l'arbre en hiver n'est pas vivant. Les « objets mobiles » sont encore assez souvent recensés comme vivants : le nuage est considéré par 4 enfants sur 5 comme vivant, et la pendule par 1 sur 2.

Chloé, 7 ans : « Je vis parce que je marche ! »

Parmi les critères retenus par les enfants de 6 à 8 ans apparaissent principalement :
– le mouvement (comme pour les enfants de la maternelle) ;
– l'évolution, la transformation (en particulier prises en compte pour les végétaux) ;
– les échanges nutritifs (animaux, végétaux).

N'apparaissent pas ou très peu :
– la reproduction ;
– l'irréversibilité de la mort.

L'analyse des réponses montre également des conceptions anthropomorphiques :
« C'est pas vivant car ça n'a pas d'yeux et de bouche. »
« Le caillou n'est pas vivant parce qu'il ne marche pas. »

Dans le cas des sujets en vie latente (œufs, embryons), les enfants perçoivent plus la vie dans l'embryon avec les critères d'échanges et d'évolution. Quelques-uns répondent : *« L'œuf ça vit parce que la poule est vivante et que c'est elle qui fait des œufs. »*

Les *éléments naturels*, comme la lune et le soleil, sont considérés par près de la moitié des enfants comme vivants. Quant au ciel, deux sur trois l'affirment vivant.

Des *réponses animistes* sont données :
« Le soleil vit car il se lève et se couche tous les jours. »
« La lune c'est vivant parce qu'elle apparaît et disparaît. »

Dans la plupart des cas, les enfants n'ont qu'une définition tautologique à donner :
« Un chien est vivant parce que c'est un chien. »

Lorsque des explications plus précises sont données pour un être vivant en particulier, elles ne sont pas généralisées.

Il ne s'agit donc pas d'une véritable construction, par l'enfant de cet âge, de la notion de vie mais plutôt de représentations confuses, parfois contradictoires, sans toujours de justifications précises.

Enfants de 8 à 11 ans

D'après les résultats figurant dans le tableau, la notion de vie en ce qui concerne le *monde animal* est acquise pour tous. Pour le *monde végétal*, la notion est presque construite (arbre, fleur, plante…) ; seul l'arbre en hiver reste non vivant.

Charlotte, 10 ans : « L'arbre et l'oiseau sont vivants. Ils bougent, ils ont un cœur (l'arbre aussi). »

Sont-ils vivants ?	Vivant en %	non vivant en %	NSP en %	Échanges gazeux	Échanges nutritifs	Mouvement	Anthropomorphisme	Reproduction	Manifestations sensorielles du vivant	Critères de vie humaine (amour, éducation)	Respect du corps (hygiène, santé)	Imitation mécanique de la vie	Irréversibilité de la mort	Évolution et transformation
Un chien ?	100	0	0	X	X	X		X					X	X
Un chat qui dort ?	100	0	0	X		X								X
Un poisson dans la mer ?	100	0	0	X	X	X		X					X	X
La maîtresse ?	100	0	0	X	X				X	X	X			
Et toi ?	100	0	0	X	X	X				X	X			X
Les fleurs dans le vase ?	89	7	4		X			X					X	X
un microbe ?	88	5	7		X	X					X			
Un embryon ?	88	12	0	X	X	X			X					X
L'arbre dans la cour ?	86	7	7		X								X	X
Une plante en pot ?	84	9	7	X	X			X					X	X
Un œuf au supermarché ?	75	18	7			X		X						X
Les dents ?	73	20	7		X				X		X			X
Un arbre en hiver ?	72	24	4	X	X									
Un coquillage ?	70	23	7		X	X								
Les boutures ?	63	16	21	X	X			X						X
L'amour ?	56	33	11							X				
Les cheveux ?	39	61	0											X
Un nuage ?	39	58	3			X								
Les ongles ?	35	61	4						X					X
La lune ?	29	61	10			X								
Le soleil ?	28	55	17			X								X
Le feu ?	18	75	7			X								
Le ciel ?	18	75	7			X								X
Un ordinateur ?	14	86	0				X					X		
Un rocher dans la montagne ?	7	86	7			X								X
La pendule ?	7	93	0				X					X		
La poussière ?	4	86	10			X								
La télévision ?	4	86	10				X					X		
Les endives au supermarché ?	4	86	10											
L'ampoule électrique ?	4	94	2				X					X		
La machine à laver ?	3	97	0				X					X		
Un caillou ?	0	97	3											
Un ours en peluche ?	0	100	0						X			X		
Une marionnette ?	0	100	0											
Une voiture téléguidée ?	0	100	0											

Vivant/non vivant pour les 8-11 ans

Les « objets mobiles », hormis le nuage, ne sont plus recensés comme vivants.

Les critères retenus : échanges gazeux, échanges nutritifs et évolution, transformation sont mieux pris en compte par les enfants de 8 à 11 ans.

Le critère reproduction, qui n'était jusqu'à présent pas évoqué, apparaît.

Les conceptions anthropomorphiques disparaissent, mais le critère de mouvement est encore présent (lune, soleil).

L'analyse du tableau montre, pour les enfants de cet âge, une augmentation de *« je ne sais pas »* en ce qui concerne les éléments naturels.

La notion de vie reste seulement à construire pour les éléments qui n'ont pas fait l'objet de manipulations ou d'observations directes (le cheveu, les ongles, l'œuf, le feu.)

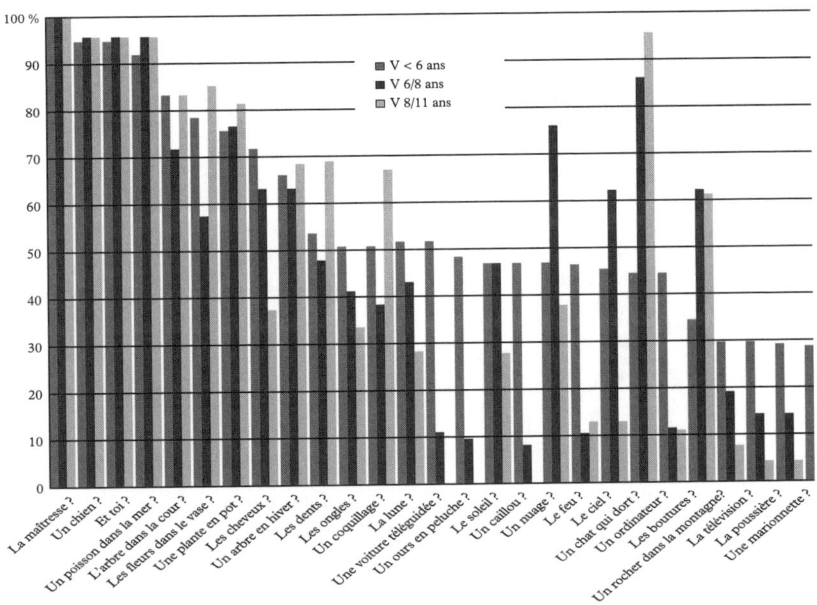

Pourcentage d'enfants de chaque tranche d'âge qui considèrent que ces éléments sont vivants

La prise en compte des représentations

L'analyse de tous ces indicateurs renseigne le maître sur :
– l'état de connaissance des élèves ;
– les critères d'identification du vivant retenus ;
– les conceptions fausses ou erronées des enfants ;
– les notions essentielles manquantes ;
– les obstacles à l'apprentissage.

La recherche et l'analyse des conceptions permettent donc de repérer des points d'ancrage possibles pour la mise en place des situations d'apprentissage : les domaines de questionnement, les zones d'ombre dans les connaissances et surtout les obstacles dont il faudra tenir compte pour aborder la notion de vivant avec la classe. La comparaison de la définition scientifique du vivant avec celle des enfants permet de mesurer l'écart entre les objectifs d'apprentissage définis par le maître et les conceptions initiales des élèves. Cela permet de définir des contenus et des situations pédagogiques mais surtout de savoir si ce contenu est lisible, compréhensible, réutilisable, s'il provoque une transformation du savoir.

Toutefois, cette approche des savoirs ne doit pas occulter les attitudes recherchées : curiosité, incitation à se poser des questions, esprit critique, envie de chercher, confiance en soi.

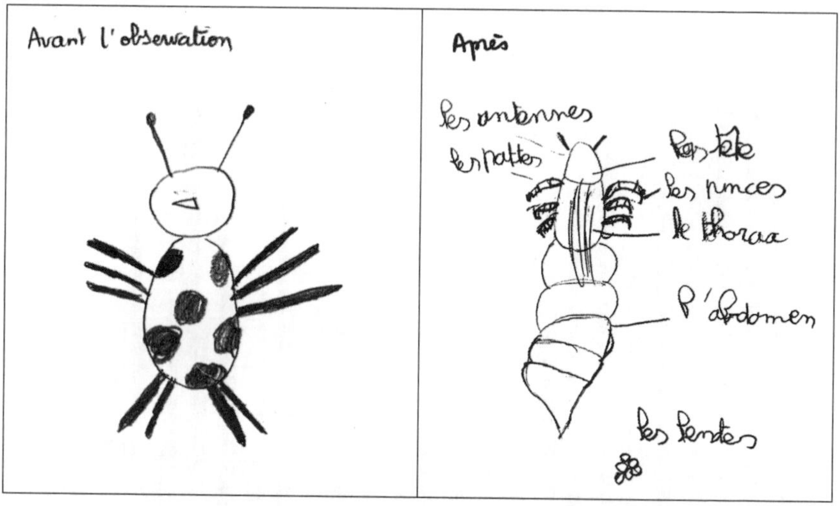

Évolution des dessins de Charlotte, 8 ans
Le pou : représentation initiale, puis dessin après observation

Le niveau de formulation exigé devra donc s'adapter à l'âge des enfants, à leur état de connaissance et à leur capacité d'analyse et d'interprétation.

L'interprétation et la prise en compte des conceptions des élèves ne sont pas toujours évidentes pour l'enseignant qui doit être bien au clair sur le concept de vivant à son niveau.

L'ensemble de cet ouvrage tente de l'y aider en reprenant point par point les différentes approches de la question. On trouvera dans chacun des chapitres des mises en situation testées qui partent des conceptions des enfants et les font évoluer. Toutes s'appuient sur certains paramètres de la définition du vivant telle qu'elle est formulée aujourd'hui par les scientifiques.

2. Définition du concept de vie

De même que le concept de vivant ne se construit que très progressivement chez les enfants, de même, dans le grand public, chez beaucoup d'adultes, des persistances de croyances non scientifiques et l'utilisation d'acceptions figurées font obstacle à la compréhension réelle de la définition du biologiste... Nous devrons donc faire un détour pour évoquer ces obstacles avant d'expliciter celle-ci.

Le vivant dans le langage courant

Évoquons le très charmant texte de Colette dans *Sido*[1]. La petite fille, impatiente, veut gratter la terre, pour voir où en sont les bulbes que sa mère vient de planter. Une main preste l'arrête : *« Tu n'es qu'un petit vampire inconscient, tu ne comprends rien à ce qui VEUT vivre ! »*

« Ce qui veut vivre ! »

Longtemps, en effet, on a attribué au vivant une « force vitaliste » que François Jacob[2] replace au musée de l'histoire des représentations : on pensait que la matière vivante différait de la matière ordinaire par une substance mystérieuse, une force vitale, qui anime les êtres vivants.

Par ailleurs, dans la vie courante, le terme « vivant » a des acceptions imagées. Tel bijoutier, amoureux de cette turquoise, me dit : *« Vous voyez, elle est vivante : elle capte la lumière »*... et cet ami savoyard qui, depuis son enfance, contemple à l'horizon ces superbes falaises des Préalpes m'affirme, sûr de lui : *« On voit bien qu'elles sont vivantes, les montagnes ; elles sont plissées... »* Un instituteur dira de sa classe qu'il préfère un effectif assez étoffé : *« C'est plus vivant... »*

1. Colette, *Sido*, Le Livre de Poche, n° 373, pp. 19-20.
2. Introduction de la conférence inaugurale par François Jacob sur le thème : « Qu'est-ce que la vie ? » (CNAM, 1er janvier 2000).

Bref, « vivant » signifie alors capable d'action, de changement... C'est le contraire de figé, d'immobile... Et le terme n'a plus que des liens indirects avec la définition du biologiste...

Des amis géologues ont même intitulé une série d'émissions du CNDP : « La Terre, planète vivante ». Ils voulaient dire, bien sûr : « La Terre, planète qui évolue. » Même fait au nom de l'humour (ou de l'euphonie ?), un tel contresens est assez regrettable... En tout cas, il appelle un commentaire, pour (re)préciser la définition du biologiste...

Des spécialistes des sciences de la Terre (Lovelock, etc.) ont défini le concept de GAIA : la Terre est un système organisé, qui aurait quelque chose à voir avec le vivant... Nous laisserons aux spécialistes ce genre de débat, où les chercheurs eux-mêmes ont des points de vue tout à fait contradictoires...

Reprenons le fonctionnement de la langue et l'utilisation de l'acception figurée. On ne gouverne pas la langue « par décret » et dans tous les domaines de la vie courante et de la littérature, chacun joue à sa volonté de l'usage des mots...

Pour le vivant, la confusion est si totale que d'aucuns affirment, dans une préface : *« Ce livre est vivant ! »* Tiens donc, les autres livres ne le sont pas, ou le sont aussi ! Nous sommes au niveau des enfants qui affirment que *« la machine à laver est vivante, puisqu'elle marche »*. Ici, ce livre « est vivant », puisqu'il est intéressant ! On peut également entendre dire, par exemple : *« Les morts sont vivants. »* (Traduisez : le souvenir des morts est très présent et très important dans notre société.)

Ces « hérésies épistémologiques » sont quelquefois affirmées avec sérieux, voire avec dogmatisme...

En tout cas, toutes ces confusions entre acception première et acception(s) dérivée(s), imagée(s) appellent des précisions, et des mises en garde.

Il s'agit, en biologie, de rappeler quel est l'objet d'étude de cette science, et c'est, précisément, le vivant. Il est donc nécessaire de savoir de quoi on parle et de se référer à la définition scientifique *actuelle* du vivant, donnée par les biologistes.

Définition des scientifiques

Nous ne saurions avoir de meilleure introduction que cet extrait tiré de l'introduction de la conférence inaugurale par François Jacob[1] sur le thème : « Qu'est-ce que la vie ? »

1. *Op. cit.*

« La vie est ce qui différencie les êtres vivants aussi bien par rapport aux êtres morts qu'aux choses inanimées. »

La vie exclut la mort...
Cela pourrait sembler aller de soi, mais il n'en est rien, puisque tel universitaire, sociologue (révisionniste par rapport à la biologie ?) déclare sans rire lors d'une soutenance de thèse que *« les morts sont vivants »*. Nous n'étions pas très loin d'affirmer qu'ils font tourner les tables !

La vie exclut « les choses inanimées ».
Les montagnes, si plissées soient-elles, les pierres, précieuses ou non, la voiture, bien qu'elle roule si vite et qu'elle ait sans cesse besoin de boire, la machine à laver, même quand elle marche, même les livres qui, pourtant, nous transportent ailleurs, et même l'ordinateur, qui sait pourtant nous parler et nous dire son indignation quand nous l'avons mal éteint, etc. Contrairement à un être vivant, une machine n'est pas capable à la fois de s'auto-construire, de s'auto-reproduire et de se procurer elle-même l'énergie dont elle a besoin.

La vie est l'objet d'étude de la biologie.
La biologie a un objet difficile à définir ; il ne s'agit pas ici, évidemment, de l'acception de la vie courante : un objet décoratif, un objet fractal... mais bien précisément, de l'acception scientifique : une partie de la réalité... Ainsi, nous devrions définir aussi la réalité, mais en nos temps de réalité virtuelle, cela nous éloignerait de notre sujet.

Remarquons cependant que pour la physique, la chimie et la technologie, les deux acceptions, dans un premier temps, se confondent : nous travaillons, les enfants travaillent sur des piles, des aimants, des ressorts : objets de savoir et objets réels sont confondus.

En mathématiques, déjà, les deux acceptions ne sont pas toujours « superposées » ou superposables. Dans un livre largement diffusé, *Matière à pensée*[1], le neurobiologiste Jean-Pierre Changeux et le mathématicien Alain Connes s'interrogent : *« Les objets mathématiques existent-ils en dehors de l'esprit ? »*, et Jean-Pierre Changeux de poursuivre : *« ... des neurones du mathématicien ? »* Citons ici les termes de l'avant-propos : *« Quelle est la nature des objets mathématiques ? Ceux-ci existent-ils indépendamment du cerveau de l'homme, qui les découvre ? Ou, au contraire, sont-ils seulement le produit de l'activité cérébrale, qui les construit ? Les développements récents des neurosciences, ou sciences du système nerveux, versent de nouvelles pièces à un dossier instruit déjà au cœur des* "Dialogues" *de Platon. »*

En biologie, cette fois, les deux acceptions ne se recouvrent plus du tout : un « objet » de la vie courante est, par définition, inerte.

---

1. A. Connes, J.-P. Changeux, *Matière à pensée*, Odile Jacob, 2000.

L'objet de la biologie, c'est : la vie, le vivant, les êtres vivants, tous les êtres vivants, tout être vivant !

La vie se définit par un faisceau de caractères, tous constitutifs de la complexité de la vie.

Une brève définition du vivant

Un être vivant est un système matériel **organisé** qui échange avec le milieu extérieur :
- de la matière ;
- de l'énergie ;
- de l'information.

La vie ne se maintient que dans certaines conditions du milieu extérieur.
Le vivant est caractérisé par une structure qui a la capacité de reproduire (ou de faire reproduire) son organisation.
Le vivant est capable de faire ses propres synthèses.
Le vivant provient du vivant.
Tout être vivant est situé dans le temps : il est caractérisé par son âge, et par sa place sur la flèche du temps, (place dans l'histoire de l'univers...).

Chaque élément de ce faisceau de caractères mérite explicitation et commentaires.

Qui dit vivant, dit matière organique

Et oui, l'homme n'est ni ange, ni bête, et « qui veut faire l'ange fait la bête » ! Les plus belles réalisations artistiques, les plus hautes pensées philosophiques, les plus « vertueuses » manifestations de la liberté n'auraient jamais été réalisées, été formulées si une organisation matérielle très précise n'avait pu fonctionner...

Vivant et matière sont la chaîne et la trame d'un même tissu, et sont totalement indissociables. Vous vous dites BIOLOGISTE, pas du tout, vous êtes chimiste, et physicien, aussi, bien sûr. Vous êtes BIOchimiste ! Et les spécialistes des sciences de la santé et les chercheurs en industrie pharmaceutique ne manqueront pas de reprendre à leur compte l'assertion : le vivant est composé de matière[1].

Mais, lorsqu'on pense matière, le plus souvent on pense matière inerte. Quelle est donc la caractéristique, la spécificité de la matière constitutive du vivant ?

Certes, l'eau, qui est un constituant fondamental de la matière vivante (notre corps est constitué de 70 % d'eau), fait partie de la chimie miné-

1. Lorsque vous dites « matière », vous dites aussi, bien entendu, « masse », et, si nous sommes à la surface de la Terre, « poids ». Il est difficile de faire la distinction entre *masse* et *poids* avec des enfants de l'école élémentaire, encore que, maintenant, ils savent ce qu'est l'apesanteur, et que la force d'attraction sur la Lune n'est pas la même que celle que l'on définit comme force de gravité terrestre.

rale, mais le plus grand nombre des molécules caractéristiques du vivant comportent du carbone et font partie de la chimie organique.

On a longtemps cru que la matière du vivant était différente de la matière des choses inanimées. On pensait même que la matière du lapin était différente de celle de l'escargot. On imaginait un « vitalisme », une « force vitale » conférant aux êtres vivants des propriétés particulières. La recherche de cette « substance vitale » a été abandonnée quand on a découvert que les molécules organiques des êtres vivants pouvaient être synthétisées à partir des composés inorganiques. C'est en 1828 qu'une expérience a permis de rejeter cette théorie du vitalisme, lorsque Wöhler a réalisé pour la première fois la synthèse de l'urée (molécule organique fabriquée par les organismes vivants) à partir de composants minéraux. Les molécules de la vie ne contenaient donc pas une substance particulière.

Il n'en demeure pas moins que les êtres vivants sont formés de matière dite « organique », dont les molécules sont construites autour d'atomes de carbone. Cette *chimie du carbone* comporte deux types de molécules :
– d'une part des petites molécules fabriquées par une chaîne de réactions y ajoutant ou retranchant un petit groupe d'atomes. Chacune de ces réactions est catalysée par un enzyme spécifique ;
– d'autre part des molécules de masse moléculaire élevée : protéines, glucides[1], lipides. Ces molécules sont formées par répétition d'une même réaction ajoutant à chaque étape une petite molécule. On parle de polymères. Ainsi, parmi les glucides, les « sucres » dans le langage courant, la molécule d'amidon (la substance que renferme la pomme de terre par exemple) est formée par la polymérisation de très nombreuses molécules de glucose ($C_6H_{12}O_6$). Les lipides, appelés « matières grasses » par la ménagère, sont aussi de grosses molécules.

Mais les plus importantes pour le vivant sont celles qui contiennent en plus dans leur structure chimique des atomes d'azote : les *protéines* et les *acides nucléiques*.

Ces dernières peuvent être formées de centaines ou de milliers de petites molécules : on parle de macromolécules. C'est le cas des vedettes du code génétique, l'*acide désoxyribonucléique (ADN)* et l'*acide ribonucléique (ARN)*.

L'originalité de toutes ces molécules est qu'elles sont comme des phrases, formées à partir d'un vocabulaire de base relativement simple.
– Ainsi, les très nombreuses molécules de *protéines* sont constituées à partir seulement d'une vingtaine d'acides aminés différents. Ces molécules

1. C'est le terme de « glucide » qui est actuellement correct… Si vous trouvez encore le terme d'« hydrate de carbone », utilisé autrefois mais qui ne correspondait pas vraiment à l'organisation de la molécule, c'est que vous avez un document obsolète ou que le traducteur ou le journaliste ne se soucie pas d'exactitude de vocabulaire !

constituent d'une part les structures de toutes les cellules, et d'autre part les enzymes, chacun spécifique d'une réaction chimique, qui sont les catalyseurs sans lesquels aucune réaction chimique des organismes vivants ne pourrait avoir lieu. Chacune de ces protéines est spécifique.
– Les *acides nucléiques*, ADN et ARN, sont encore plus étonnants. Ce sont un peu comme des trains formés seulement par 4 wagons différents. En effet, ce sont des polymères formés à partir de 4 bases : les bases puriques et pyrimidiques. Pourtant ils ont un rôle essentiel pour le vivant : l'ADN assure la conservation et la reproduction de l'information génétique, l'ARN assurant le transfert des informations dans la cellule.

Les spécificités des êtres vivants et les propriétés du vivant s'expliquent par la structure et les propriétés de ces molécules.

L'ADN est le support de l'information génétique. Il constitue les gènes qui gouvernent l'organisation des cellules et de tous les êtres vivants. *« Les gènes, tout comme les protéines, ne sont pas spécifiques d'une espèce vivante. Ce sont des mosaïques constituées de l'assemblage de quelques éléments, "de quelques motifs" portant chacun un site de reconnaissance. Les motifs sont peu nombreux, 1 000 à 2 000, mais combinés entre eux ils permettent de créer une variété infinie. La combinaison des motifs particuliers fournit des propriétés spécifiques.*[1] »

La précision de cette organisation matérielle nous conduit à expliciter une autre facette de la définition du vivant : l'organisation.

Qui dit vivant dit organisation

S'il est difficile de définir la vie, il est possible de décrire l'organisation de la matière des êtres vivants, de comprendre ses processus d'organisation. À la base de l'organisation du vivant, la plus petite structure ayant les propriétés du vivant est la cellule.

Mais l'organisation du vivant se caractérise par différents niveaux d'intégration :
– les molécules, en particulier l'ADN et l'ARN, avec leur code génétique ;
– les organites intracellulaires qui caractérisent la *cellule*, avec son organisation cellulaire caractéristique ;
– les tissus qui constituent les organes et les appareils qui constituent l'*organisme* ;
– les populations et les écosystèmes dont l'ensemble constitue la *biosphère*.

Organisation au niveau moléculaire

Le niveau d'organisation fondamental est constitué par les « molécules de la vie » : l'ADN et l'ARN, et en particulier le statut du gène. Depuis les

1. F. Jacob, conférence du 1er janvier 2000, *L'université de tous les Savoirs*, CNAM, Paris.

travaux de Mendel, on sait que les caractères d'un être vivant se transmettent d'un individu à ses descendants. Mais il faut distinguer ce que l'on voit, le caractère, et ce que l'on ne voit pas directement, l'élément qui au cœur de toute cellule a déterminé ce caractère : le gène.

La distinction entre les espèces d'êtres vivants réside davantage dans l'organisation et la distribution que dans une différence de constitution chimique de leurs constituants. C'est particulièrement au moment du développement embryonnaire que les gènes s'expriment à des moments différents et des durées différentes, donc aboutissent à des productions différentes en quantité. Ainsi les organismes se forment comme des modules d'abord identiques ; puis ils se différencient grâce à des gènes régulateurs.

Organisation au niveau cellulaire

Le second niveau d'organisation est constitué par les cellules. Les cellules sont les unités structurales et fonctionnelles de tous les êtres vivants. La structure des cellules non différenciées est commune aux êtres vivants eucaryotes : noyau, membrane plasmique, mitochondries, réticulum, appareil de Golgi s'y retrouvent. Avec en plus chez les végétaux verts, les fameux chloroplastes qui effectuent la photosynthèse. Comme au niveau moléculaire, les différences ne sont pas liées aux constituants, mais davantage à leur distribution et à leur organisation.

Qui dit vivant dit échanges

Un vivant est un être unique qui utilise les matériaux du milieu extérieur[1] selon son propre programme génétique et qui organise ainsi sa propre matière vivante, sa propre structure. Le vivant est donc inséparable de son milieu de vie, ce qui a pour corollaire : le vivant est capable de faire ses propres synthèses[2] de matière organique.

Le vivant échange avec le milieu extérieur :
- de la matière ;
- de l'énergie ;
- de l'information.

Les échanges de matière sont évidents : nutrition, excrétion sous toutes ses formes, respiration, etc.

1. Le Professeur Tavlitski aimait beaucoup la formule : *« Le lapin fait du lapin avec de l'herbe »* ! On peut même préciser : Jeannot-Lapin fait, avec de l'herbe, la chair de Jeannot-Lapin.
2. C'est totalement vrai pour tous les végétaux et pour presque tous les animaux... Cependant, des animaux comme les Mammifères (et donc l'homme) ne savent pas synthétiser certaines molécules organiques comme les vitamines, ils doivent donc les trouver journellement dans leur nourriture.

Les échanges d'énergie le sont aussi : respiration et nutrition, échanges de chaleur, etc.

Les échanges d'informations ont été découverts et décrits plus récemment, mais sont aussi d'une importance capitale…

Ainsi les virus ne sont pas considérés comme vivants, car ils n'ont pas de métabolisme, pas de production ou d'utilisation d'énergie, pas d'enzyme, ne se développent pas et ne se reproduisent pas en milieu stérile[1].

■ Les échanges de matière et d'énergie

Les échanges de matière sont pour une part des échanges nutritifs. Pour vivre, il faut trouver de l'eau dans le milieu extérieur : il n'y a pas de vie sans eau. Il faut aussi de la nourriture. Cette nourriture est en partie de nature différente chez les animaux et les végétaux. En effet, les végétaux et certaines bactéries sont capables de se développer uniquement à partir d'éléments minéraux. On dit qu'ils sont *autotrophes.*

En revanche, les animaux et les champignons doivent se nourrir de substances organiques qu'ils trouvent dans le milieu environnant. Ils sont *hétérotrophes.* Ils ont donc besoin de nourriture fabriquée par les végétaux autotrophes. Leur vie en dépend. Cette constatation permet de comprendre le principe des chaînes alimentaires et des réseaux trophiques qui lient les êtres vivants. Ainsi les animaux doivent manger directement ou indirectement des végétaux. Chaque espèce a son régime alimentaire. Un animal ne mange pas n'importe quoi ! Ainsi le vivant est inséparable de son milieu de vie (voir chapitre 10, p. 148).

Comme échanges de matière, on ne peut pas oublier les **échanges gazeux**. Presque tous les êtres vivants **respirent** : ils absorbent de l'oxygène et rejettent du dioxyde de carbone (autrefois appelé gaz carbonique). L'oxygène est utilisé dans des organites cellulaires, les mitochondries, lors de la dégradation des métabolites comme le glucose (glucide). L'oxygène intervient dans les réactions de dégradation du glucose ($C_6H_{12}O_6$) qui produisent de l'énergie en libérant du dioxyde de carbone et de l'eau. Cette énergie est nécessaire aux différentes réactions chimiques des cellules, donc de la vie.

$$\text{glucose } (C_6H_{12}O_6) + \text{oxygène } (O_2)$$
$$\rightarrow \text{dioxyde de carbone } (CO_2) + \text{eau } (H_2O) + \text{énergie}$$

Cette énergie est distribuée et utilisée dans la cellule sous forme d'ATP (adénosine triphosphate).

La respiration est une des réactions fondamentales du vivant. Même les végétaux respirent le jour, comme la nuit. Simplement à la lumière, ces derniers développent une réaction plus importante en intensité et dont les composants sont inversés, ce qui masque les échanges respiratoires.

---

1. F. Jacob, *Qu'est-ce que la vie ?*, Odile Jacob, 2000.

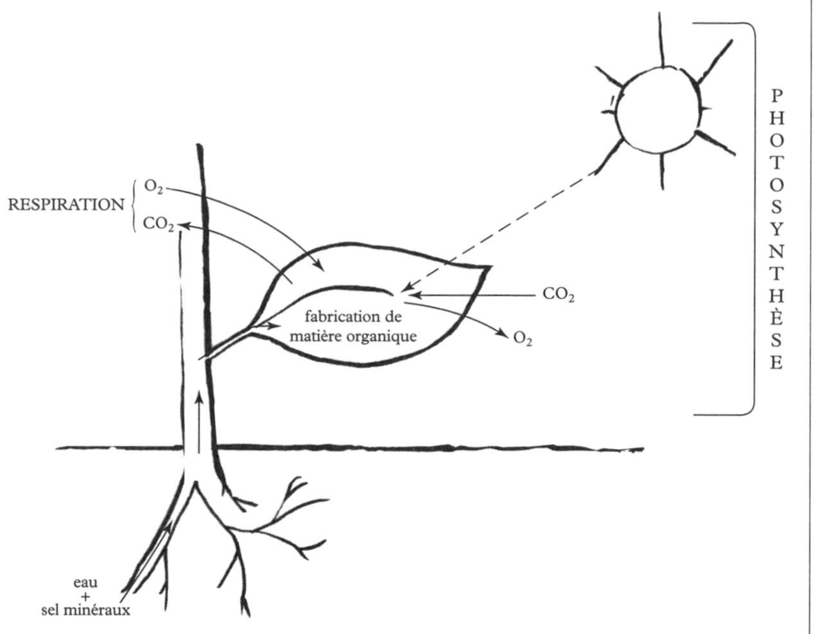

La nutrition d'un végétal chlorophyllien

En effet, les végétaux chlorophylliens possèdent dans leurs cellules des organites (les chloroplastes) renfermant une molécule particulière, la chlorophylle. Cette chlorophylle absorbe la lumière, en capte l'énergie et l'utilise pour fabriquer des glucides à partir de l'eau et du carbone minéral, c'est-à-dire du dioxyde de carbone de l'air. Cette réaction produit également de l'oxygène. On la dénomme photosynthèse.

$$\text{dioxyde de carbone } (CO_2) + \text{eau } (H_2O) + \text{énergie (lumière)} \rightarrow \text{glucose } (C_6H_{12}O_6) + \text{oxygène } (O_2)$$

Des réactions complexes incorporant des sels minéraux permettent la synthèse de protéines.

Ce qui est important dans cette réaction, c'est la fabrication de matière organique à partir de matière minérale. Elle est à la base des réseaux trophiques. Les végétaux sont la base de la nourriture des animaux qui ne peuvent pas vivre sans les plantes.

Comme on le voit dans les deux réactions de respiration et de photosynthèse, les échanges de matière et d'énergie sont intimement liés.

Les végétaux chlorophylliens utilisent l'énergie solaire pour fabriquer des glucides. Ces derniers sont une forme de stockage de l'énergie. Cette énergie est libérée par la respiration cellulaire pour les réactions vitales des cellules de presque tous les êtres vivants herbivores puis carnivores.

Toutefois, il existe d'autres êtres vivants qui tirent leur énergie d'autres réactions. C'est le cas, par exemple, pour des levures et des bactéries, qui utilisent la fermentation.

■ Les échanges d'informations

Les échanges d'informations sont nombreux dans les organismes vivants. Déjà, au niveau de la cellule, on peut commencer par le code génétique qui est l'ensemble des mécanismes grâce auxquels l'information génétique est inscrite dans la molécule d'ADN chromosomique, transcrite en ARN messager et ensuite traduite en protéines. Cet échange d'informations utilise au niveau de la traduction des informations de l'ADN en ARN un langage à partir de 4 lettres (nucléotides) : A (adénine), T (thymine) et G (guanine), C (cytosine). L'ordre dans lequel s'enchaînent les nucléotides diffère entre les gènes. Chaque séquence de 3 nucléotides constitue un codon. Ce dernier sera traduit en un acide aminé particulier lors de la synthèse des protéines dans la cellule. L'enchaînement des codons détermine l'ordre des acides aminés dans la protéine synthétisée, donc sa structure. C'est de cette façon que l'information génétique contrôle l'activité des cellules.

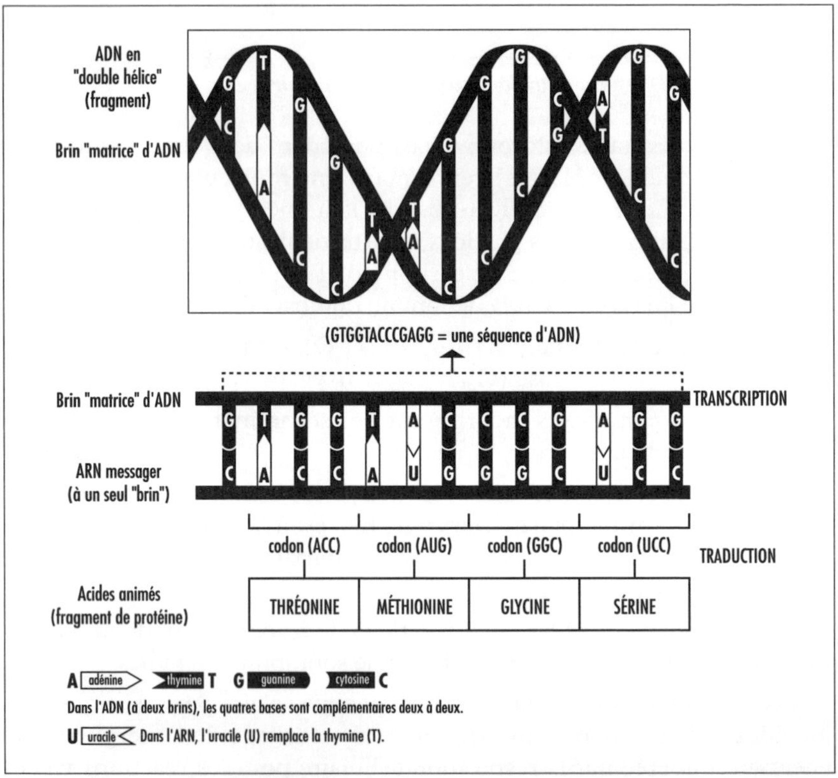

L'ADN, support de l'information génétique

Bien entendu il existe d'autres niveaux d'échanges d'informations. Au niveau de l'organisme, le système nerveux et les régulations hormonales jouent ce rôle. Entre les individus, il existe des échanges d'informations pour lesquels les organes des sens jouent un rôle fondamental.

Qui dit vivant, dit « provient du vivant »

Tous les êtres vivants descendent d'un ou de deux organismes initiaux. Cette idée n'a pas toujours été admise. Jusqu'au XVIIIe siècle, on croyait à la génération spontanée. Pasteur a prouvé que les microbes naissent des microbes ! (voir chapitre 3, p. 46).

■ La multiplication asexuée

Cette reproduction peut s'effectuer à l'identique par clonage, par multiplication dite asexuée. Cette succession de générations dans le cadre d'une multiplication asexuée conserve alors l'identité du patrimoine génétique et ne favorise donc pas l'évolution des espèces. Peut-on considérer que l'individu ne meurt pas ? Doit-on considérer que c'est le même être vivant qui continue à vivre dans ceux qui en sont issus ?

■ La procréation

Une des caractéristiques fondamentales de la vie est la reproduction par la fécondation, c'est-à-dire par la fusion de 2 cellules sexuelles provenant de 2 individus différents : un mâle et une femelle. Elle nécessite la différenciation de 2 sexes. On retrouve ce principe à l'identique, à la fois chez les animaux et les végétaux.

On doit d'ailleurs parler de procréation, car l'individu nouveau est différent de chacun de ses deux parents. Là est toute l'originalité du vivant et une des propriétés qui a favorisé l'évolution des vivants. Cette fusion produit une cellule œuf qui se multiplie en donnant des cellules, qui se différencient pour former les organes spécialisés d'un organisme : par exemple le tissu nerveux, le tissu musculaire, la peau, etc.

■ Chaque être vivant issu d'une procréation sexuée est *unique* et *mortel*

En revanche son espèce se perpétue grâce à la procréation. Le fait que l'individu issu de la procréation soit unique a pour conséquence les questions d'immunité, avec leurs corollaires : les difficultés des greffes d'organes et les maladies auto-immunes.

Qui dit vivant, dit temps

■ La notion de *vie* est indissociable de la notion de *temps*

L'importance du temps en biologie n'est pas toujours soulignée autant qu'il le faudrait pour une vision cohérente du monde vivant.

Si on prend comme « fil d'Ariane » le rôle du temps, on « déroule » toute la biologie : on étudie un organisme et son développement, ou la succession de quelques générations, ou toute l'histoire de la vie sur notre planète.

■ Le temps de la biologie a une flèche, il a un sens, il est irréversible

C'est la sagesse populaire qui l'indique, comme les conjugaisons de nos langues occidentales : il y a un passé, un futur.

Les philosophes s'attardent sur la définition du présent, et chacun sait que le passé et le futur ne sont pas du tout symétriques… Dans *Le Temps et sa flèche*[1], des physiciens, un biologiste, un philosophe font le point sur les données actuelles dans leurs disciplines… Dans une autre remarquable synthèse, à la fois approfondie et claire, pour rapprocher des points de vue pluridisciplinaires : *Les Fils du temps*[2], Rémy Lestienne décrit une « révolution épistémologique » : le temps est l'acteur principal de l'histoire, de celle du cosmos, de celle du vivant ; les concepts de causalité, d'entropie sont liés au temps et interviennent dans toute analyse de son rôle.

Dans certains domaines de la physique, certaines équations font intervenir un temps réversible.

Par exemple, l'équation décrivant le mouvement du pendule reste la même si l'on inscrit (–t) à la place de (+t). Cependant, on objectera que le métal du pendule a vieilli, et que la fissure qui se forme en haut de la coupole où l'on a accroché le si lourd pendule s'élargit chaque jour, que la menace d'écroulement se précise…

Pour l'historien, pour l'astrophysicien, pour le biologiste et pour le médecin, pour… l'éducateur, parent d'élève ou enseignant, le temps est irréversible.

Et, par rapport au vivant, le temps agit à l'échelle des espèces, et au niveau des individus.

■ Le temps des espèces : qui dit vivant, dit évolution

La diversité des êtres vivants trouve son explication causale dans la théorie de l'évolution. Cette théorie a le mérite de synthétiser les observations des disciplines étudiant le vivant. Ainsi, ces dernières années, la génétique et la biologie moléculaire ont permis d'y apporter des éléments très importants (voir partie 6, p. 197).

Les similitudes aux divers niveaux d'organisation, ADN, cellule, plan d'organisation conduisent à la notion d'origine commune des espèces.

Au niveau moléculaire, malgré l'extrême diversité des êtres vivants, on retrouve des molécules, et même des sites de reconnaissance moléculaire, à peu près identiques chez des organismes très différents. C'est par

---

1. É. Klein et M. Spiro, *Le Temps et sa flèche*, Flammarion, coll. « Champs », 1996.
2. R. Lestienne, *Les Fils du temps : causalité, entropie, devenir*, Presses du CNRS, 1990.

exemple le cas de la molécule d'hémoglobine. C'est aussi le cas pour les gènes ; ainsi le gène qui commande l'opération de division des cellules est le même chez la levure et chez l'homme ! Ces constatations montrent l'extrême parenté entre les vivants.

« L'évolution biochimique comporte une part créative et une part sélective. La première consiste à faire du neuf avec du vieux, soit du bricolage moléculaire.[1] » En étudiant les bactéries les plus simples, on découvre que les premiers gènes possédaient de courtes séquences d'une trentaine de nucléotides. Les suivants se sont constitués par duplication de segments existants ou ajout aux extrémités de nouvelles séquences, à la manière d'un mécano microscopique. Cette parenté biochimique se retrouve dans des molécules comme l'hémoglobine (transporteur d'oxygène), la myosine (protéine contractile) et même les protéines qui régulent le développement de l'embryon et celles qui déterminent la morphologie des animaux. Par exemple le gène qui commande le découpage du corps en segments et détermine la forme de ces segments est le même chez un ver, une mouche ou un homme ! De même pour les yeux : alors que les yeux à facettes des insectes sont très différents de ceux des Vertébrés, leur développement est commandé par les mêmes gènes bricolés de façon différente.

Donc le vivant provient du vivant, une cellule vient d'une autre cellule, les espèces descendent toutes d'un organisme initial du type protobactérie.

« Le premier organisme possédait pratiquement les gènes connus actuellement.[2] » La question de l'origine du vivant reste entière. La première protobactérie était déjà très complexe. Elle a donc, sans doute, été précédée d'êtres vivants pour lesquels l'ARN était le support de l'information génétique. En effet, l'ARN peut catalyser directement des réactions métaboliques.

■ Le temps de l'individu : le développement d'un organisme

Le temps des individus, c'est le développement. Qui dit être vivant, dit dépendance totale par rapport au temps, à la durée. Chaque vivant est un être en devenir.

Nous étudierons le cas très largement majoritaire à l'échelle de la biosphère de la procréation sexuée. La fécondation marque une procréation, l'apparition d'un nouvel être unique, n'ayant jamais existé auparavant et n'ayant pas son pareil.

« Qui fait un œuf fait du neuf », dit joliment le généticien André Langaney.

Puis c'est, le plus souvent, pour les végétaux, la germination, et pour les animaux, l'éclosion chez les ovipares et la naissance chez les Mammifères. Chez ces derniers, la femelle a rendu son petit « parasite » d'elle-

1. F. Jacob, *op. cit.*
2. *Idem.*

même[1], et la séparation de la mère du nouveau-né marque une rupture et pour le jeune un changement de milieu de vie : passage d'un milieu aquatique à un milieu aérien....

La conception et/ou la naissance permettent de définir l'âge chronologique et marquent le début du développement.

Les enfants s'interrogent sur les origines :
« Maîtresse, j'vois bien qu'on grandit, mais, au début, il doit bien y avoir un petit – un tout petit – quelque chose ! »

Et le très célèbre : *« Où j'étais, avant d'être dans ton ventre ? »*

Le développement est mieux connu et mieux étudié dans nos classes, parce qu'on choisit généralement d'étudier, précisément, la période de l'enfance pour analyser croissance, éducation à la santé, etc. Eux-mêmes en pleine période de croissance, les enfants sont très sensibles à l'importance des transformations qui les concernent.

Les occasions, certaines tout à fait privilégiées, ne manquent pas pour faire travailler les enfants sur ces notions de croissance et de développement : des formes larvaires, des métamorphoses peuvent caractériser des croissances tout à fait intéressantes à observer en élevage (mues du phasme, métamorphoses des têtards), l'histoire du grand chêne depuis qu'il était une petite pousse sortant du gland, etc.

La croissance en épaisseur des tiges pluriannuelles, la croissance en longueur des branches de l'arbre sont tout à fait différentes de la croissance du corps de l'enfant !

Quel est l'âge d'un arbre ? Et l'âge des bourgeons formés au printemps dernier ? Un bourgeon, c'est le « landau » où sommeille, non la Belle au bois dormant, mais un tout petit « bébé » de branche, protégé du froid et de la pluie, bref, des intempéries ! Le bourgeon de marronnier offre à cet égard un matériel pédagogique plus démonstratif... que le schéma !

L'âge adulte est généralement bien connu aussi... C'est une période où la croissance a cessé chez certaines espèces, dont les mammifères... En revanche, les reptiles, par exemple, grandissent toute leur vie... De même les végétaux à longue durée de vie : un arbre grandit chaque année (en longueur de branches, en épaisseur).

C'est la période de la procréation[2]. La période adulte correspond à la possibilité de procréer, d'assurer la survie de l'espèce. Mais un adulte peut ne pas procréer et n'en être pas moins bien vivant !

---

1. Le ou les « petit(s) » se développent à l'intérieur du corps de la mère et totalement aux dépens de celui-ci. Il s'agit donc d'une vraie situation de « parasitisme », mais provisoire, et qui s'achève en laissant l'hôte (« l'hôtesse ») en bonne santé (si tout s'est bien passé !).
2. Sauf l'exception de la néoténie (persistance des caractères larvaires à l'état adulte, comme chez l'axolotl).

En revanche, la sénescence, la mort sont vraiment des périodes ou des événements mal étudiés et, parfois, passés sous silence ! (Où est alors la cohérence ?)

La sénescence (voir chapitre 13, p. 174) est caractéristique du patrimoine génétique de l'espèce… Les enfants n'ont pas du tout peur de l'étudier, au contraire ! Et dans le cas de l'espèce humaine, et de leurs grands-parents, l'extraordinaire témoignage de cette longue expérience de la vie est irremplaçable pour les enfants…

Enfin, la mort peut et doit aussi être l'objet d'une réflexion (voir chapitre 14, p. 183). Elle est inscrite dans la définition de la procréation sexuée : Eros et Thanatos sont liés. La réflexion sur l'inéluctable, l'irréversible fait partie de la réflexion sur la vie et sur le temps.

L'état vivant se définit par rapport à la mort : paradoxalement, ce qui caractérise le vivant est le phénomène d'usure progressive et de cessation définitive de ses fonctions, plus que leur existence même. C'est leur mort qui qualifie les individus vivants au sein du monde, c'est son inéluctabilité qui rend sensible l'apparente exception qu'ils instituent relativement aux contraintes thermodynamiques. En sorte que la recherche des signes de la mort est, au fond, la recherche inversée d'un signe irrécusable de la vie[1].

■ Le développement des organes et des cellules

Se placer du point de vue de l'histoire d'un individu suppose aussi que l'on étudie le devenir de ses cellules, de ses différents organes, etc.

Du point de vue du temps, on peut caractériser deux types de cellules : certaines cellules ont une longévité aussi grande, en principe, que celle de l'organisme entier. Lorsque leur différenciation est achevée, elles ne se renouvellent plus : essentiellement, les cellules nerveuses, les cellules musculaires… Un accident, une destruction de ces cellules entraîne des dommages irréparables. Il peut se produire quelques processus permettant des compensations, il n'y a jamais vraiment remplacement.

D'autres cellules, au contraire, se renouvellent toute la vie : cellules de la peau, cellules du sang, par exemple… Ce renouvellement constant est le secret de la cicatrisation, et les enfants ne demandent qu'à décrire la formation de cette croûte et de cette nouvelle peau, eux qui s'écorchent et se blessent si facilement…

Par ailleurs, on sait également que la « sculpture du vivant », le remaniement constant du corps qui s'adapte à son environnement, dont le système immunitaire exerce une protection efficace contre les maladies, c'est un corps où les cellules disparaissent par « suicide » programmé ! (Phénomène de l'apoptose, voir chapitre 13, p. 175)

1. Voir « La vie », *in Encyclopædia Universalis.*

L'histoire des organes d'un individu, c'est, bien sûr, l'histoire de sa santé... Les enfants comprennent très vite que certains organes sont indispensables à la vie : le cerveau, le cœur, etc. Et on ne peut analyser ces données sans parler de la santé globale de l'individu, de ses maladies, de l'extraordinaire qualité des périodes de convalescence, qui correspondent, parfois, à une véritable re-naissance !

En conclusion de cette réflexion, faut-il rappeler que le corps est mémoire, et pas seulement au niveau des cicatrices ?

D'autre part, pour compléter cette réflexion sur le temps des individus, il faut souligner que *« le facteur temps en biologie introduit un obstacle dans l'expérimentation sur le vivant. Le même animal, la même plante ne sont jamais tout à fait les mêmes, ils ont vieilli.*[1] »

Le temps biologique rend impossible le maintien de l'identique.

C'est dire que, si l'on prend, à un moment donné, deux êtres vivants différents, même si on les choisit aussi « identiques » que possible, vrais jumeaux, « lignées pures », on n'a jamais « toutes choses égales d'ailleurs » !

Et si l'on prend le même être vivant pour deux analyses, deux observations successives ? Et bien non, pas du tout, ce n'est pas strictement le même ! Il a vieilli !

Et l'on ne répare jamais, du temps, « l'irréparable outrage » ! Pour exemple, cet extrait de *La vie devant soi* de Émile Ajar, où Mamadou nous dit son effarement devant *« la machine à remonter le temps »* (c'est-à-dire un studio de doublage !) : *« Quand c'était raté la première fois et que la voix n'entrait pas au bon moment, il fallait recommencer. Et c'est là que c'était beau à voir : tout se mettait à reculer. Les morts revenaient à la vie et reprenaient à reculons leur place dans la société.* [...] *Quand on vidait l'eau, elle se relevait et remontait dans le verre. Le sang qui coulait revenait chez lui dans le corps* [...] *la plaie se refermait.*[2] »

■ Tout être vivant fonctionne selon des rythmes : leur étude est la chronobiologie

Les travaux du Professeur Hubert Montagner, les publications de Reinberg donnent des indications précises sur ces sujets... L'étude des rythmes est particulièrement importante...

1. *De la fraction de seconde à la minute (environ)*

L'activité des cellules et celle des organes sont le plus souvent rythmiques : le rythme cardiaque et le rythme respiratoire n'en sont que des exemples, parmi ceux qu'il est facile de faire étudier par les enfants...

---

1. Thèse de Pierre Antheaume, *Formation en biologie des étudiants d'IUFM, futurs enseignants polyvalents*, Université Paris-VII, 10 mai 1993.
2. *In* actes du congrès de l'AGIEM, *Au cœur du temps, notion de temps à l'école maternelle*, Versailles, 1992, pp. 174-175 (diffusion Simone Rapha, 37, rue de Rouen 31500 Toulouse).

2. *Le nycthémère*

Dans le règne animal, le rythme veille-sommeil apparaît réglé sur l'alternance jour-nuit. Que se passe-t-il lorsqu'on place un sujet expérimental en milieu complètement isolé de la lumière du jour ? Les expériences d'isolement en grottes souterraines de Michel Siffre et de Véronique Le Guen ont permis de mieux connaître ces fonctionnements. Dans ces conditions d'isolement dans l'obscurité totale, le rythme n'est plus de 24 heures, mais de 24,3 heures. Nous avons, en fait, une horloge dans le cerveau.

Et cette horloge est présente dans tous les êtres vivants, de l'unicellulaire à l'homme… Elle est responsable de « l'homéostasie prédictive », phénomène très important qui permet de « mettre en route » à l'avance les mécanismes qui vont produire ce dont on aura besoin plus tard.

L'étude du sommeil est tout à fait passionnante, et Michel Jouvet[1] souligne qu'il y a encore beaucoup de découvertes à faire !

Il y a une adaptation du sommeil à l'éveil : plus le temps de la veille est long, plus, durant la nuit suivante, le sommeil est long et profond. Ceci constitue une autre homéostasie dite « réactive ».

Le sommeil est caractérisé par des successions très précises : sommeil léger, profond (quelle phase ?), paradoxal… (*Quid* du rêve ? – Et du temps dans le rêve !)

3. *Les saisons*

Variables selon les pays ! Éviter de laisser croire aux enfants que nos quatre saisons sont planétaires ! Les études du développement des végétaux à travers les saisons sont souvent très bien explicitées dans des documents récents. Pour les animaux aussi, il est intéressant de voir ce que sont les durées de l'hibernation, de la maturité sexuelle saisonnière, etc.

En conclusion, il nous semble opportun de citer des extraits de la préface rédigée par Jean-Didier Vincent pour le livre de Rémy Lestienne : « *Le temps animal apparaît avant tout comme un phénomène qui permet d'accorder l'espace corporel de l'être à l'espace extra-corporel dans lequel celui-ci évolue.*[2] »

Fabriquer du temps paraît être une propriété fondamentale du vivant.

1. XXXVe conférence de l'Université de tous les Savoirs, 4 février 2000 au CNAM.
2. R. Lestienne, *op. cit.*

2

Procréation et naissance : une étape clé de la vie

D'où vient la vie ? Cette question, à la fois pragmatique et philosophique, intrigue petits et grands. L'approche naïve des jeunes élèves est animiste. Pourquoi être surpris si des enfants pensent que ce sont des dieux qui créent chaque vie, si d'autres enfants considèrent que la vie peut naître spontanément ? Pour autant, l'histoire des hommes et même l'histoire des sciences nous démontrent que ces représentations sont celles mêmes qui ont existé dans la communauté scientifique des siècles précédents. Tout le monde se souvient des difficultés de Pasteur pour faire admettre que la « génération spontanée » n'existe pas !

C'est pourquoi il est nécessaire que les élèves puissent, eux aussi, passer par des mises en situation qui les aideront à modifier leurs représentations erronées à ce sujet. Ils doivent eux-mêmes observer la reproduction et le début de la vie des plantes et des animaux. Ces moments sont d'ailleurs toujours aussi merveilleux pour l'enfant… que pour l'adulte ! Ce vécu aide l'enfant à répondre au questionnement fondamental sur sa propre naissance.

SOMMAIRE

3. Pas de génération spontanée

Lorsqu'on pose aux élèves la question : *« D'où vient la vie ? »*, les réponses sont très proches de celles que les « scientifiques » ont eues durant de nombreux siècles. Pour beaucoup de nos élèves, la vie apparaît encore de manière spontanée : *« La pourriture vient du fruit »*, *« Quand la pomme est pourrie elle peut former des asticots »*, *« Les vers sont nés de la farine »*. C'est la théorie de la génération spontanée selon laquelle certains êtres vivants apparaissent naturellement à partir de substances en décomposition.

Il a fallu des siècles aux scientifiques pour le découvrir

Pour Aristote, la vase ou les algues en décomposition donnent naissance à des générations d'anguilles, de mollusques. Pour Virgile, des essaims d'abeilles se forment dans les entrailles d'un taureau en putréfaction. Au milieu du XVIIe siècle, on prétend obtenir des souris avec des grains de blé et une chemise sale[1].

Pourtant, à cette époque, la théorie de la génération spontanée commence à être contestée. Francesco Redi[2] démontre que les asticots n'apparaissent pas dans la viande en putréfaction lorsqu'on prend la peine de recouvrir les bocaux qui la contiennent d'une fine mousseline. Au XVIIIe siècle, de nombreuses expériences liées à la découverte du microscope confortent cette première approche. Toutefois, de nombreux savants admettent encore la génération spontanée pour les êtres microscopiques.

Beaucoup de malades continuent à mourir encore au XIXe siècle des suites d'opération. Pasteur, ayant conscience de la présence de micro-organismes dans la nature, entreprend alors plusieurs expériences desti-

1. Jan Baptist Van Helmont, médecin flamand (1577-1644).
2. Francesco Redi, médecin naturaliste italien (1626-1698).

nées à expliquer l'origine de ces germes. Naissent-ils spontanément ou bien sont-ils présents dans l'environnement ? Comment s'introduisent-ils dans les organismes ?

Pasteur[1] met en évidence que les germes sont présents dans l'air, qu'ils sont plus ou moins nombreux et responsables de maladies. Les médecins de l'époque prétendent, eux, que « les microbes sont en nous ». Pasteur affirme, lui, que les microbes circulent d'une personne à l'autre, sur les vêtements, sous les ongles, sur la peau. Il apporte la preuve que chaque maladie est déclenchée par un microbe particulier. L'année 1869 annonce la fin de la théorie de la génération spontanée. C'est une révolution.

Pour beaucoup de nos élèves pour lesquels la vie apparaît encore de manière spontanée, la découverte de microbes invisibles à l'œil nu est un point important dans l'éducation à la santé (voir chapitre 9, p. 144).

L'observation de vers de farine

À l'occasion d'un projet de cuisine dans une classe, nous avons introduit deux bocaux de verre hermétiques contenant de la farine. Dans un des bocaux, la farine était intentionnellement souillée par des œufs de ténébrions invisibles à l'œil nu. Deux semaines plus tard, au moment de cuisiner, les élèves observent que, dans un pot, la farine est plus grise. Lorsqu'ils ouvrent le bocal ils poussent des cris d'horreur en découvrant des vers ! Pas question pour eux de cuisiner avec cette farine !

« C'est dégoûtant… ce sont des asticots… non on dirait des scarabées… »

Mais pourquoi des vers dans ce bocal ? Certains avancent que *« le pot a été mal lavé »*, d'autres que la farine était vieille *« parce que quand on va à la campagne après l'hiver quelquefois maman jette la vieille farine parce qu'il y a des bêtes »*. Certaines matières en vieillissant généreraient-elles la vie ? D'où viennent ces « bêtes » dans la farine ? Sont-elles venues toutes seules ? Les avis sont partagés et les enfants décident de laisser ouvert le bocal de farine non contaminée pour voir *« si on va y retrouver des vers »*.

Cette période d'observation sauvage fait apparaître une richesse et une diversité d'approches et de questionnements.

« Est-ce que les scarabées tuent les vers ? Qu'est-ce qu'ils mangent ? »

La recherche dans un document sur les insectes permet de trouver l'appellation scientifique de l'animal : le Ténébrion.

Une question fréquente : *« Est-ce que les vers et les scarabées sont les mêmes animaux ? »*, peut conduire les élèves à proposer des expériences en isolant un ver d'une part, une nymphe de l'autre dans un bocal, en donnant à

1. Louis Pasteur, chimiste français (1822-1895).

ACTIVITÉ 3

ÉLEVAGE DE TÉNÉBRIONS MEUNIERS

Le « ver de farine » est la larve du coléoptère *Tenebrio molitor* ou ténébrion meunier.
On peut se procurer ces « vers de farine » (les larves), mais souvent aussi des nymphes et des adultes dans les magasins spécialisés dans la vente d'articles de pêche ou d'aquarium ou auprès d'organismes[1]. Cet élevage est très facile à réaliser et nécessite très peu d'entretien.

▸ Matériel et installation

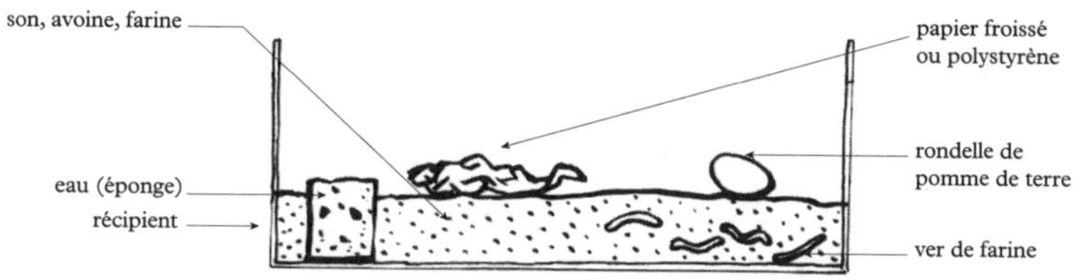

Tapisser le fond d'un terrarium de copeaux de bois (litière pour rongeurs).
Y déposer les larves de ténébrion.

▸ Soins et suivi de l'élevage

Leur donner du riz soufflé pour animaux domestiques, des croûtons de pain, des croquettes pour chat ou chien, des flocons d'avoine.
Inutile de leur donner à boire, mais leur donner de temps en temps des épluchures de carotte, des tranches de pomme de terre crue (bien rincées pour éliminer toute trace de pesticide). Maintenir légèrement humide.

▸ Informations complémentaires sur la reproduction

Mettre les plus grosses des larves dans une boîte à part (pour la période de nymphose). Isoler les nymphes des larves (elles peuvent se faire attaquer).
Déposer de la farine dans un autre terrarium.
Recouvrir d'un grillage fin (type garde-manger).
Placer les ténébrions adultes qui pondront à travers le grillage : les œufs seront ainsi protégés. Pour obtenir une ponte plus abondante, il est recommandé de maintenir une humidité suffisante. Les œufs étant très petits, on les isolera pour observation en tamisant la farine dans un bas ou la base d'un collant.

▸ Durée de vie

4 à 6 mois selon la température (20 °C minimum).

▸ Pour en savoir plus

Le ténébrion adulte est un insecte de l'ordre des Coléoptères. De couleur brunâtre ou noire, il mesure environ 1,5 cm. Il possède deux paires d'ailes. Ses ailes antérieures sont des élytres, leur surface est striée de manière longitudinale. Il est très difficile de différencier les deux sexes.

1. Par exemple : OPIE, La Minière, BP 9, 78280 Guyancourt.
www.inra.fr/Internet/Hebergement/OPIE-Insectes/pa.htm/

La larve (ou ver de farine) est de couleur jaunâtre. Ses anneaux sont recouverts d'une carapace brillante et rigide. Elle possède trois paires de petites pattes articulées sur son thorax.
La nymphe est de couleur blanchâtre. À sa sortie de la nymphe, l'adulte ne possède pas encore sa carapace, son corps blanchâtre et mou va durcir et se colorer du marron clair au brun foncé voire noir.
Les œufs éclosent 3 jours après la ponte si la température est suffisamment élevée. La vie larvaire dure environ de 10 semaines à 30 °C à 4 mois à 20 °C. La vie de la nymphe dure 20 jours.

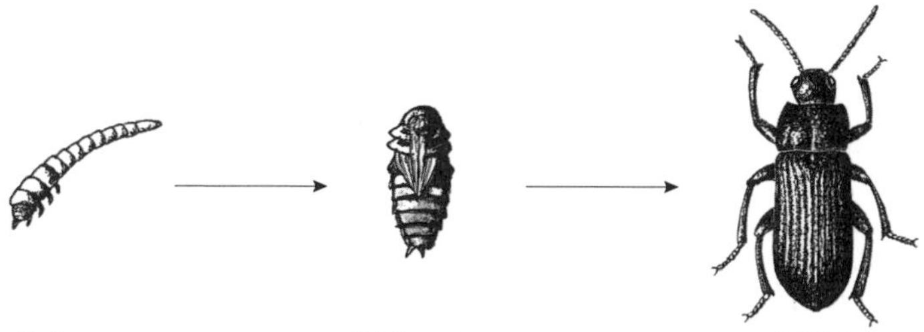

Les stades de développement de Tenebrio molitor : larve, nymphe et adulte

manger au premier, puis en attendant quelques jours. S'ils ont bien étiqueté leurs récipients, gardé une trace (dessin) datée de l'animal au départ de l'expérience, ils découvriront avec intérêt la transformation de la larve en nymphe et de la nymphe en ténébrion adulte avec ses ailes.

Certains élèves affirment que les ténébrions mangent les larves puisqu'ils retrouvent des dépouilles vides dans le vivarium. Ils mettent en place des stratégies pour valider leur hypothèse.

On isole dans des bocaux séparés : une larve et un ténébrion adulte ; une larve seule ; une nymphe ; une nymphe et un ténébrion adulte ; deux ténébrions adultes ; deux nymphes ; deux larves ; de la farine uniquement.

Chaque expérience est réalisée deux fois afin d'éliminer le facteur hasard ou accident. Chaque bocal est numéroté et renvoie à une observation écrite datée.

Les observations font apparaître que dans l'échantillon qui ne contenait que de la farine, il n'y a en fin d'expérience que de la farine. Pour les autres échantillons, les élèves vont découvrir le phénomène de la métamorphose. Des recherches en BCD permettent de découvrir que d'autres animaux se métamorphosent (papillons, fourmis, mouches, etc.) Ces insectes peuvent aussi être élevés dans la classe (voir chapitre 8, p. 103).

Les connaissances sur les ténébrions seront aussi enrichies par d'autres expériences (très faciles à réaliser) ayant pour thèmes d'observation : la

ACTIVITÉ 4

SITUATION-PROBLÈME À PARTIR D'UN ÉLEVAGE DE TÉNÉBRIONS

▸ **Objectifs**

– Créer une situation problème afin de déclencher des questionnements sur la présence du vivant.
– Découvrir que le vivant peut être très petit.
– Découvrir le phénomène des mues par l'observation régulière.

▸ **Matériel**

Farine ; boîte de vers de farine ; bocaux de verre ; terrarium ; loupes.

▸ **Les observations possibles**

– Les premières observations permettront de définir si ces trois insectes sont différents ou s'il s'agit du même insecte qui se métamorphose. C'est par isolement et par l'étude de leur évolution que les élèves vont découvrir que « le ver », « la bête molle » et « la bête noire » sont trois aspects différents du ténébrion. Les observations et questionnements suivants seront menés pour la larve, l'adulte, la nymphe.
– L'alimentation des vers de farine : que mangent-ils ? L'alimentation est-elle la même à tous les stades de développement ? Comment s'effectue l'identification de la nourriture ? Quels sont les organes qui leur permettent de se nourrir ?
– Le déplacement : le déplacement est-il identique à tous les stades de développement ? Après constat de la présence de galeries creusées, les élèves recherchent qui est à l'origine de ces galeries. Pour l'adulte, la présence d'ailes leur permet de soupçonner la façon dont la farine a pu être souillée, *« les adultes sont allés pondre dessus »*.
– Les conditions de vie : à quelle température se développent-ils le mieux ? Préfèrent-ils la lumière ou l'obscurité ?
– La reproduction : qui se reproduit ? En isolant des larves et des nymphes, on remarque qu'il n'y a pas de ponte ; seuls les adultes se reproduisent. Cela entraîne une recherche d'identification des mâles et des femelles.

nourriture, les déplacements, la reproduction des insectes.

Le vivant existe même minuscule

Ces observations des vers de farine permettent de faire prendre conscience à l'enfant que le vivant peut être très petit.

L'observation de structures vivantes, comme des moisissures, à la loupe binoculaire (grossissant de 30 à 100 fois) ou à la loupe lumineuse (grossissant 30 fois), conduit les élèves à une plus grande attention au monde qui les entoure.

Une situation de classe surprenante pour les élèves consiste à leur faire observer que *« le moisi, c'est vivant ! »*. Lors d'une sortie dans un verger, des élèves ont récolté des fruits. Au retour de courtes vacances, les enfants constatent que les fruits sont moisis. Au lieu de les jeter, ils les observent et s'interrogent sur ce phénomène. Une recherche en BCD les amène à rechercher d'autres types de moisissure qu'ils peuvent rencontrer. Ainsi, chaque jour, un élève rapporte une nouvelle forme de moisissure qu'il a récoltée : moisissure de fromage, de fruits. De nombreuses observations à la loupe binoculaire montrent la multiplication des champignons et leur variété : couleurs, aspect, foisonnement...

On peut également observer les anguillules du vinaigre (voir chapitre 19, p. 230).

Cette série d'activités menées autour de petits organismes vivants permet

DÉVELOPPEMENT DE MOISISSURES

ACTIVITÉ 5

▸ **Préparation du matériel**

– Mouiller convenablement plusieurs morceaux de pain (afin qu'ils soient imbibés totalement).
– Les placer entre deux assiettes creuses, l'une formant couvercle, ou dans un sac de plastique pour éviter qu'ils ne sèchent.
– Déposer dans un endroit convenu, la moisissure se forme en quelques jours.

▸ **Déroulement**

– Distribuer à chaque groupe d'élèves un morceau de pain moisi à observer. Les propositions quant au lieu où a été conservé leur échantillon de pain sont nombreuses. Lumière ? obscurité ? chaleur ? froid ? Laisser chacun s'exprimer et noter ses observations. Les premières représentations des enfants sont souvent erronées, ils pensent que c'est à la cave parce qu'il fait noir ou parce qu'il fait froid que les moisissures se développent mieux. En fait, ils ont du mal à comprendre que c'est le facteur humidité qui dans ce cas est le plus important.
– Leur demander de mettre en place des expériences afin de vérifier leurs hypothèses. En observant les résultats de ces expériences, ils constatent que le pain très sec ne moisit pas et que lorsque les moisissures sèchent sur le pain, elles ne se développent plus.

▸ **Prolongements**

Il est alors facile de lancer des activités de recherche.
– Où est-il possible de trouver d'autres moisissures ?
– D'autres aliments peuvent-ils moisir ?
– Peut-on voir des moisissures dans la nature ? Sont-elles toutes semblables ? À quoi font-elles penser ?
– Quelles hypothèses peut-on faire sur la provenance de ces « champignons microscopiques » ?
L'observation de l'évolution des moisissures (dessin, loupe) permet de voir qu'il y a croissance, mais aussi disparition si le milieu se dessèche.

de mettre en avant les progrès que la science a fait en un peu plus d'un siècle. Il a fallu le microscope pour que l'on puisse voir l'invisible à l'œil nu, pour que l'on puisse découvrir l'infiniment petit. Le premier microscope inventé il y a environ trois cents ans ne permettait de grossir que 200 fois. Les microscopes électroniques actuels permettent d'agrandir jusqu'à 2 millions de fois.

De nouveaux mots traduisent ces découvertes[1] : « microbe », inventé en 1878, veut dire « minuscule vivant », « asepsie » signifie « méthode qui permet de protéger l'organisme contre les microbes ». « L'antisepsie » consiste à détruire les microbes lorsqu'ils sont présents.

La découverte du vivant invisible à l'œil nu permet aux élèves de comprendre pourquoi certaines maladies se développent à notre insu : si les préparations ne sont pas effectuées avec des mesures d'hygiène importantes, certains microbes, comme la listeria, peuvent se multiplier dans les aliments, même au réfrigérateur, surtout s'il y a rupture de la chaîne du froid. L'absorption de tels aliments souillés provoque des maladies. Par ces différentes expériences, les élèves comprennent la nécessité du respect de certaines règles d'hygiène : nettoyage des légumes, des ustensiles qui servent à la préparation des aliments et des réfrigérateurs.

La présence des acariens dans la literie et les maladies qu'ils peuvent provoquer prennent alors un sens pour les élèves. Cette approche est une introduction intéressante à l'éducation à la santé au cycle 3 (voir chapitre 9, p. 131).

1. Voir les travaux de Pasteur sur le site de l'Institut Pasteur (http://www.pasteur.fr).

4. Reproduction et germination chez les végétaux

Pour les élèves, *« la vie, c'est la nature »* ou *« la nature nous fait vivre »*. Mais au-delà de ces images médiatiques, les jeunes élèves ne classent pas facilement les végétaux parmi les vivants. Aussi les germinations et les plantations offrent des situations simples et attrayantes pour observer les premières manifestations de la vie chez les végétaux. La collecte de graines, de pépins et de noyaux permet de prendre en compte les premiers savoirs des enfants.

« Le muguet dans le pot, c'est vivant, parce qu'il y a de la terre et que c'est leur repas la terre. » Akim, 5 ans.

Des semis en pleine terre à organiser dans l'enceinte de l'école sont de nature à donner aux activités un caractère d'authenticité que les enfants ressentent très positivement. L'organisation du ou des jardins est, en elle-même, une étape importante qui ajoute une valeur aux apprentissages sous-jacents. Ainsi le rôle de l'eau, même pour les très jeunes enfants, est facilement mis en évidence dans ce type d'activité.

Cette graine est vivante

Les élèves sont impliqués dans la collecte des différentes graines ; le maître prévoit un « stock de secours ». En cas de plantations « hors-sol », les récipients ne seront pas trop profonds : les caissettes de polystyrène de récupération conviennent bien, mais les pots trop étroits ne permettent pas des développements aisés. Il est essentiel de prévoir une évacuation du surplus d'eau (trou au fond de la caissette ou du pot, et pot dans une coupelle). Le mélange de terre de jardin et de sable en parties égales est assez léger pour la plupart des semis envisagés.

Semer pour découvrir la germination des graines

Pour les aider à affiner la notion de graine, il faut proposer aux élèves de travailler sur un échantillonnage varié issu de : lentilles, haricots, pois, noisettes, maïs, tournesol, radis, poireau, pomme, raisin, poire, melon, citrouille… Prendre la précaution de semer plusieurs graines de la même espèce pour éviter les risques d'échecs (perte du pouvoir germinatif de certaines graines). Il faut noter que certains produits alimentaires conditionnés pour une longue conservation ont été traités, traitement leur faisant perdre leur pouvoir de germination. Cette perte peut aussi être un phénomène naturel. La plus grande longévité de graine mesurée à ce jour est supérieure à 1 000 ans pour la graine de Nelumbo (lotus d'Asie) de la famille des Nymphéacées.

ACTIVITÉ 6

LE HÉRISSON-GAZON

▸ **Matériel**

Règle graduée ; calendrier ; bol de cuisine gradué (pour mesurer l'apport d'eau).

▸ **Déroulement**

Dans une coupelle de terre cuite en forme d'animal, on fait germer des graines de gazon. Après quelques jours d'attente (qu'on prendra soin de compter), les plantules qui poussent donnent l'aspect « hérissé » à cette petite décoration.
Les observations « en temps réel » sont favorisées par l'aspect ludique de l'activité. Elles sont consignées dans un tableau qui fait apparaître le rythme de la pousse, les apports d'eau.
On peut de la même manière réaliser des têtes de petits personnages en plantant les graines de gazon dans des coquilles d'œufs vides. Les plantules qui poussent forment la chevelure. On remarque que les pousses se dirigent toujours vers la lumière et vers le haut.

Il faut savoir que les professionnels de la semence évaluent le pouvoir de germination des graines en dénombrant les échecs sur 100 graines. Cette activité peut facilement être reprise en classe au cycle 3, pour aborder la notion de pourcentage. Les élèves adaptent le dispositif et les modalités pour parvenir à un résultat chiffré pertinent. Sur une brique de terre cuite trempant dans l'eau, ils disposent cent graines à observer. Le comptage des graines germées permet d'établir le pourcentage d'échec ou de réussite de la germination.

Le bébé plante était-il dans la graine ?

En observant la germination, les élèves posent naturellement la question : « *Le bébé plante était-il dans la graine ?* » Ils proposent alors d'observer l'intérieur d'une graine non germée pour vérifier. L'enseignant apporte des graines non germées pour que les élèves puissent avoir des réponses à leur questionnement.

Pour des manipulations aisées, il est bon de disposer de 4 ou 5 graines de chaque espèce par élève. En travail individuel ou par groupe de quatre, il est indispensable que chacun manipule réellement et puisse lui-même décortiquer, ouvrir chaque graine. On peut faire gonfler préalablement les graines (en les mettant dans l'eau la veille au soir), afin de favoriser leur ouverture par les élèves.

Petite ou grosse graine ?

Une sortie en forêt est particulièrement indiquée pour mettre en œuvre des activités quel que soit l'âge des enfants. L'automne et le printemps sont propices aux étonnements, aux remarques, aux questions. Les élèves découvrent facilement au printemps des germinations de graines d'arbres de la forêt : jeunes pousses de chênes, de châtaigniers... dont on peut observer la graine à la base en grattant un peu le sol.

Ces différents végétaux recueillis au cours de la sortie peuvent être transplantés en pot, en bac, en pleine terre dans le jardin de l'école. On plantera des glands, des châtaignes, des noisettes, des marrons...

La sortie en forêt est une occasion de faire comprendre aux élèves qu'ici aussi, tout commence par des graines. La diversité des espèces en dépend, la beauté et la qualité des arbres futurs aussi.

Il est très intéressant de faire observer une clairière nouvellement ouverte par la chute d'un gros arbre ou une coupe aménagée par des forestiers. En effet, on observe la différence entre le sol presque nu sous les arbres et la multitude de jeunes pousses de plantes dans la clairière. *« Mais comment toutes ces plantes sont arrivées là ? »*, questionnent les élèves. C'est l'occasion de découvrir les conditions favorables pour le développement des végétaux (lumière), mais également la longévité de certaines graines qui étaient sans doute là depuis très longtemps.

Les forestiers récoltent des graines à l'automne par temps sec. Cette récolte s'effectue dans des parcelles de forêt sélectionnées pour la beauté et la vitalité des arbres en place : silhouettes hautes et droites, branchages réguliers, qualité du bois et également résistance aux maladies. Les graines et les fruits lourds de certains feuillus tombent à terre au pied de leurs semenciers (châtaignes, marrons, glands du chêne, etc.). Les graines sont ramassées à la main ou à l'aide de filets préalablement étendus sur le sol. En revanche, pour les érables, les charmes, les résineux, la récolte est faite sur l'arbre, car dès leur maturité ces graines légères et ailées sont emportées et disséminées au loin par le vent. Aussitôt après la récolte, les graines sont nettoyées, triées, traitées et conservées dans de bonnes conditions. Plus tard, elles seront semées directement en forêt ou en *pépinières* pour la production de *plants*.

Il est possible d'organiser avec les municipalités ou l'ONF (Office national des forêts) des opérations de plantation d'arbres par les élèves. Ces réalisations, qui marquent le souvenir des élèves, les sensibilisent bien à la protection des forêts et au respect de la nature.

ACTIVITÉ 7

FAIRE GERMER DES LENTILLES

Comment faire germer des lentilles et observer le développement de leurs racines ?

Pour renouveler une pratique généralement bien connue et pas toujours très efficace, on propose l'utilisation de flotteurs. En effet, la germination sur du coton que l'on voit souvent dans les classes est loin d'être la plus efficace : le coton est rapidement envahi de moisissures, les graines pourrissent et dégagent une mauvaise odeur.

▸ **Matériel**

– Des plaques de polystyrène (1 cm d'épaisseur).
– Une pointe de crayon, un récipient transparent (aquarium, saladier).

▸ **Fabrication**

– Percer des trous de forme conique dans les plaques de polystyrène à l'aide de la pointe de crayon (taille en fonction de celle de la graine).
– Installer une graine par trou. Poser sur l'eau du récipient.

▸ **Informations complémentaires**

Recouvrir les graines de coton humide pendant quelques jours. La germination est ainsi accélérée. Cette technique est applicable à toutes les graines. Elle permet d'observer le développement des racines qui sortent des trous coniques.

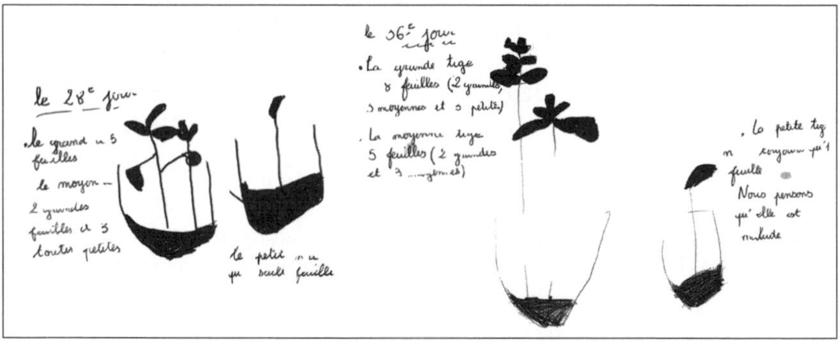

Exemple de trace écrite d'élève rendant compte avec précision des étapes de la germination des lentilles. Damia, 10 ans

Les conditions de germination des graines

La germination est le passage pour la graine d'une vie ralentie à une vie active. Les conditions de germination ne sont pas les mêmes que celles de croissance des plantes, ce qui surprend toujours les élèves, et souvent les adultes ; en particulier, l'absence de besoin de lumière pour la germination s'oppose aux représentations classiques et erronées : *« Les plantes ont besoin de lumière pour pousser. »*

Les conditions de germination des graines sont de deux types.

■ Les facteurs du milieu

– Humidité minimale : notion d'optimum (un excès d'eau asphyxie les graines, et c'est souvent l'erreur fatale que font les élèves lors de leurs semis !), notion de facteur limitant (sans eau pas de germination possible) : l'eau est indispensable à la vie.
– Bonne aération : la graine a besoin d'oxygène pour germer (oxygène nécessaire pour la respiration, en particulier les graines ne germent pas si les élèves tassent trop la terre au-dessus de la graine ou les enfoncent trop profond dans le sol).
– Température suffisante : le froid ralentit ou stoppe l'activité biologique, donc la germination.
– Sol (capacité à retenir l'eau, bonne oxygénation, éléments nutritifs contenus dans le sol ou engrais).
– La densité des graines n'est pas un facteur qui influe sur la germination.
– La lumière n'est pas un facteur qui influe sur la germination (c'est la constatation la plus surprenante pour les élèves).

■ Les facteurs propres à la graine

– Bon état (perte des possibilités germinatives après une certaine durée, si la graine est abîmée).
– Maturité (nécessité d'une levée de dormance – facteurs différents selon les espèces : froid, lumière, obscurité).
– Vitesse de germination variant selon les espèces.
– Besoins différents selon les espèces (comparer diverses espèces).

Expérimenter pour découvrir les conditions de germination des graines[1]

■ Introduire l'activité par des questions comme :

« Une plante grandit-elle chaque jour ? », *« De combien grandit-elle ? »*, *« Pousse-t-elle le jour ou la nuit ? »*, sont des questions que les enfants se posent naturellement. Cette activité peut permettre aux élèves de se remémorer des connaissances ou de redécouvrir la présence de la plantule à l'intérieur de la graine. Ils peuvent aussi proposer d'ouvrir une graine.

■ Identifier les variables

– Demander aux élèves : *« Que faut-il pour qu'une graine germe ? »*, puis *« Et pour qu'une plante pousse ? »*
– Recueillir leurs hypothèses au tableau en distinguant chacune des questions.

1. Voir J. Guichard, B. Zana, *Fichier Les Savoirs de l'école, Sciences et techniques, cycle 3*, Hachette Éducation, 1999.

– Choisir avec eux quelques-unes de ces hypothèses, chaque groupe testant une hypothèse (plusieurs groupes peuvent tester la même, ce qui permet des comparaisons).

Cette question permet d'identifier les variables qui peuvent agir sur la germination et la croissance des plantes. Les élèves ne les proposeront peut-être pas toutes, mais il est important qu'au moins la lumière, l'eau et la chaleur et éventuellement la terre soient étudiées (ce sont les facteurs le plus souvent évoqués par les élèves).

■ Mettre en route des semis pour mettre en évidence l'influence d'un de ces facteurs sur la germination des graines

Les expériences se font par groupe (deux enfants au minimum), plusieurs groupes pouvant tester la même hypothèse.
– Chaque groupe choisit une hypothèse.
– Il définit les conditions pour la tester expérimentalement : laisser toute liberté aux élèves pour inventer des expériences en fonction du matériel disponible ; ils feront un schéma de principe de leur expérience.
– Présentation par le groupe à la classe du principe d'expérience.
– Analyse critique des projets d'expérience par les autres groupes.
– Faire modifier les protocoles d'expérience afin de ne faire varier qu'un seul facteur.
– Garder une trace écrite des conditions d'expériences : choisir un mode de représentation (frise de dessins, tableau, graphique) pour raconter l'histoire de ses germinations.
– Mettre en route l'expérience : bien attirer l'attention des élèves sur la nécessité :
- d'avoir toujours un nombre suffisant de graines (10 graines, toutes les graines ne germent pas) ;
- de faire une expérience témoin (sans y faire varier le facteur testé) ;
- de noter des indications sur les expériences (nom, niveaux de liquide, éléments de repérage).

■ Exemple de conditions d'expériences

– Influence de la température (dans la terre, humidité moyenne, à la lumière), près du radiateur, près de la fenêtre, au réfrigérateur, dehors (noter les températures).
– Influence de la lumière (humidité moyenne, température de la classe) pleine lumière, lumière tamisée, obscurité partielle, obscurité totale.
– Influence du sol (humidité moyenne, température de la classe) : eau du robinet, terre humide, tourbe, coton.
– Influence de la quantité d'air (dans la terre, humidité moyenne, à la lumière) : dans des flacons avec bouchon hermétique ou coton, sans bouchon ou avec les graines complètement sous l'eau (= sans air).
– Influence de la quantité d'eau (à la lumière, température de la classe) : créer un gradient d'humidité en les plaçant dans un récipient incliné.

■ **Résultats des expériences après 3 jours, puis une semaine**

– Compter le nombre de graines germées de chaque lot.
– Garder une trace de l'expérience : on peut demander aux élèves de proposer eux-mêmes des modes de représentation des résultats.
– Faire un tableau de résultats, faire analyser les résultats par les élèves et conclure provisoirement par rapport à l'hypothèse.
– Au cycle 3, on peut proposer aux élèves de présenter les résultats de croissance des semis par un graphique de taille de la plante par rapport au temps.
– Analyser les résultats et conclure par rapport à l'hypothèse : les élèves vont s'apercevoir que les facteurs de germination sont différents de ceux de croissance, en particulier pour la lumière et la nutrition minérale.

D'où viennent les graines

« D'où viennent les graines ? » Cette interrogation d'enfant peut être la base de situations de découvertes captivantes pour les élèves. Elles les conduisent à découvrir les transformations de la fleur au fruit, à travers l'observation dans le temps, de cultures en classe (petits pois, haricots, etc.) ou dans les jardins au printemps (cerisier ou pommier en fleur, etc.). Les fleurs ne représentent-elles pas la vie ?

▬ *La fleur*

La fleur tient un rôle particulier dans l'imaginaire des hommes ; les enfants n'échappent pas à cet attrait qu'elle exerce sur le regard. En général les fleurs « parlent » selon les civilisations un langage diversement codé et accompagnent les moments caractéristiques de la vie, tant sociale que privée. Cela justifie qu'un développement leur soit consacré et que des activités donnent du sens au rôle qu'elles jouent dans l'épanouissement de la plante. D'autant que certaines plantes ne portent pas de fleurs, ne donnent pas de fruits… situations-problèmes intéressantes.

Souvent les enfants savent que les fleurs de certains arbres ou de certaines plantes deviennent des fruits, mais au-delà de ces notions, leurs savoirs doivent être construits. La collecte de fleurs est une première activité (étant entendu que par principe, la notion d'espèce protégée sera abordée). La comparaison de différentes espèces permet de noter les organisations variées et sans entrer dans les détails, il est possible de noter des similitudes et des différences. Le recours au dessin et l'utilisation de la loupe sont des techniques évidentes dans ce domaine. Il ne faut en aucun cas détourner cette découverte en une leçon de lexique savant. Mais l'enseignant doit saisir l'occasion d'introduire les termes scientifiques exacts lorsque les élèves ne savent pas quel nom donner à une partie dont ils veulent parler, ou la nomment avec différents vocables ou en employant des périphrases. Le vocabulaire scientifique, introduit en fonction des besoins de communication entre les élèves, enrichit leur vocabulaire et contribue à les aider à maîtriser la langue. Les élèves de l'école primaire doivent plus exercer leur capacité d'étonnement que mémoriser des mots dont le sens risque de leur échapper.

L'observation comparée de différentes espèces de fleurs peut conduire à rechercher les points communs et les différences, donc à repérer les différentes parties de la fleur. Les élèves peuvent aussi aller chercher un schéma dans un livre pour reconnaître les différentes parties de leur fleur et faire le dessin d'observation correspondant, non au schéma du livre, mais à leur propre observation, ce qui est un excellent exercice.

Les formes infinies que prennent les fleurs sont de nature à déclencher des interrogations, première attitude à « cultiver » chez les jeunes élèves. Une initiation à la constitution d'un herbier peut être envisagée.

ACTIVITÉ 8

D'OÙ VIENNENT LES GRAINES DE TOURNESOL ?

▸ Situation de départ

À l'automne, on peut assez facilement se procurer ces fleurs lorsqu'elles en finissent de leur flamboyance et qu'elles recèlent, bien rangées, ces graines que les enfants grignotent parfois avec plaisir. Le statut particulier de cette plante, que même les élèves citadins connaissent (fleur et nourriture), donne à l'activité un caractère plaisant qui n'échappe à personne. Une sensibilisation par le biais des tableaux de Van Gogh permet de faire naître l'intérêt et de faire surgir les représentations que se font les élèves de l'évolution de cette plante aux dimensions notables.

▸ Déroulement

– Travail par groupe de deux élèves.
– Un dessin d'après nature précède la « dissection » progressive de la fleur et le comptage des graines récoltées sur chaque fleur.
– Chaque équipe est incitée à comparer le résultat de son travail avec celui des autres.

Pour information, rappelons comment est constituée la fleur.
Elle comporte :
– des pièces stériles qui protègent le bourgeon floral (sépales) ou qui attirent les insectes pollinisateurs (pétales colorés, nectaires dégageant du nectar sucré, glandes odorantes) ;
– des pièces fertiles : le pistil (appareil reproducteur femelle) qui contient des ovules (répartis en un ou plusieurs carpelles) et les étamines (appareil reproducteur mâle) contenant des milliers de grains de pollen microscopiques.

Les grains de pollen peuvent être transportés par le vent (pour certaines espèces qui ont en général de longues et très nombreuses étamines contenant des millions de grains de pollen microscopiques) ou par les insectes (fleurs aux couleurs vives, parfumées…), en particulier les abeilles. Mais certaines fleurs peuvent s'autopolliniser, c'est-à-dire être fécondées par leurs propres grains de pollen.

Une fleur est fécondée si un grain de pollen (élément mâle) pénètre dans le pistil et rencontre un ovule (élément femelle). Quand le grain de pollen arrive au contact de l'extrémité du pistil (le stigmate) si les conditions sont favorables (pas de pluie qui fait éclater les grains de pollen), il développe un prolongement qui pénètre dans le pistil, rejoint un des ovules et le féconde.

Alors la fleur se transforme progressivement en fruit. Les carpelles contenant les ovules se développent en accumulant des substances organiques fabriquées par la plante, substances qui se transforment en sucre lors de la phase de mûrissement du fruit.

À l'intérieur du pistil, l'ovule fécondé se transforme en graine. Cette graine entre en vie ralentie. Elle pourra donner une nouvelle plante, si elle se trouve dans des conditions favorables (voir chapitre 4, pp. 158 et suiv.).

De la fleur au fruit

L'observation régulière de la transformation de la fleur en fruit est une étape importante de la conceptualisation par les élèves de ce phénomène essentiel pour la construction du concept de vivant. Il est très intéressant de suivre en classe (ou dans le jardin de l'école) la transformation de la fleur au fruit, par exemple à partir d'un rameau de cerisier en fleur mis dans un vase rempli d'eau ou sur une culture de petits pois ou de haricots commencée quelques semaines plus tôt.

Le suivi montre bien par une observation régulière avec prise de notes (dessins datés) les transformations de la fleur jusqu'à la formation des graines dans le fruit. On peut colorier de la même couleur les parties qui ont la même origine, et ainsi découvrir leur devenir. Il faut le préciser en légende (pétales qui tombent, étamines qui se dessèchent et tombent, sépales qui tombent mais cicatrice visible, pistil qui grossit pour former le fruit, ovules qui se transforment en graines à l'intérieur des carpelles du pistil). Ces observations passent par des prises de notes régulières : dessins datés en respectant la même échelle (référence à la taille réelle pour les jeunes élèves).

L'observation d'un pommier ou d'un autre arbre fruitier dans un jardin de l'école est très riche en découvertes pour les élèves, car ils pourront découvrir les variantes de la transformation de la fleur en fruit. On peut aussi apporter en ville une inflorescence de marronnier qui permet de découvrir en même temps des fleurs à tous les stades (du bouton à la fleur fanée) et le développement des petits marrons. Cette même observation est possible sur beaucoup d'inflorescences (grappes de fleurs), en particulier sur celles de genêt.

Par la suite, l'observation de fruits et légumes permet d'essayer d'y retrouver les éléments du fruit, c'est-à-dire la présence de graines ou simplement d'ovules (grains blanchâtres mous ou durs) à l'intérieur. La définition scientifique du fruit (qui contient des graines et provient du développement de la fleur après fécondation de ses ovules par des grains de pollen) diffère de celle du langage courant : elle concerne des « fruits » au sens courant comme les cerises, pommes, etc., mais aussi certains « légumes » comme tomate, aubergine, citrouille, concombre, cornichon, avocat...[1] Cette différence de vocabulaire est à construire au travers de la dernière partie de cette séquence, sinon elle restera un obstacle à la compréhension de la notion de fruit. En même temps cette découverte est très motivante pour les enfants, car elle leur fournit un savoir transférable et applicable dans la vie de tous les jours. Quel plaisir de découvrir ce que l'on mange d'une autre manière et de se sentir plus « savant » !

Thibaut, 6 ans : « L'arbre est vivant, les pommes bougent. »

1. Voir J. Guichard, B. Zana, *Fichier, Les Savoirs de l'école, Sciences et techniques, cycle 3, op. cit.*

5. Procréation et naissance chez les animaux

Le début de la vie d'un animal est toujours un événement extraordinaire pour les enfants. L'émotion associée à la naissance déclenche à la fois des interrogations, mais aussi des investigations qui conduisent peu à peu à la construction du concept de procréation, concept fondamental pour la définition du vivant.

« Venez vite voir, nos mérions ont eu des bébés ! » Florence, 8 ans.

Les animaux ont des bébés, mais comment ça commence ?

Une des principales spécificités du vivant concerne la procréation. Cette question n'est pas sans susciter l'intérêt des enfants. Même si les élèves n'osent pas toujours la poser pour l'homme, ils n'hésitent pas à demander pour les animaux : *« Dis, comment ils font des bébés ? »* Les élevages en classe sont le meilleur moyen d'assister à cette phase fondamentale de la vie. Mais une visite dans une ferme ou au zoo peut utilement compléter cette approche sensible du vivant, en particulier si on y découvre des jeunes qui viennent de naître.

La procréation, une des principales spécificités du vivant

Lorsqu'on parle des processus qui conduisent à la naissance, on parle souvent de « sexualité » et de « reproduction », mais ce terme « reproduction » renvoie à « reprographie » et peut induire l'image mentale d'un nouveau-né identique à son géniteur, à une « photocopie » de l'adulte. C'est d'ailleurs vrai dans quelques cas exceptionnels, comme celui des femelles de phasmes moroses (voir chapitre 8, p. 111) qui pendant de longues périodes se reproduisent par parthénogenèse (de *parthenos* qui signifie vierge et *genèse* qui signifie génération) : les femelles pondent des œufs non fécondés par le spermatozoïde d'un mâle, et ces œufs donnent donc naissance à des petits phasmes femelles très semblables.

Dans tous les autres cas, le bébé n'est identique à aucun des parents. Le père fournit un *spermatozoïde* et la mère un *ovule* au cours d'une phase de conception des descendants présidée par la sexualité. Lors de la fécondation, des gènes apportés par le spermatozoïde de son père et l'ovule de sa mère s'associent (recombinaison) pour donner un nouvel individu de la même espèce mais différent de ses deux parents. Cette propriété spécifique du vivant permet l'évolution des espèces (voir chapitre 16, p. 203).

Il faut donc parler de sexualité, terme qui renvoie à l'existence de mâles et de femelles qui s'associent pour perpétuer leur espèce, et de procréation qui exprime l'idée de création d'un être nouveau différent de ses parents bien qu'appartenant à la même espèce.

Des conceptions erronées, y compris chez les adultes

Au-delà de la question de vocabulaire, les noms des animaux domestiques où l'on distingue mâle et femelle par des noms différents conduisent enfants, et même adultes, à des confusions. Ainsi certains croient que la *grenouille* est la femelle du *crapaud*, ou que *« la chouette est la femme du hibou »*, *« l'oie est la femme du canard »*, alors que ce sont tous des espèces différentes, qui ne peuvent donc pas procréer ensemble. D'autres pensent que *dinde* et *dindon* ne sont pas de la même espèce.

Il est donc important que les élèves distinguent les mâles des femelles dans une même espèce, qu'ils comprennent la nécessité d'un mâle et d'une femelle pour procréer et que le bébé n'est pas que *« une petite graine que le papa a mis dans le ventre de la maman !*[1]*»* même si des revues grand public continuent à véhiculer cette image en prétendant « qu'elle n'est pas mauvaise ».

Les petits élevages en classe, un suivi qui donne du sens aux découvertes

Les élevages en classe (voir chapitre 8, p. 103) permettent une prise de conscience par l'observation directe des parents (individus mâles et femelles) et de la naissance des petits, donc l'observation de la succession des générations. Les enfants découvrent ainsi que la procréation sexuée

1. J. Deunff, P. Antheaume, M. Dupont, M. Maurel, *Découverte du vivant et de la Terre*, Hachette Éducation, 1995.

donne des descendants de la même espèce que leurs parents, qui leur ressemblent tout en étant différents. Ce qui introduit aussi le *concept de diversité du vivant*.

La diversité des élevages peut faire observer des différences entre mâles et femelles, les comportements liés à la procréation et aux soins aux jeunes. Les élevages permettent surtout de situer un individu dans le temps d'une vie, de la naissance à la mort. Le goût de la recherche existe à l'état latent chez tout jeune enfant ; la joie de la découverte liée aux élevages l'incite, par approches successives, à observer de mieux en mieux, avec plus de minutie, c'est-à-dire avec plus de méthode. Ainsi il construit progressivement le concept de vie : il peut relier le comportement des parents et la naissance des petits. Par son aide, l'enseignant va lui apporter progressivement cette méthode qui le fera passer, pour assouvir et développer sa curiosité, d'un regard intéressé à une observation construite.

De plus, le suivi des élevages au jour le jour est déclencheur d'émotion lors de la naissance des petits. Ces émotions sont à la fois un motif de mémorisation et une source de questionnement.

La procréation, d'abord une affaire de comportement des adultes

Quand on pense aux naissances, on pense souvent petits mammifères. Mais ce qui est intéressant, c'est de faire découvrir aux enfants une multiplicité d'exemples de procréation au cours des différentes classes de l'école maternelle et élémentaire.

Des mâles différents des femelles

L'observation d'animaux du zoo ou d'animaux de la ferme, tout comme ceux que l'on élève en classe, peut permettre de remarquer les différences souvent visibles entre mâles et femelles. La visite dans une ferme permet dès la maternelle de faire différencier le coq et la poule, le taureau et la vache, la chèvre et le bouc par leurs caractères sexuels secondaires (crête du coq, pis de la vache, couleur des plumes du canard…) ou primaires (pénis du cheval, du taureau, bourses des rongeurs…). Cette différenciation peut aussi s'observer pour les petits mammifères élevés en classe, mais également dans les élevages de phasmes, de fourmis… de même lors de visites au zoo.

Ces observations morphologiques des animaux sont à la portée des élèves. Ces distinctions ne doivent pas faire oublier les points communs qui caractérisent l'espèce. C'est pourquoi la réalisation de tableaux des points communs et des différences entre mâle et femelle d'une même espèce est intéressante à la fois du point de vue méthodologique et conceptuel.

La sexualité des adultes, des comportements à observer

De la sexualité à la naissance, les élevages sont riches d'observations à la portée des plus jeunes. Une visite au zoo, ou la lecture d'un document multimédia, peut faire découvrir ces comportements aux élèves. Mais ce sont les élevages en classe d'insectes ou de petits mammifères qui sont particulièrement intéressants pour observer tous les comportements, de ceux qui sont en liaison avec l'accouplement, jusqu'à la naissance des petits.

Les parades nuptiales et l'*accouplement* peuvent s'observer chez une grande diversité d'espèces avec des comportements différents. En voici quelques exemples pour les espèces que l'on peut facilement élever en classe.

▪ Chez les criquets

Les enfants prennent conscience des comportements liés à la recherche du partenaire de l'autre sexe et de l'accouplement. C'est un moyen d'aborder une première étape de l'information sexuelle au cycle 3 et même dès la maternelle.

– Mardi 16 : Pascal a remarqué que les criquets poussaient une sorte de *« cri en se frottant les pattes postérieures »*.

– Jeudi 18 : *« On suppose qu'ils voulaient faire des petits quand ils étaient l'un sur l'autre. Les criquets pouvaient-ils faire directement des petits comme les chats ? Les petits vont naître, grandir et avoir d'autres petits, et ainsi de suite… »*

▪ Chez les papillons (voir la fiche d'élevage, activité 22, p. 123)

Si l'on essaie d'élever des papillons de la même espèce, on peut observer l'accouplement. On observe aussi fréquemment ce phénomène lors de visites dans une ferme à papillons comme il en existe un certain nombre en France.

▪ Chez les poissons combattants (voir la fiche aquarium, activité 32, p. 155)

On peut très facilement observer les comportements territoriaux des mâles et la parade sexuelle qui précède la relation entre le mâle et la femelle qui se rejoignent au corps à corps. Un film du CNDP[1] montre ce comportement.

▪ Chez les épinoches

On observe, en plus, la préparation par le mâle d'un nid de plantes aquatiques au fond de l'aquarium. La femelle vient y pondre à l'incitation du

1. *« Naissance 2 : les vertébrés »*, cassette vidéo VHS 62 min., CNDP, 1994.

mâle, qui excite la femelle. Puis le mâle vient asperger les œufs de ses spermatozoïdes afin de les féconder. Enfin il reste à garder le nid puis les petits que l'on voit naître.

■ **Chez les petits mammifères**

La durée de gestation assez courte et la fréquence des phases de fécondité chez des petits mammifères bien nourris et bien entretenus amènent à observer les phases d'accouplement avant de pouvoir observer le ventre de la femelle qui grossit, puis enfin la mise bas et la naissance des bébés.

Ainsi le maître est amené à faire construire le concept de procréation par comparaison avec ce qui a été observé dans les différents élevages.

Chaque vie, c'est d'abord une naissance, chez des petits mammifères, comme chez l'Homme

Les enfants peuvent constater que les petits peuvent naître de différentes façons. Certains animaux mettent au monde des petits complètement formés (animaux vivipares), alors que d'autres pondent des œufs d'où sortiront les jeunes (animaux ovipares). Dans certains cas, comme le guppy, les œufs se développent dans le ventre de la femelle (ovovivipares).

▬ *Assister à la naissance ou découvrir les nouveau-nés de mammifères*

Souvent, lors de la visite d'une ferme ou d'un zoo, on peut découvrir des jeunes nés récemment, voir la vache qui vient de vêler. Au zoo, une naissance est toujours un événement bien mis en valeur avec des panneaux explicatifs. Dans les deux cas, on peut donner aux élèves la consigne d'observer et de noter le comportement des adultes par rapport aux petits en observant pendant 5 minutes la même « famille » ou le même groupe d'animaux.

Des enfants peuvent aussi faire part à la classe de leurs observations personnelles à propos de leur chat, de leur chien ou de leur animal familier.

▬ *Une naissance : un événement attendu lors du suivi d'un élevage de petits mammifères en classe*

L'intérêt principal, mais également l'inconvénient majeur, des élevages de petits mammifères (hamster, cochon d'Inde, lapins nains, souris blanches) est la fréquence des naissances (jusqu'à une fois par mois !). Il est toutefois souvent possible de redonner les jeunes, une fois sevrés à l'animalerie qui vous les a vendus (se renseigner). Mais l'impact émotionnel et pédagogique de ces naissances est suffisamment grand pour promouvoir ces élevages en classe.

Les mérions ou mériones (de l'espèce *Meriones unguiculatus*), appelés souvent « gerbilles », sont d'excellents animaux pour une classe. Dans la nature, ils vivent dans des régions semi-désertiques où ils habitent dans des terriers. En classe, ce sont des animaux qui ne sentent pas mauvais s'ils sont bien entretenus. Leur grand avantage par rapport aux autres petits rongeurs est le fait qu'ils ne sont pas exclusivement nocturnes, au contraire des hamsters qui eux supportent mal d'être dérangés dans la journée. Si les mérions sont jeunes, on les apprivoise facilement, et ils ne mordent pas (sauf exception). Il ne faut pas les tenir par l'extrémité de la queue qui se casse facilement.

ÉLEVAGE D'UNE FAMILLE DE GERBILLES (OU MÉRIONS)

▸ **Matériel et installation**

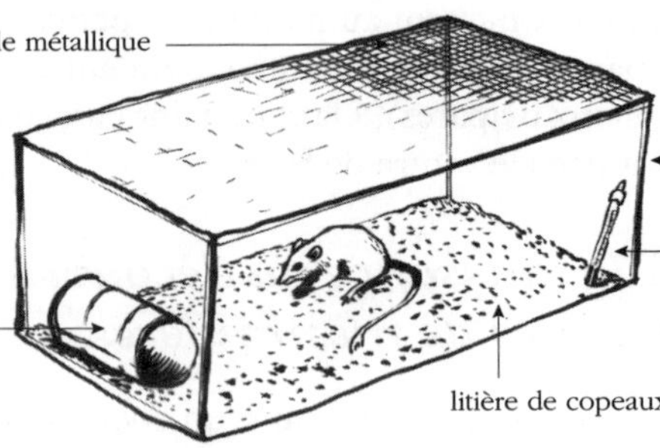

Placer les mérions dans un aquarium fermé par une grille permettant une bonne aération. Tapisser le fond de copeaux de bois et de foin. Leur donner des bouts de papier qu'ils réduiront en petits fragments pour fabriquer un nid douillet. Penser à leur mettre un morceau de bois à ronger, afin qu'ils usent leurs dents à croissance continue. Les garder à une température de 15 à 20 °C. Ils sont plus actifs s'il fait chaud.

▸ **Soins et suivi de l'élevage**

Leur donner des graines (blé, maïs...), des biscottes, des fruits et légumes (pomme, cerise, salade, carotte). Inutile de leur donner à boire. En effet, ils sont adaptés à la vie dans le désert, consomment peu d'eau et font peu pipi, donc l'élevage ne disperse pas d'odeurs désagréables si on change la litière souillée une ou deux fois par semaine.

▸ **Informations complémentaires**

L'adulte pèse 100 g et mesure 10 centimètres (sans la queue). Il vit 3 à 4 ans. Les Mérions sont actifs le jour et la nuit, avec une alternance de temps de veille et de sommeil répartis tout au long de la journée.

La maturité sexuelle est à 12 semaines. Comme tous les mammifères, la procréation passe par l'accouplement que l'on peut facilement observer. La gestation dure 21 jours. La femelle met bas 4 ou 5 petits par portée. Les petits naissent nus et aveugles. La mère les cache dans un petit nid douillet qu'elle a construit dans un coin de la cage. Les nouveau-nés poussent des petits cris. Elle les allaite. Ils grossissent très rapidement. Au bout d'une semaine, les poils sont visibles. Les petits n'ouvrent les yeux qu'à l'âge de trois semaines. En captivité, le père et la mère donnent tous deux des soins à leurs petits. À l'âge d'un mois, ils sont capables de prendre seuls leur nourriture. En captivité, petits et grands peuvent cohabiter et sont très sociables. Ils dorment les uns contre les autres.

Si des naissances ont lieu, il ne faut pas déranger la mérione et ne pas toucher ses petits, car les parents tueraient ces jeunes imprégnés de l'odeur humaine. Quand les bébés sont sevrés, on peut les apprivoiser peu à peu, en les tenant avec précaution car ils sautent…

L'observation de la sexualité des mérions, puis l'attente des naissances en suivant le développement du ventre de la femelle, surtout la découverte des petits et de leur transformation, est un événement marquant dans la vie de la classe. Il permet de cerner le stade de procréation, cet élément essentiel pour la construction du concept de vivant.

Des petits qui sortent du ventre de leur mère, même chez certains poissons

Même s'il correspond à un cas particulier assez exceptionnel chez les poissons, et qu'à ce titre il doit être comparé avec des documents présentant d'autres modes de naissance chez les poissons, l'élevage de guppys est particulièrement intéressant pour une étude de la reproduction et du cycle de vie.

Le guppy est un poisson très prolifique. Il en existe de nombreuses variétés. Il est facile à élever et a l'intérêt de présenter un dimorphisme sexuel : le mâle est plus petit et plus coloré que la femelle et possède un appendice (gonopode). (Voir activité 32, p. 155.)

Ainsi on peut d'abord observer la parade sexuelle avant l'accouplement. Puis on reconnaît les femelles fécondées à leur gros ventre : en effet, le guppy se reproduit par ovoviviparité. Les petits sortent vivants du ventre de leur mère. En aquarium, donc dans un espace restreint, il est nécessaire d'isoler les femelles au moment de la naissance des petits, afin que ces derniers ne soient pas mangés par les adultes.

Ces observations sont donc très intéressantes pour les comparaisons que l'on peut faire avec les mammifères.

Produire les conditions pour faire naître la vie : la couveuse

La naissance de poussins est un événement extraordinaire dans une classe. Le temps d'attente autour d'une couveuse où l'on a déposé des œufs fécondés est un moment qui renforce encore l'émotion liée à la naissance. Cette activité est aussi intéressante au cycle 1 qu'au cycle 3.

Le suivi de l'incubation de l'œuf

Il est utile de commencer par recueillir les représentations des élèves sur ce qui se passe dans l'œuf avant la naissance du poussin.

On peut observer en cours d'incubation l'intérieur de l'œuf en le mirant, c'est-à-dire en essayant de voir l'intérieur par transparence, en le plaçant devant une ampoule afin de distinguer par transparence l'ombre du fœtus en développement : à partir du 17e jour le poussin est bien formé avec les premières plumes.

ACTIVITÉ 10

FABRIQUER UNE COUVEUSE

▸ **Trouver des œufs fécondés**

Tout d'abord il faut se procurer, dans un établissement spécialisé ou dans une ferme avec un poulailler contenant un coq, des œufs fécondés.

▸ **Construction de la couveuse et installation des œufs**

Ensuite il faut construire une couveuse dans un grand carton que l'on percera de trous pour créer une aération et où l'on installera une ampoule pour créer de la chaleur (38 °C). Il est important de brancher cette ampoule (15 ou 25 W) sur un thermostat afin de maintenir cette température constante. La seconde condition à maintenir est l'humidité suffisante, ce qui est possible en plaçant simplement une assiette régulièrement remplie d'eau au-dessous des œufs mais sans contact avec eux.

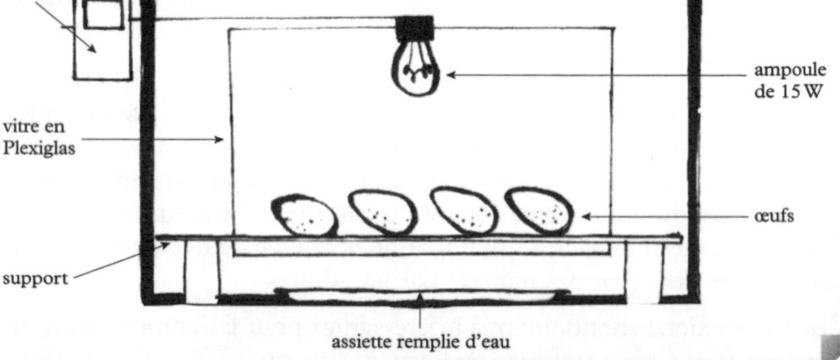

▸ **Suivi de la couveuse pendant les 3 semaines du développement**

Retourner régulièrement les œufs, l'idéal est deux fois par jour.
On peut réaliser une fenêtre latérale avec un morceau de Plexiglas afin d'observer en permanence le contenu de la couveuse sans avoir à l'ouvrir.
La durée d'incubation est de 21 jours pour la poule.

▸ **Élevage des poussins**

Ils ont besoin de chaleur. On peut donc les laisser dans la couveuse quelques jours avant de les mettre dans un carton près d'une source de chaleur (radiateur). Le poussin ne s'alimente pas avant le 3e jour. Il faut toutefois lui donner à boire, puis le nourrir avec une nourriture adaptée.

À la naissance, le poussin perce le petit bout de sa coquille. On l'entend pépier longtemps avant qu'il sorte. Dès la maternelle, les enfants posent beaucoup de questions, comme : *« Avec quoi il brise sa coquille ? »* Ils sont surpris de son aspect à la naissance : *« Pourquoi ses plumes sont-elles mouillées ? »* On peut observer dans l'œuf les restes du jaune et du blanc d'œuf qui lui ont servi de nourriture. Les enfants peuvent alors faire des dessins d'observation représentant les différentes phases de la naissance du poussin. On peut les regrouper avec des textes (dictée à l'adulte pour les jeunes élèves) afin d'élaborer un album représentant chronologiquement l'événement dans lequel on insérera les dessins. Ces traces mémoire de l'événement peuvent constituer un dossier élève, un album pour la classe ou la BCD, une exposition, un film, un cédérom pour les plus « branchés » !

Au cycle 2 ou au cycle 3, les élèves peuvent écrire un reportage à propos de la naissance pour le journal de classe (papier ou Internet).
« 21e jour : aujourd'hui, le poussin est sorti de sa coquille.
La coquille se fendille. Un petit morceau se soulève et tombe. Le bec du poussin tape sur la coquille. Il agrandit le trou. On entend des petits piaillements. L'œuf se fend jusqu'en bas. Le poussin pousse avec sa tête et sort.
Il est tout jeune. Il a de grandes pattes. Il respire vite. Il s'agite, il cherche à se relever. Sous son ventre, on voit une cicatrice. Le maître nous a montré que c'était le reste d'un petit tuyau par lequel le poussin mangeait le contenu de l'œuf. »
(Compte rendu sur l'éclosion d'un poussin par un enfant de 8 ans.)

La couveuse est un sujet de questionnement important pour l'enfant et ses questions lui font découvrir les caractéristiques de la vie. Par exemple, au cycle 3, leur question initiale est : *« Comment se forme le poussin dans l'œuf ? »*, question à laquelle on peut répondre en découvrant des photographies dans des livres. Cette question en introduit d'autres comme : *« Comment le poussin peut-il respirer (dans sa coquille) ? »*, *« Est-ce qu'il se nourrit dans l'œuf ? »* et *« Comment ? »*

Les questions conduisent à resituer dans le temps, car le vivant s'inscrit dans le temps : *« Comment était l'œuf avant d'être un œuf ? »*, *« Est-ce que le poussin est dans le jaune ou le blanc ?»*, et enfin des questions d'ordre affectif : *«Nos poussins ne veulent-ils pas revoir leurs parents ?»*

Quand les poussins apprennent la vie

L'élevage des poussins pendant quelques semaines permet de découvrir leur comportement, mais il faut auparavant trouver un lieu où donner les jeunes poulets, dans une ferme par exemple…

C'est ainsi que les élèves peuvent découvrir des comportements : *«Le jeune poussin gratte la terre comme sa mère»*, qui conduisent à des questions fondamentales : *«Mais il n'a jamais vu sa mère le faire»* ; alors est-ce un comportement spontané, inné ?

Le début du développement, d'étonnantes comparaisons

La naissance du poussin pose aux enfants beaucoup de questions à propos du développement à l'intérieur de l'œuf. Le principal problème conceptuel est qu'ils pensent qu'au début, juste après la fécondation, *«le poussin ressemble déjà à un poussin, mais est trop petit pour qu'on puisse l'observer à l'œil nu». «Avec un microscope, on pourrait voir un tout petit poussin.»* L'obstacle est qu'ils n'ont pas de représentation mentale pour envisager les transformations. Cette représentation préformiste a d'ailleurs été celle de beaucoup de scientifiques des siècles derniers.

Observation du développement dans l'œuf

Les observations de l'œuf de poule, en le mirant à la lumière, ne donnent qu'une vague idée des transformations subies. La coquille est un écran trop opaque.

En revanche, des œufs transparents, mais suffisamment gros pour être bien observés avec une simple loupe (G × 3), comme ceux de grenouilles (trouvés dans une mare à la fin de l'hiver), ou surtout ceux d'escargots (récoltés dans un élevage en classe), permettent d'observer les transformations progressives avant que l'animal ne sorte de l'œuf. Ainsi voit-on apparaître à l'intérieur de l'œuf la coquille encore molle de l'escargot.

Transformation du têtard

Dans le cas de la grenouille, ce qu'on voit se former dans l'œuf, c'est un embryon qui ressemble progressivement au têtard. La suite des transformations s'effectue après la sortie de l'œuf, dans le cadre des transformations du têtard : d'abord des branchies externes, puis internes, ensuite apparition des pattes postérieures puis des pattes antérieures avant la régression progressive de la queue qui aboutit à la morphologie de la grenouille adulte. Cette observation facile pour des élèves est un bon moyen de leur faire percevoir la possibilité de transformation radicale de la morphologie entre l'œuf fécondé et le jeune à la naissance, donc de leur faire franchir un obstacle important dans la construction du concept de vie.

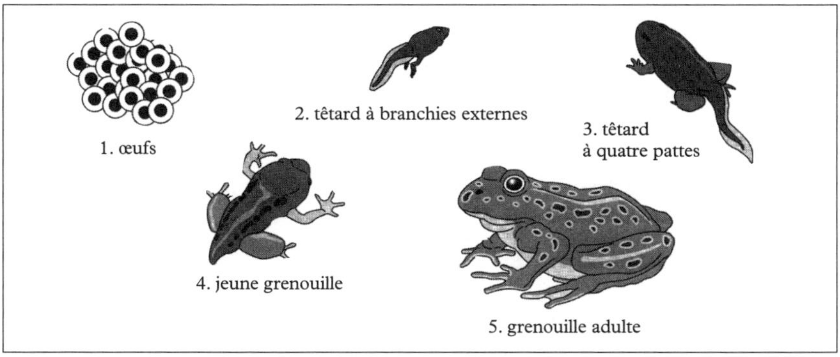

Transformation de têtard en grenouille[1]

La vie, des adaptations pour chaque espèce

Le stade de la procréation est un stade fondamental pour toutes les espèces animales. Une des questions d'élèves concerne le nombre d'œufs pondus, nombre qui leur semble souvent impressionnant, alors que le nombre d'adultes reste stable dans un milieu donné.

— *Nombre d'œufs pondus et soins aux petits*

Les élèves sont sensibles aux différences de nombre de petits selon les espèces animales. Alors que des mammifères, comme la vache ou la brebis, n'ont qu'un petit à chaque portée, la cane peut en avoir une dizaine, et des insectes comme le grillon 300 à 500, des poissons comme l'épinoche 1 000 ou des batraciens comme la grenouille verte en ont 10 000. Or dans la nature les populations de ces animaux n'augmentent pas. Que se passe-t-il donc ? Les élèves peuvent émettre des hypothèses. Ainsi ils découvriront que cette différence correspond aux conditions pour maintenir la survie de l'espèce. En effet, si la survie du petit mammifère protégé par sa mère est assurée, seul le nombre peut compenser les pertes au niveau des œufs abandonnés par les parents et qui servent de nourriture à de nombreuses autres espèces, voire parfois aux parents eux-mêmes !

1. Extrait de J. Guichard et B. Zana, *Fichier Les Savoirs de l'école*, *op. cit.*

Régulation des populations, des phénomènes difficiles à admettre dans certains élevages

Une des situations difficiles lors de certains élevages en classe est celle de la découverte de petits mangés par les adultes. Cette situation se produit régulièrement avec les guppys et conduit à systématiquement isoler les petits des adultes dans un pondoir flottant. Ce phénomène peut se produire dans des élevages de grillons et de petits mammifères. Il s'agit d'un phénomène de régulation du nombre d'individus par rapport à la taille de l'espace d'élevage et à la nourriture disponible. On peut le limiter en agrandissant la cage d'élevage et en nourrissant abondamment. Les élèves peuvent le comprendre en référence à l'interrogation sur le nombre d'œufs et de petits à la naissance par rapport au nombre d'adultes.

Les œufs, parfois des formes de résistance

Une des caractéristiques des œufs est qu'il s'agit parfois d'une forme de résistance au froid ou à la sécheresse. Ainsi, on peut garder au sec pendant plusieurs mois des œufs de phasmes.

Les œufs d'*Artemia salina*, un petit crustacé bien adapté à la vie dans les marais salants sujets au dessèchement, sont une forme de résistance au dessèchement, tout comme beaucoup de graines chez les végétaux.

Cet élevage facile amène les élèves à percevoir le rôle de l'œuf comme forme de résistance, donc à prendre conscience, au-delà de l'individu, de la question de survie de l'espèce. Cette approche de la vie à l'échelle de l'espèce est difficile pour l'enfant, fixé sur l'individu, mais est une composante importance du concept de vivant.

ACTIVITÉ 11

ÉLEVAGE D'*ARTEMIA SALINA*

▸ Matériel et installation

Les œufs d'Artémie sont vendus chez les marchands d'aquariophilie.
Prendre une bouteille d'eau minérale, un grand pot de confiture vide, ou un petit aquarium en plastique. Y préparer de l'eau de mer en mettant 35 grammes de sel dans 1 litre d'eau. Bien mélanger : ajouter ensuite les œufs d'Artémie.

▸ Soins et suivi de l'élevage

Les œufs éclosent en 24 heures ou 48 heures selon la température de la pièce.

▸ Informations complémentaires

On peut faire des expériences de preferendum par rapport à la lumière en déplaçant le faisceau lumineux d'une lampe électrique le long de l'aquarium. On observe le mouvement des Artémies qui, selon qu'elles sont jeunes ou adultes, fuient ou se dirigent vers la lumière.

6. Quand la vie commence chez l'homme

Dans les conceptions des élèves sur le vivant, il existe encore, même au cycle 3, bien des ambiguïtés. En revanche, il est une question dont la réponse est univoque (voir chapitre 1, p. 18) :

« Moi, je suis vivant, ma maîtresse, elle est vivante. »

On peut penser que, dès son plus jeune âge, et avec une certaine jubilation, l'enfant ressent cette présence de la vie en lui comme une évidence. Intuitivement, il reconnaît les humains qui l'entourent comme des êtres vivants de la même espèce que lui. À l'enseignant d'accueillir ce premier savoir pour le faire évoluer.

Pour l'état civil, la vie commence le jour de la naissance et c'est à partir de cet instant que l'âge est compté. La pratique des anniversaires dans la famille et à l'école maternelle contribue à mettre en place ce repère fort.

Mais en ce qui concerne le tout début de l'homme, l'histoire de la pensée dans les civilisations montre que rien n'est simple. À plus forte raison pour un élève de l'école primaire. On sera donc modeste dans l'approche : inscrire le moment de la naissance dans un processus qui a un avant et un après, dans une logique scientifique, en posant quelques notions claires et en bousculant les représentations d'une pensée encore magique (voir chapitre 3, *La génération spontanée*, p. 46) semble un objectif raisonnable en fin d'école primaire.

L'origine de notre vie : un concept difficile à aborder

« Je vis grâce à ma mère et c'est elle qui m'a faite. » Aurélie, 10 ans 6 mois.

« Les enfants, ça ne se fabrique pas avec des machines comme des poupées, il faut des papas et des mamans. » Sidney, 10 ans.

Si la représentation de Sidney inclut *« papa »* dans le processus, c'est peut-être seulement parce que Sidney est un garçon, car, poussant Aurélie dans le questionnement, celle-ci dit en riant : *« Oui, bien sûr papa aussi mais c'est maman qui me porte. »*

En tout cas, ils ont bien différencié la notion de « fabrication » pour les objets et de « création » d'un nouvel être humain par l'union de deux parents. Intuitivement ils sentent déjà que *le vivant provient du vivant.*

Ces élèves sont prêts à aborder le concept de « procréation sexuée », cas le plus général de la transmission de la vie. C'est un sujet délicat. On a eu l'occasion, naguère, d'assister à des séquences télévisées tournées en maternelle par des psychologues qui, dans le but de sensibiliser les élèves à une éducation sexuelle, leur demandaient de se déshabiller devant leurs camarades. Ces psychologues[1], dont on ne peut contester l'honnêteté, ont complètement négligé le sentiment de pudeur des enfants.

L'état des connaissances a bien évolué : les élèves de nos écoles ne sont plus très nombreux à croire que les filles naissent dans les roses et les garçons dans les choux, mais le tabou de la sexualité existe toujours.

Soyons donc toujours prudents et respectueux de l'enfant et des familles. *« Les secrets du sexe sont de l'ordre pour chacun de son expérience intime du monde, chacun y est confronté au cours de son évolution naturelle, depuis sa petite enfance jusqu'à la mort.*[2] » Le secret étant une forme de protection de soi, on ne peut forcer un enfant à aller trop loin dans un questionnement dès lors qu'on sent une réticence.

Les manuels scolaires qui traitent le sujet de la sexualité sont très prudents dans les images qu'ils proposent, mais leur valeur esthétique est souvent peu recherchée. En revanche, on peut trouver dans la littérature enfantine des ouvrages qui présentent la sexualité avec intelligence et humour dans sa dimension affective[3].

L'intention pédagogique, qui est présente tout au long de notre travail, est d'aborder le processus qui va conduire à la naissance dans une mise en perspective avec le *projet parental.* Deux points de vue doivent être étroitement liés : la possibilité physiologique de faire un enfant et la décision toute humaine de mettre un enfant au monde.

Dans une classe, au cours d'un entretien collectif, deux garçons expliquent très sérieusement qu'ils ont lu dans le *Livre des records* qu'un garçon de leur âge (onze ans) avait eu un bébé. Ils prétendent, bien sûr, devant les filles de la classe qu'ils vont en faire autant. La maîtresse est un peu déstabilisée, car les autres élèves demandent si c'est possible (la validité des informations du *Livre des records* n'est pas toujours prouvée !). Mais cette enseignante, qui est aussi une personne heureusement douée de bon sens, pose la question : *« Mais qui va élever le bébé ? »* Les deux

1. Tony Lainé et Daniel Carlin.
2. S. Tisseron, *Secrets de famille, mode d'emploi*, Marabout, 1997.
3. A. Rosensthiel, *La Naissance*, La Nacelle, 1995.

futurs pères de onze ans répondent alors sans hésiter : *« Mais mon papa et ma maman ! »* Pour eux, l'identification parentale semble réussie…

Il faut amener les élèves à être confrontés à la réalité. Il y a le possible scientifique et le possible humain. Cette réflexion se situe au plan de l'*éthique*. A-t-on le droit de faire tout ce qui est possible scientifiquement ? On ne prétend pas résoudre ici la question des *limites* que la science ou la société doivent se fixer. Cependant, il est important que les élèves puissent exprimer leurs doutes auprès d'un adulte enseignant ou référent.

ACTIVITÉ 12

L'ORIGINE DE NOTRE VIE

▸ **Objectif**

Prendre conscience que nous sommes tous différents, notre histoire est différente, pourtant notre vie a commencé de la même façon.

▸ **Consigne** qui va permettre de recueillir les représentations initiales

« À partir de sa naissance, essayer de se représenter ce qui s'est passé avant. »

▸ **Apporter des connaissances scientifiques**

Mettre les élèves par demi-groupes en situation d'observation et de recherche sur des documents de qualité :

– échographies ;
– radiographies ;
– revues de vulgarisation scientifiques pour les enfants ;
– documents multimédia[1].

Il n'est pas difficile de rassembler une documentation de qualité.

Il est important de privilégier l'image scientifique parce qu'elle est actuellement un élément essentiel de la diffusion et de la recherche. On trouve de magnifiques documents capables de susciter l'émotion des élèves sur ce sujet délicat.

Le lexique pouvant être acquis à cet âge représente une dizaine de mots : accouplement – fécondation – gène – utérus – spermatozoïde – ovule – œuf – cellule – embryon – placenta – cordon ombilical.

▸ **Écrire des textes**

– Écrits scientifiques (voir le texte de Benoît, 10 ans).
– Poèmes.
– Récits de vie.

« La vie avant la naissance
Pour avoir un enfant, il faut qu'un homme et une femme se rencontrent, aient une relation sexuelle et qu'il y ait fécondation. La fécondation a lieu quand deux de leurs cellules sexuelles fusionnent ; un ovule de la femme et un spermatozoïde de l'homme. Elles forment une nouvelle cellule, l'œuf ou zygote est

1. Cédérom *« Ainsi vient la vie »*, Montparnasse multimédia (Mac-PC). Belles images (photos, films, échographies) de la conception à la naissance mois par mois.

le début de la vie. L'œuf se divise et à chaque division donne naissance à des cellules différentes qui deviendront les organes et les parties du futur bébé.
Il faut 9 mois pour que se développe un bébé. Pendant la grossesse le bébé et sa mère sont reliés grâce au placenta et au cordon ombilical. Le bébé reçoit l'oxygène et de quoi se nourrir et grandir, chaque mois les organes se développent. Au bout de 9 mois le bébé est prêt à venir au monde.» Benoît, 10 ans.

De la fécondation à la naissance

Pour la fécondation, la représentation traditionnelle de «la petite graine que le papa donne à la maman» est un obstacle à la compréhension; elle renforce les idées préformistes-mâles où les élèves croient que c'est le papa qui fournit un bébé miniature, qui se développera dans le ventre de la maman qui est alors réduite à l'état de nourrice et de couveuse le temps de la grossesse.

«*D'où vient la vie? La vie vient de l'œuf.*» Frédérick, 10 ans.

«*La vie vient du ventre de la maman.*» Florian, 10 ans.

«*La vie vient du corps des parents.*» Élodie, 10 ans.

Les représentations des élèves correspondent aux représentations des adultes véhiculées jusqu'au début de ce siècle. En observant des spermatozoïdes au microscope, des savants du XVIIIe siècle les représentaient comme des bébés miniatures.

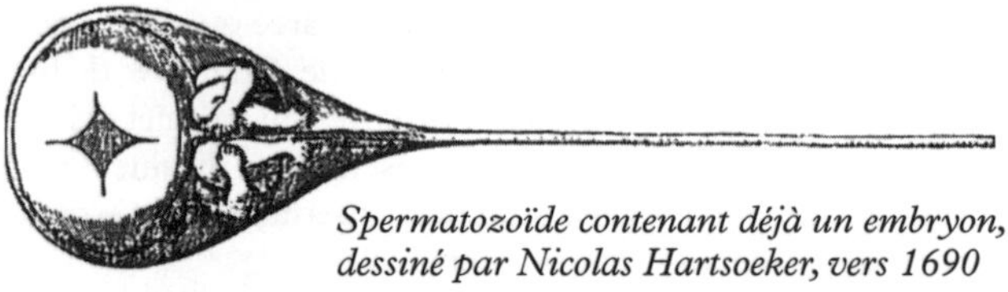

Spermatozoïde contenant déjà un embryon, dessiné par Nicolas Hartsoeker, vers 1690

La procréation

Comme chez les autres mammifères (voir chapitre 5, p. 63), la procréation chez les humains est la création par l'union d'un ovule de sa mère et d'un spermatozoïde de son père d'un nouvel être humain génétiquement différent de ses deux parents.

Le spermatozoïde mâle est produit par les testicules et il est préservé dans un liquide appelé sperme qui trouve son origine dans les vésicules séminales. Différents canaux connectent les testicules au pénis, organe à travers lequel les spermatozoïdes sont libérés dans le corps de la femme. Chez les femmes, les ovules se forment dans les ovaires. Un ovule est émis tous les 28 jours environ. Après maturation, il se sépare de l'ovaire et en suivant la trompe utérine atteint l'utérus. Au moment de l'accouplement, les spermatozoïdes sont déposés par l'homme dans le corps de la femme, afin qu'ils rejoignent l'ovule qui se déplace dans la trompe utérine. 300 à 400 millions de spermatozoïdes sont placés dans le vagin. Ils se dirigent à l'intérieur de l'utérus vers la trompe et leur voyage peut durer de 12 à 24 heures. Lors de la rencontre avec l'ovule, un seul spermatozoïde s'unit à lui, ce qui provoque la fécondation.

Dans le cas de fécondation *in vitro*, les ovules sont prélevés artificiellement, fécondés en laboratoire par des spermatozoïdes de donneurs, mis en condition dans un milieu recréé, compatible avec le milieu naturel. Les œufs ainsi constitués vont retrouver, après avoir franchi les étapes qui ne pouvaient l'être dans le processus naturel, l'utérus originel. Cette intervention humaine est une aide destinée à résoudre des cas de stérilité. Ce pouvoir nouveau ouvre indéniablement des perspectives que d'aucuns vont chercher à explorer. Le vivant serait-il asservi et considéré comme un terrain exploitable dans l'ordre de l'utilitaire ? La réflexion et le débat sont à l'ordre du jour tant dans la communauté scientifique qu'au plan plus général, politique, philosophique. Le vivant interroge le vivant. L'homme arrive au point d'interrogation sur sa propre valeur et sa responsabilité (voir chapitre 20, p. 235).

Cette union produit une cellule-œuf qui commence à se diviser en même temps qu'elle se dirige vers l'utérus où elle s'installe. Cette division cellulaire engendre un embryon qui commence à se développer pour devenir un nouvel être humain.

La division cellulaire

Ce concept représente un obstacle majeur ; pour les élèves l'embryon, dès la fécondation, est un bébé miniature.

À l'âge de 4 semaines, l'embryon mesure 3 mm comme un grain de blé et ne ressemble pas encore à un bébé. C'est à cette époque que se forment les bras et les jambes. Le cœur commence à battre, une circulation sanguine primitive apparaît. Les reins et le foie sont formés. Le placenta est relié à l'embryon par deux artères et une veine qui forment le cordon ombilical encore transparent.

À 5 semaines se forme le pancréas, et les muscles commencent à se développer. Au bout de 7 semaines, l'embryon ne mesure pas plus de 2 cm mais on peut voir ses yeux et la silhouette de ses mains et de ses doigts. À 8 semaines, son estomac commence à produire des sucs gastriques et on reconnaît son nez et sa bouche. Au bout de 12 semaines, l'embryon ressemble à un bébé, on l'appelle fœtus. Ses organes sexuels se forment et il pèse 30 g. Il peut bouger légèrement et les battements de son cœur peuvent être observés par échographie. Au bout du 3e mois, les neurones qui forment le futur système nerveux commencent à s'organiser. À 6 mois, presque tous les organes sont formés, il ne lui reste plus qu'à grandir.

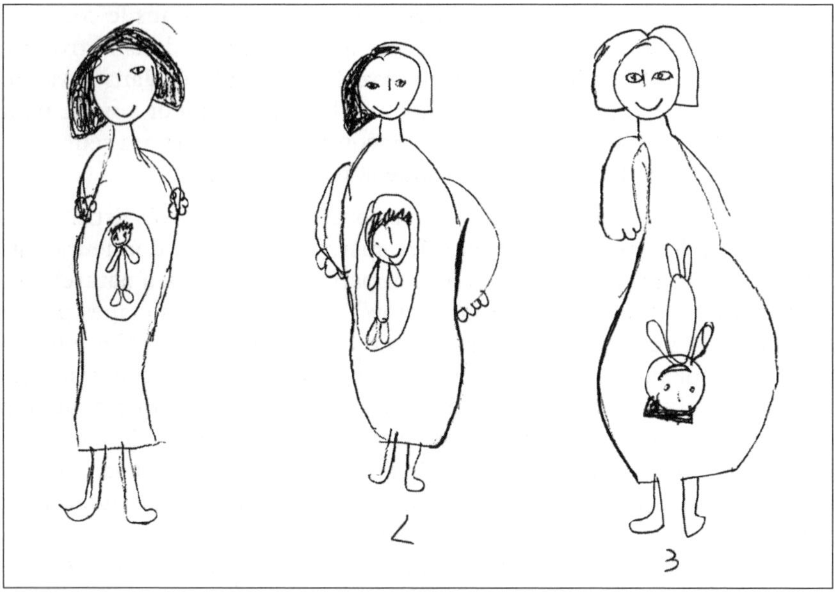

Ludivine, 10 ans :
1. « Le bébé vient d'être fait par le papa et la maman. »
2. « Le bébé grandit dans le ventre de la maman. »
3. « Le bébé se retourne pour sortir du ventre de la maman. »

La vie intra-utérine

Les enfants ont du mal à comprendre comment le cordon ombilical apporte l'air et la nourriture au bébé tant qu'ils n'ont pas compris le rôle de la circulation dans l'organisme. Leurs questions sont : *« Comment le bébé mange ? »* ou *« Comment il respire ? »*

Souvent ils représentent le cordon ombilical qui rejoint le nombril de la maman. Ils pensent que c'est par là que le bébé respire. D'autres fois, c'est un tuyau qui monte à la bouche ou au sein pour l'alimentation et un autre aux poumons pour la respiration.

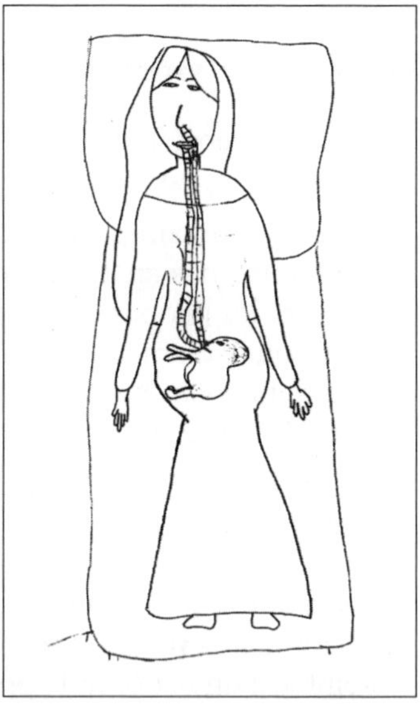

Marie, 10 ans : « Le bébé respire par deux tuyaux. L'un va à la bouche de la maman, l'autre derrière son nez. »

L'embryon, devenu fœtus, se développe dans l'utérus de la mère. Il est protégé et maintenu à 37 °C dans une poche de liquide amniotique. Le cordon ombilical conduit le sang du fœtus jusqu'au placenta où se déroulent les échanges avec le sang maternel. Le placenta s'est développé au niveau de l'utérus lors de l'implantation de l'embryon ; les poumons du fœtus ne sont pas fonctionnels, ils ne le seront qu'à partir du premier cri du bébé à la naissance. En ce qui concerne sa circulation sanguine, le sang passe directement de l'oreillette droite à l'oreillette gauche par un trou qui se referme automatiquement à la naissance.

La relation mère enfant

« *Comme l'agneau, le bébé vit aux dépens de sa mère.* » Florence, 10 ans.

Faire s'exprimer les élèves sur la relation entre la mère et le bébé qui est dans son ventre est l'occasion de faire prendre conscience de cette relation privilégiée à plusieurs niveaux : hygiène alimentaire, sommeil, méfaits du tabac et de l'alcool. Ce travail peut commencer dès la maternelle avec des albums comme *Un petit frère va arriver*[1] ou *Attendre un petit frère ou une petite sœur*[2].

Il faut du temps pour faire un bébé

La prise de conscience qu'il faut du temps pour faire un bébé, 9 mois chez la femme, est importante dès la maternelle dans la construction du temps et la compréhension des transformations. Plus tard, on peut faire remonter le temps en se remémorant les mois et les saisons. La comparaison avec les animaux connus des élèves est intéressante.

Lætitia, 10 ans : « Le bébé respire par un tuyau qui va aux poumons de la maman et mange par un qui va à son estomac. »

1. M. Martinez, I. Vendrell, R. Capdevila, *Un petit frère va arriver*, Le Sorbier, 1994.
2. C. Dolto-Tolitch, *Attendre un petit frère ou une petite sœur*, Paris, Gallimard, 1997.

L'interprétation d'un tableau de données est une activité scientifique qui a sa place à l'école élémentaire. L'analyse de ce tableau par les élèves suscite de nombreuses interrogations. La durée de gestation n'est pas la même pour toutes les espèces. En général plus l'animal est gros, plus la gestation est longue.

Tableau comparatif des durées de gestation des mammifères			
Mammifères	Durée maximale de vie (en années)	Durée de gestation (en jours)	Durée de gestation en semaines
Humain	120	279	39
Baleine	80	360	51
Éléphant d'Afrique	120	660	94
Rhinocéros	50	510	73
Cheval	30	335	47
Âne	30	375	53
Vache	20	280	40
Chien	15 à 20	65	9
Chat	10 à 20	60	8
Lapin	5 à 10	30	4
Renard	14	62	8
Hérisson	5	60	8
Cobaye	2 à 5	65	9
Rat gris	5	22	3
Souris	1 à 2	21	3
Hamster	1 à 2	20	3
Gerbille (Mérione)	3 à 5	21	3

La naissance

La naissance est un moment unique dont les enfants perçoivent bien l'importance, et une faute d'orthographe peut alors être révélatrice :
« Je suis un naître humain. » Clémence, 9 ans et 6 mois.

Certains peuvent faire des affirmations troublantes mais qui font preuve d'une grande compréhension de ce qu'est la vie :
« La naissance, c'est la mort à l'envers. » Sidney, 10 ans.

L'accouchement

Aborder ce sujet est l'occasion d'organiser des groupes de paroles ou de récits écrits qui permettent de libérer l'expression spontanée.

À partir du recueil des textes, on peut apporter une information scientifique qui traitera de chaque cas particulier.

Les exemples suivants sont très riches. Ils ont été recueillis au magnétophone au cours d'une séance d'une demi-heure au cycle 3.
– *« Je suis né par césarienne. »*
– *« Je suis né deux mois avant et ensuite j'ai été deux mois en couveuse. »*
– *« Ma cousine est née trop avant et elle est handicapée. »*
– *« Je suis né vite dans un taxi. »*
– *« Je suis né dans l'eau. »*
– *« Je suis un jumeau, je suis le premier donc je suis le plus vieux. »*
– *« Je n'ai pas peur de l'accouchement parce que on ne souffre plus, il y a la péridurale. »*
– *« Je suis née la tête en avant. »*
– *« Je suis né par les fesses. »*
– *« Je suis né avec le cordon autour du cou, j'ai failli mourir étranglé. »*

Juliette, 8 ans et 10 mois : « La vie pour moi, c'est une maman qui met un enfant au monde ! »

Un passage délicat

Il est intéressant de souligner que les élèves ont pratiquement évoqué tous les problèmes qui peuvent se poser autour de la naissance. Les élèves sont visiblement chaque fois le héros, ils sont en général fiers d'avoir eu une naissance originale…

Ils racontent tous leur naissance, comme s'ils étaient les seuls véritables acteurs de ce moment.

On pourra favoriser un point de vue moins égocentrique en replaçant la venue au monde dans son contexte :
– montrer un film, une émission de TV ;
– demander à une maman de venir faire le récit de son accouchement ;
– utiliser les ressources locales, médecin scolaire, infirmière.

Tout est dit, il suffit à l'enseignant de commenter en apportant la précision scientifique et médicale.

Ce qui est important dans le commentaire, c'est de ne chercher ni à idéaliser, ni à faire peur. Il ne doit pas non plus banaliser l'accouchement, car ce serait supprimer toute la part de l'affectif.

L'accouchement est un moment délicat pour la maman et le bébé, la venue au monde d'un bébé est chaque fois une aventure. La comparaison avec l'animal est une possibilité très intéressante qui est utilisée dans de nombreux albums. Chaque enseignant peut déterminer ses situations d'apprentissage en fonction de sa propre sensibilité et de celle de son groupe classe.

Après la naissance

Le travail dès la maternelle favorise la construction d'une des principales caractéristiques du vivant : *tout être vivant est situé dans le temps*, il est caractérisé par sa place sur la flèche du temps (voir chapitre 2).

Les élèves doivent comprendre qu'ils sont des êtres en devenir depuis leur conception. Pour intégrer le concept de temps, il est nécessaire de passer par des repères concrets.

« *J'ai été longtemps bébé et un jour j'ai marché.* » Jenny, 9 ans et demi.

Le carnet de santé peut être une base intéressante, tout en conservant la confidentialité de certaines informations. Ainsi un questionnaire qui sera rempli avec la maman en consultant le carnet de santé est une activité intéressante, car le dialogue construit entre la maman et chaque enfant est très riche pour ce dernier.

Ce travail est une occasion de mettre en valeur la diversité des humains, le droit à la différence et au respect tout en recentrant sur les caractéristiques propres à l'espèce humaine. On peut faire remarquer que le bébé singe arrive plus vite que le bébé humain à l'autonomie, mais qu'à un certain stade, il ne progressera plus. En revanche, le bébé humain, qui a mis plus de temps pour cette conquête, continue longtemps de se développer et d'apprendre.

Le concept de dépendance évoqué au moment du travail sur la gestation peut être repris ; on soulignera l'importance du milieu de vie dans une

perspective écologique. La dernière question traitera des besoins du bébé humain et ouvrira une perspective sur les besoins de l'être humain :
– besoin de nourriture, de chaleur, de sommeil ;
– besoin de soins corporels, d'hygiène ;
– besoin de protection et d'amour[1] dans un **environnement humain**.

On pourra conclure sur le témoignage de Valentin, plein d'espoir.

« Je m'appelle Valentin et je suis né le 2 mai 1986. Quand je suis né, je mesurais 28 cm et je pesais 1,5 kg.
Aujourd'hui j'ai 11 ans, je mesure 1,49 m et je pèse 38 kg.
Je suis né à 6 h de l'après-midi.
Maintenant je suis en bonne santé, je suis heureux. »

LE CARNET DE SANTÉ

ACTIVITÉ 13

▸ **Distribuer un questionnaire** qui sera rempli en consultant le carnet de santé ou en se renseignant en famille
– Combien je pesais à la naissance ?
– Combien je mesurais ?
– À quel âge j'ai eu ma première dent ?
– À quel âge j'ai marché ?
– À quel âge j'ai dit mon premier mot ?
– Quel a été mon premier mot ?
– À quel âge j'ai mangé tout seul ?
– Quelles ont été mes premières maladies ?
– Quel est mon premier souvenir ?

▸ **Exploiter les informations**
Il y a de nombreuses possibilités en mathématiques selon le cycle :
– courbes de croissance en poids, en taille (lecture, réalisation de courbes).
Exemples qui amusent beaucoup les élèves :
– total du poids et de la taille de la classe à la naissance ;
– moyenne du poids et de la taille de la classe aujourd'hui.

1. Voir C. Dolto-Tolich, *Les Mamans*, Gallimard, 1977 (pour les cycles 1 et 2).

3

Des fonctions essentielles à la vie

La vie est fragile, mais aussi foisonnante ! Qui n'a pas observé ces lichens, ces mousses puis toutes les plantes qui viennent conquérir le béton ? Qui n'a jamais remarqué des racines ou des champignons qui déforment le bitume des trottoirs ? Tous les lieux peuvent être colonisés par le vivant, les pentes des volcans, les déserts, les plus profondes des fosses océaniques. Certains êtres vivants peuvent résister à des conditions extrêmes. Et pourtant, les conditions de la vie sont strictes. Les vivants doivent pouvoir se nourrir, respirer, et même grandir pour ne pas que la vie s'arrête.

En recherchant les conditions pour maintenir en vie dans la classe de petits animaux, comme des insectes, des poissons ou des petits mammifères, les élèves peuvent prendre conscience des fonctions essentielles à la vie. En suivant le développement des plantes devant la fenêtre de la classe, ou mieux dans le petit jardin d'école, ils étudieront les conditions de la vie. Enfin, grâce à ces découvertes des caractéristiques de la vie, ils pourront mieux prendre en compte le maintien de leur corps en bonne santé.

SOMMAIRE

7. Des fonctions essentielles à la vie chez les végétaux

Comme pour les élevages d'animaux, le suivi en classe de cultures, tout comme celui de la nature environnante, même si elle se réduit aux arbres de la cour, voire au jardin scolaire, est d'une grande richesse pour la construction du concept de vie. Elle permet à la fois de repérer que le vivant végétal se nourrit lui aussi, mais surtout conduit à découvrir comment il grandit.

La plante est vivante

« Mais si, elle est vivante, regarde, elle bouge ! » Mélanie, 6 ans.

Même si ce critère est secondaire, il n'empêche que c'est celui qui touche le plus les jeunes enfants. En effet, ils ont bien des difficultés à considérer la plante comme vivante, et ils l'incorporent au vivant longtemps après y avoir admis les animaux (voir chapitre 1, p. 18).

Ainsi des petites manipulations qui montrent les réactions des plantes sont très marquantes.

La découverte que les germinations de blé que l'on a posées sur la table au fond de la classe sont orientées vers la lumière de la fenêtre, mais que si on retourne le bac les petites plantes se retournent vers la lumière en quelques heures, est très marquante pour les élèves : *« Regarde, elles ont bougé depuis ce matin ! »*

Une autre manipulation consiste à observer sous une grosse loupe des mousses prélevées dans les bois (type Polytric). Dans un premier temps, on les dessèche une minute avec un sèche-cheveux, et on observe directement en temps réel que les petites feuilles des mousses se resserrent contre l'axe : *« Elles se referment »*, comme disent les élèves. Dans un second temps, on mouille légèrement les mousses à l'aide d'un brumisateur (comme ceux utilisés pour le linge) et à vue d'œil, les élèves voient les petites feuilles s'écarter : *« s'ouvrir »* comme ils disent. Pour eux cette découverte du mouvement de la plante est une preuve qu'elle est vivante.

Une exception par rapport à l'ensemble des végétaux consiste à faire observer des plantes carnivores. Cette observation développe l'idée que la plante est vivante bien que ce soit une exception dans le monde végétal. Les dionées, en particulier, ont un piège formé d'une feuille dont les deux lobes bordés de pointes se referment sur une mouche dès que celle-ci, attirée par le parfum de la plante, touche un cil sensible situé entre les deux lobes. Ces plantes carnivores sont très impressionnantes pour les élèves. Le rapprochement qu'ils font avec la chasse et la nourriture des animaux leur fait situer d'office ces plantes carnivores parmi les vivants.

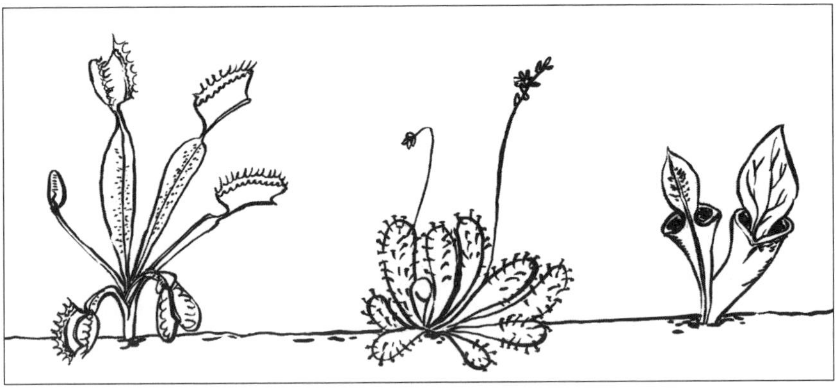

Plantes carnivores : Dionée, Droséra, Sarracénia

Inventaire de proximité

Il est toujours possible de quadriller les abords de l'école et de faire l'inventaire « sauvage » de ce qui y pousse. La découverte du moindre brin d'herbe entre deux plaques de béton, du bitume soulevé par un champignon « vindicatif » ou par les racines du peuplier de la cour… témoigne assez de la force vive qui anime les végétaux malgré les obstacles naturels ou non qui s'opposent à leur épanouissement. Il est indispensable lorsqu'on fait l'étude de la flore de proximité d'identifier avec les élèves les arbres de la cour de l'école et du quartier. On remarque que très souvent les élèves connaissent les arbres du bois voisin, mais ne savent pas identifier les arbres de leur école.

La croissance des plantes est continue, liée cependant aux conditions que les sols et les saisons déterminent. Ce développement passe par des étapes, certaines plus spectaculaires que d'autres. La floraison en est une qu'il est bienvenu d'exploiter en classe parce qu'elle permet des activités aux développements variés. L'épanouissement de la plante peut ainsi être compris des élèves.

ACTIVITÉ 14

UNE ENQUÊTE AU TERRAIN VAGUE

▸ **Objectif**

Faire découvrir aux élèves la puissance colonisatrice des végétaux en attirant leur attention sur le terrain, provisoirement laissé à l'abandon dans le quartier, présente un intérêt certain.

▸ **Déroulement**

– Faire rédiger une fiche inventaire avec une observation organisée, située dans le temps, prévoyant des repères, des mesures de quantités, de tailles, etc.
– Le *Buddléia* (arbre aux papillons) se prête facilement à de telles mesures : estimation du nombre de graines par exemple en comptant le nombre d'inflorescences, le nombre de grappes par inflorescence et le nombre de graines par grappes (comptage et multiplication au cycle 3). Les élèves sont impressionnés par le nombre de graines, donc de nouvelles plantes potentielles. Cela leur permet de comprendre l'énorme pouvoir de colonisation de cette espèce.
Pour les groupes déjà « compétents » dans le domaine de la biologie, l'enquête sera orientée vers l'identification des plantes. Une vraie* recherche conduit vers le concept de plantes pionnières. Celles que l'on appelle les « mauvaises herbes » se disséminent-elles par stolons, par racines, par graines aériennes ?...

* avec utilisation de flores et de ressources multimédia

Cette observation est l'occasion pour les élèves de découvrir l'infinie diversité du vivant, même dans ce milieu qu'ils pensaient sans intérêt.

La plante grandit

Les premières observations des plantes peuvent être pratiquées dès le début de l'école maternelle.

Qu'y a-t-il de plus étonnant pour l'enfant que de voir l'amaryllis grandir à vue d'œil puis fleurir, de découvrir dans la jardinière ou le jardin scolaire que les graines qu'il y a semées ont germé, puis de récolter sa production ? Cette transformation du vivant végétal est pour l'enfant le premier pas qui l'aide à incorporer le végétal dans le vivant.

La croissance des végétaux

Lorsqu'on place les enfants dans la situation d'observer la croissance d'un bulbe ou d'une graine, leur attention est attirée sur la comparaison entre les états successifs de la plante et ses transformations. Dès la petite section de maternelle, les enfants peuvent se passionner pour le développement et la floraison d'un bulbe au printemps.

Ces observations régulières à des moments plus ou moins espacés dans le temps leur permettent de prendre conscience que la plante : *« Elle est vivante parce qu'elle grandit. »* Émilie, 7 ans.

On demande aux élèves de suivre régulièrement ce qui se passe, en observant leurs cultures, chaque matin, au moment de l'arrosage.

Marie, 7 ans : « C'est les fleurs qui sont vivantes. »

Ensuite, il convient de créer des situations de mise en commun des observations. Après quelques jours, les enfants confrontent leurs représentations mentales des états antérieurs de leur plante et proposent d'eux-mêmes de conserver une trace écrite et des repérages (ou des mesures au cycle 3). Ces données permettent une interprétation objective des états précédents et des éléments de comparaison entre les états observés. Cette activité nécessite de se représenter clairement le temps vécu et passé ; elle concourt à la construction du concept de temps.

Compte rendu par un élève de CM

- 13 janvier 1999 :
« La jacinthe a poussé. Il y a une grappe de 14 fleurs : les 2 du haut sont ouvertes, 4 sont roses et pas ouvertes, 8 sont en boutons en bas. Ce sont les fleurs du côté de la lumière qui sont fleuries. »
- 14 janvier 1999 :
« Il y a beaucoup plus de fleurs que hier. On ne peut pas bien compter celles qui sont encore en boutons. Il y a 10 fleurs ouvertes, mais toujours du même côté. Nous tournons le pot pour que l'autre côté soit à la lumière de la fenêtre. »

- 16 janvier 1999 :
« Les fleurs sont très belles. Celles du côté de la fenêtre sont maintenant ouvertes. Nous avons bien fait de tourner le pot. »
- 17 janvier 1999 :
« Les fleurs de la grappe sont presque toutes fleuries. Elles sont très belles et sentent bon. »
- 20 janvier 1999 :
« Toute la grappe de fleurs est fleurie. Mais les fleurs qui étaient les premières commencent à faner. »

Le dessin ou le compte rendu de l'observation acquiert le statut de trace objective. Il sert aussi de support pour la mémoire des états antérieurs[1].

L'apprentissage du vivant se construit donc progressivement en comparant ces différentes traces objectives de la croissance.

Mesurer la croissance

La mesure des plantations permet de se rendre compte de leur croissance. Elle stimule en permanence l'intérêt de tous les enfants dès le plus jeune âge. Elle incite à des comparaisons, des confrontations. Elle peut amener les élèves à prendre personnellement conscience d'erreurs, d'omissions ou d'imprécisions qui rendent les comparaisons impossibles. Les élèves découvrent l'importance de la précision des détails observés et des repérages (pour les plus jeunes) ou des mesures (pour les plus grands).

Mesurer la croissance des plantes est loin d'être une évidence pour tous les enfants et ce n'est qu'au cycle 3 de l'école élémentaire qu'ils peuvent maîtriser ce savoir-faire. Pour cela, de nombreux outils d'observation développent progressivement l'approche de la mesure.

Aux cycles 1 et 2, pour conserver une trace de la croissance d'un bulbe, les enfants peuvent planter sur le côté une baguette de bois, sur laquelle ils mettent un trait chaque jour avec la date. Ils peuvent ainsi faire des comparaisons objectives et conserver des témoins visuels des mesures de la croissance.

Dès la maternelle, ils peuvent aussi planter sur le côté de la plante ou du bulbe des baguettes de bois (type brochette) qu'ils enfoncent jusqu'à ce qu'elles arrivent à la hauteur de la plante. Chaque jour ils en ajoutent une nouvelle sans toucher à la précédente. Ainsi peu à peu se matérialise une courbe de croissance de la plante.

1. J. Guichard, *Observer pour comprendre les sciences de la vie et de la Terre,* Hachette Éducation, 1998.

Bulbe de jacinthe avec repérage de la croissance

Centimètres								
8								
7								
6								
5								
4								
3								
2								
1								
Jours	1	2	3	4	5	6	7	8

Dès le cycle 2, il est possible de faire noter chaque jour la taille sur une bande de papier où l'on écrit la date et que l'on place le long de la tige ou de la feuille à mesurer, puis de la découper à la taille correspondante. L'ensemble de ces bandes de papier, collées les unes à côté des autres, permet de visualiser la croissance de ces plantes dans le temps.

La prise des mesures peut aussi être réalisée avec un tableau de ce type dont chaque carreau a une hauteur de 1 cm, ce qui permet de repérer la taille et de positionner les résultats directement les uns à côté des autres comme il convient dans une représentation graphique.

Au cycle 3, on effectue des mesures avec un double décimètre, mesures que l'on garde et étudie sous forme de tableau. La trace de ces observations indique l'aspect des plantes, le nombre de feuilles, leur couleur…

On peut demander aux élèves de proposer des modes de représentation des résultats, par exemple :

Tableau de résultats, le *(date)*			
Conditions			
Hauteur de la plante			
Aspect : Description (couleur, nombre de feuilles…), dessin			

L'expérience est prolongée plusieurs semaines. Les résultats peuvent dès le cycle 3 être mis en graphique. Leur analyse conduit à une conclusion provisoire et à des hypothèses sur les conditions de croissance des plantes[1].

Les conditions de vie des végétaux

La croissance correspond au développement des végétaux. Les conditions d'une bonne croissance sont différentes de celles de la germination.

– Humidité minimale : notion d'optimum (un excès d'eau asphyxie les racines), notion de facteur limitant (sans eau, pas de vie possible).
– Oxygène = bonne aération.
– Température suffisante (influe sur la vitesse de croissance).
– Sol (capacité à retenir l'eau, bonne oxygénation, éléments nutritifs contenus).

La densité des graines influe sur la croissance (concurrence). La lumière est un facteur indispensable à la croissance et à la vie des plantes (besoins différents selon les espèces : espèces d'ombre, espèces de lumière).

1. Documents tirés de J. Guichard, *Observer pour comprendre les sciences de la vie et de la Terre*, *op cit.*

Une démarche expérimentale pour faire découvrir les conditions de vie des plantes

Cette découverte est l'occasion en classe (dès le cycle 2) de mettre en œuvre une véritable démarche expérimentale.

DÉMARCHE EXPÉRIMENTALE : LA CROISSANCE DES PLANTES

ACTIVITÉ 15

▸ **Objectif**

Mettre en évidence les conditions de croissance des plantes.

▸ **Matériel**

– Semis de lentilles, cresson alénois, blé, haricots, petits pois... qui commencent à pousser.
– Jardinières ou petits pots (type pot de yaourt – penser à faire un trou au fond des pots afin de ne pas noyer les graines), assiettes en carton pour mettre dessous.
– Terreau et feuilles de plastique pour protéger les tables lors de la préparation des expériences.
– Bouteille de plastique pour transporter l'eau d'arrosage.
– Papier, tissu noir ou carton opaque (pour l'obscurité), thermomètre, tourbe, coton...
– Doubles décimètres, feuilles de papier et crayons pour dessiner.

▸ **Situation problème : découvrir les conditions de croissance de la plante**

– **Introduire l'activité** par des questions comme : « une plante grandit-elle chaque jour ? », « de combien grandit-elle ? », « pousse-t-elle le jour ou la nuit ? »... questions que les enfants se posent naturellement.
– **Identifier les variables**
• Demander aux élèves « que faut-il pour qu'une plante pousse ? »
• Recueillir leurs hypothèses au tableau en distinguant chacune des questions.
• Puis en choisir quelques-unes avec eux, chaque groupe testant une hypothèse (plusieurs groupes peuvent tester la même, ce qui permet des comparaisons).
Cette question permet d'identifier les variables qui peuvent agir sur la croissance des plantes. Les élèves ne les proposeront peut-être pas toutes, mais il est important qu'au moins la lumière, l'eau et la chaleur et peut-être la terre soient étudiés (ce sont les facteurs le plus souvent évoqués par les enfants).

▸ **Mise en route des expériences pour découvrir quelles sont les conditions de la croissance des plantes**

Les expériences se feront par groupe (2 enfants au minimum), plusieurs groupes pouvant tester la même hypothèse.
– Chaque groupe choisit une hypothèse.
– Il définit les conditions pour la tester expérimentalement : laisser toute liberté aux élèves pour inventer des expériences en fonction du matériel disponible ; ils feront un schéma de principe de leur expérience.

– Il présente le principe d'expérience au groupe classe.
– Analyse critique des projets d'expérience par les autres groupes.
– Faire modifier les protocoles d'expérience afin de ne faire varier qu'un seul facteur.
– Garder une trace écrite des conditions d'expérience : choisir un mode de représentation (frise de dessins, tableau, graphique…) pour raconter l'histoire de ses germinations.
– Mettre en route l'expérience : attirer l'attention des élèves sur la nécessité :
• de faire une expérience témoin (sans y faire varier le facteur testé) ;
• de noter des indications sur les expériences (nom, niveaux de liquide, éléments de repérage).

▸ **Exemples de conditions d'expérience**

– Influence de la température (plantes dans la terre, humidité moyenne, à la lumière) : près du radiateur, près de la fenêtre, au réfrigérateur, dehors – noter les températures.
– Influence de la lumière (humidité moyenne, température de la classe) : pleine lumière, lumière tamisée, obscurité partielle, obscurité totale.
– Influence du sol (humidité moyenne, température de la classe) : eau du robinet, terre humide, tourbe, coton…
– Influence de la quantité d'air (dans la terre, humidité moyenne, à la lumière) : dans des flacons avec bouchon hermétique ou libre.
– Influence de la quantité d'eau (à la lumière, température de la classe) : créer un gradient d'humidité en les plaçant dans un récipient incliné.

▸ **Résultats des expériences au cours des semaines suivantes**

– Prolonger l'expérience pendant cinq semaines.
– Comparer la croissance et l'aspect des plantes.
– Proposer des modes de représentation des résultats afin de garder une trace de l'expérience (voir fiche élève ou de tout autre représentation).

▸ **Synthèse des expériences après cinq semaines**

– Au cycle 3 on peut proposer aux élèves de présenter les résultats de croissance des semis par un graphique représentant la taille de la plante par rapport au temps.
– Analyser les résultats et conclure par rapport à l'hypothèse : les élèves vont découvrir les facteurs de la croissance des végétaux et surtout s'apercevoir que les facteurs de germination sont différents de ceux de croissance, en particulier pour la lumière et la nutrition minérale.
– Demander aux élèves de rédiger un texte expliquant les différentes phases de la croissance du végétal qu'ils ont cultivé. Ce texte constitue une synthèse de l'ensemble des observations.

La plante a besoin de lumière pour vivre

Les expériences précédentes permettent d'établir des corrélations entre la croissance d'une plante et la lumière. On peut aussi observer que la plante semble se tourner vers la lumière de la fenêtre : il suffit de la tourner et d'observer le changement d'orientation de ses rameaux. Bien entendu cette observation ne peut être interprétée que si l'on a mis en place un système de repérage (par exemple des petits repères collés de chaque côté du pot contenant la plante) et si on a précisément noté leurs positions par rapport à la fenêtre. Il est intéressant de laisser les enfants découvrir la nécessité de ce repérage en leur permettant de confronter leurs observations.

Les élèves repèrent que les plantes à l'obscurité jaunissent puis finissent par faner, bien qu'elles poussent d'abord plus vite que celles à la lumière. Ils font immédiatement le rapport avec la couleur verte (celle de la chlorophylle). La lumière est en effet la spécificité du vivant végétal. Les végétaux verts possèdent de la chlorophylle qui capte la lumière et, grâce à cette énergie, fabriquent de la matière organique (toutes les molécules des êtres vivants) à partir du dioxyde de carbone de l'air (gaz carbonique) et de l'eau prélevée dans le sol ; cette réaction produit du dioxygène (oxygène) rejeté dans l'air.

« La chlorophylle c'est comme quand on est en forêt on se soigne avec. »
Tracy, 7 ans.

En fait la plante respire aussi en permanence, mais avec une intensité moindre que celle de la photosynthèse. La nuit, ou en absence de lumière, seule subsiste la respiration. Si ce phénomène est plutôt à mettre en évidence au collège, dès l'école élémentaire les élèves peuvent s'apercevoir de la nécessité de la respiration au niveau des racines des plantes. En effet s'ils tassent trop la terre, empêchant l'air d'y pénétrer, ou s'ils arrosent à ras bord (empêchant ainsi l'aération des racines), ils peuvent provoquer la mort de la plante.

La plante absorbe de l'eau pour vivre

Les élèves savent qu'une plante sans eau fane, se dessèche et meurt. *« Les fleurs de maman étaient toutes mortes parce qu'elle avait oublié de remettre de l'eau dans le vase. »* Le résultat est que leur principal défaut est de trop arroser, asphyxiant ainsi les racines de la plante qui ne peuvent plus respirer.

Pour le vérifier, les élèves peuvent penser à « mettre un trait à la hauteur de l'eau pour voir si la plante la boit ». Ils ne pensent pas toujours à empêcher l'évaporation en mettant une feuille de plastique ou d'aluminium à la surface, avec seulement un trou pour faire passer la tige. Ils peuvent ensuite mesurer l'eau absorbée par la plante chaque jour. S'ils font les expériences sur des plantes d'espèces différentes, s'ils le font sur des plantes de la même espèce, mais à des stades de développement différents, ils pourront se rendre compte que *« quand il y a plus de feuilles la plante boit davantage »*.

Le devenir de cette eau absorbée, « bue par la plante », n'est pas un problème pour les plus jeunes. En cycle 2, ils pensent soit que *« l'eau ressort par les racines, c'est sûr, on voit bien que l'eau du bocal est devenue sale »*, soit que *« la plante transpire »*. Pour vérifier cette hypothèse, ils proposent en général, à juste titre, de mettre un plastique autour de la plante. Afin de vérifier « le chemin de l'eau dans la plante », on peut leur proposer de mettre la plante dans un liquide coloré (par exemple de l'encre). On voit bien se colorer les vaisseaux de la tige et les nervures des feuilles d'une branche de céleri ou sur des pétales de fleurs blanches comme celles des œillets.

La croissance des arbres

« Quand les arbres nous font respirer, ça vient dans nos poumons et ça fait vivre. » Sylvain, 7 ans.

La découverte que l'arbre est vivant passe par l'observation de ses changements au cours des saisons et de sa croissance.

Un arbre est un être vivant

Pour le jeune enfant, l'arbre n'est pas vivant en hiver. En maternelle, seule l'observation de son arbre au cours des 4 saisons lui permet de dépasser cette idée. Il suffit de demander dès l'automne à chaque enfant de dessiner un des arbres de la cour ou du jardin en datant le dessin. Cette trace écrite associée à celle produite en hiver, puis au printemps et au début de l'été lui permet de comprendre que l'arbre est vivant *« parce qu'il change »*.

Cette observation suivie met les enfants dans une dynamique de projet à long terme. Quel plaisir et quel intérêt pour l'enfant de concrétiser ses observations échelonnées sur quelques semaines ou quelques mois ! Le compte rendu intègre les conditions de l'environnement de l'objet étudié : météo, date sur le calendrier. Il intègre la perception des saisons, de leurs caractéristiques et des conséquences sur la végétation.

L'enseignant sollicite ses élèves afin que les observations soient régulièrement effectuées et surtout notées de façon ordonnée. Il désigne des responsables, chacun se chargeant d'un arbre. Il est possible de donner un cahier pour chaque arbre sur lequel les élèves notent et dessinent leurs observations, voire y collent les photos prises. L'enseignant prévoit aussi des temps de synthèse où toute la classe observe et compare les arbres par une observation directe.

Une série de dessins d'enfant : « l'arbre aux 4 saisons », Florence, 6 ans

Un arbre est un être vivant. Il est constitué d'organes distincts aux fonctions diverses : les racines et les feuilles sont les organes de nutrition ; les fleurs et les fruits sont les organes de reproduction ; le tronc et les branches constituent le corps de l'arbre. Dans de bonnes conditions de sol, de température, d'humidité, il naît : la graine germe et donne naissance à un petit arbre déjà pourvu de racines, d'une tige et de feuilles.

Sa vie dépend d'un grand nombre de facteurs :
– les facteurs atmosphériques : lumière, température, pluviosité, vent ;
– les qualités physiques et chimiques du sol : humidité, profondeur, perméabilité, richesse en sels minéraux ;
– les êtres vivants qui l'entourent : les végétaux, les animaux, les hommes.

Sa vie est liée à quatre fonctions :
– *L'assimilation chlorophyllienne* : sous l'effet de la lumière, les feuilles absorbent du gaz carbonique et rejettent de l'oxygène ; ce phénomène est caractéristique de nombreux végétaux.
– *La respiration* : par un mécanisme aux résultats inversés par rapport à ceux de l'assimilation chlorophyllienne mais dans une proportion bien moindre, les cellules de l'arbre absorbent de l'oxygène et rejettent du gaz carbonique.
– *La nutrition* : l'eau et les sels minéraux sont pompés par les racines. Ils forment la sève liquide nourricière du tronc, des rameaux et des feuilles de l'arbre.
– *La transpiration* : par les *stomates*, semblables aux pores de notre peau : les feuilles éliminent de la vapeur d'eau. Par ce phénomène, les forêts contribuent de manière essentielle à régulariser le cours des fleuves et des rivières et à équilibrer les climats.

L'arbre grandit chaque année au printemps et en été : la croissance des rameaux

C'est à l'extrémité des *rameaux*, au moment de l'éclosion des *bourgeons*, que l'arbre croît. L'observation directe est réalisable (même en milieu urbain). Les pousses de marronniers en ville sont remarquables de vitalité (malgré les conditions difficiles dues à la pollution). On observera facilement sur des rameaux coupés au sécateur le nombre de cernes qu'ils comportent.

Au printemps, la conservation dans un peu d'eau d'un rameau de cerisier porteur de bourgeons et de fleurs permet l'observation en temps réel de l'évolution de ces éléments. (Un petit morceau de charbon de bois permettra à l'eau de ne pas se corrompre trop vite.) Le temps d'observation sera d'autant allongé. Très concrètement, l'élagage des arbres dans les villes apporte la preuve (pour des enfants) que ceux-ci grandissent et qu'il est nécessaire de contrôler cette croissance. De même, les tempêtes qui abattent les forêts influencent fortement l'opinion sur la vie des arbres. Les élèves seront sensibilisés à ce phénomène.

Les bourgeons renferment un embryon de rameau feuillé ; ils sont entourés d'écailles qui les protègent du froid, de l'humidité et des chocs.

La croissance des arbres est discontinue et saisonnière, ce qui est lié à l'arrêt de la végétation l'hiver, les bourgeons étant une forme de résistance à la mauvaise saison sous nos latitudes.
– Chaque printemps, les bourgeons s'ouvrent : il en sort une tige qui porte des feuilles et de nouveaux bourgeons ; certains contiennent une grappe de fleurs (poirier, cerisier, lilas, marronnier…).
– Les tiges poussent en longueur jusqu'à la fin de l'été, l'arbre grandit ; les bourgeons grossissent.
– À l'automne, les feuilles tombent et l'arbre vit au ralenti pendant le froid de l'hiver. La cicatrice du pétiole des feuilles reste visible à la base des bourgeons ; elle a souvent la forme d'un croissant de lune.

La croissance en longueur.
– Les cicatrices des écailles des bourgeons qui ont donné naissance aux rameaux restent visibles et forment des marques tout autour de la tige ; cet anneau (ou nœud) indique la base de chaque pousse annuelle.
– La croissance annuelle d'un rameau correspond à la longueur des entre-nœuds.

Le tronc de l'arbre garde la trace de sa croissance : la dendrochronologie

Le développement en épaisseur

– Au printemps, le temps est humide et l'arbre fabrique sous son écorce de nouveaux vaisseaux de bois conducteurs de la sève. Ils sont très gros et apparaissent de couleur claire.

– En été, le temps est plus sec et l'arbre fabrique des vaisseaux de bois très fins, qui apparaissent alors de couleur sombre.
– À l'automne et en hiver, l'arbre ne fabrique plus de vaisseaux conducteurs de sève; il entre en vie ralentie pendant toute la période froide.
– Sur un tronc d'arbre coupé, la succession des sections de ces vaisseaux forme des cernes; ils indiquent l'âge de l'arbre ou de la branche: chaque cerne sombre correspond à 1 an.
– Sur la section d'un tronc, on distingue, vers la périphérie, une zone plus claire et plus tendre constituée des vaisseaux conducteurs de sève en activité, l'aubier; dans la partie centrale les vaisseaux sont bouchés, ils forment une partie plus dure, le cœur du bois, utilisée en menuiserie.
– Tous les arbres ne se développent pas à la même vitesse; certains rapidement (pin, peuplier, robinier), d'autres plus lentement (chêne, hêtre...), mais tout dépend de leur environnement.

Damien, 5 ans: « Maîtresse, j'ai fait le dessin comme ça, parce que la branche elle est comme ça. »

■ **Les informations que l'on peut tirer de la dendrochronologie**

– La largeur des cernes varie en fonction du climat (s'il est chaud et humide, les vaisseaux sont nombreux, donc la couche est épaisse), et de l'exposition de l'arbre au soleil.
– En mesurant et en comparant les différents cernes d'un même arbre et en les datant (science que l'on appelle la dendrochronologie), on découvre le climat des années précédant son abattage. Par exemple, les années de sécheresse se présentent comme des cernes très étroits. C'est ainsi que l'on peut reconstituer les climats jusque il y a 5 000 ans sur les séquoias d'Amérique du Nord et sur de vieilles poutres d'églises.
– D'autre part les vaisseaux du bois se développent davantage du côté de l'arbre où il y a plus de branches et de végétation. Ainsi, une dissymétrie indique que l'arbre a moins poussé d'un côté: par exemple à cause de la présence d'un immeuble ou d'autres arbres. On peut même découvrir qu'un bâtiment a été construit à droite de l'arbre en 1932 ou que la forêt qui l'entourait a été coupée en 1968!

ACTIVITÉ 16

PEUT-ON SAVOIR L'ÂGE D'UN ARBRE ?

▸ Étapes de la séquence

1. Une activité collective : la sortie en forêt au cours de laquelle on recueillera divers fragments de coupes d'arbres. La scierie et le forestier (ONF) sont à la fois ressource et partenaires.
2. Dessin individuel d'une rondelle (d'après nature), suivi de l'examen des productions par l'ensemble de la classe. Verbalisation et mise en commun des commentaires.
Des enfants ont entendu dire que les cernes d'une rondelle de bois permettent de connaître l'âge d'un arbre.

▸ Objectifs

S'assurer que tous comprennent bien cette logique de l'accroissement du diamètre du tronc avec le temps, les saisons en particulier. Mettre en évidence l'existence des vaisseaux par lesquels passe la sève nourricière.

▸ Rappel de connaissances

L'arbre grossit entre le printemps et l'automne. Chaque année se forme une nouvelle couche de bois, entre le cerne le plus extérieur et l'écorce. Compter le nombre de cernes du tronc permet donc de connaître l'âge de l'arbre.
La sève brute (eau et sels minéraux) monte des racines aux feuilles dans les vaisseaux de l'*aubier*. Grâce à la photosynthèse, les feuilles fabriquent des substances sucrées qui passent dans la sève. Celles-ci vont nourrir les divers organes de la plante, conduites par d'autres vaisseaux situés sous l'écorce.

Un arbre remarquable, le *Ginkgo biloba* est un arbre *préhistorique* (il existe depuis la fin de l'ère secondaire) au port élégant dont le feuillage en automne prend des tons mordorés. On l'appelle souvent l'arbre aux quarante écus. Sa croissance est lente ; sa longévité n'a d'égal que sa robustesse. Il est peu sensible à la pollution des villes. L'un d'eux a résisté au feu nucléaire de Hiroshima[1].

1. P.-F. Michel, *Ginkgo Bilboa : l'arbre qui a vaincu le temps*, Félin, 1985, p. 12.

8. Des fonctions essentielles à la vie chez les animaux

Dans ce chapitre, nous allons montrer à l'aide d'exemples les objectifs que l'on peut viser pour construire le concept de vie en suivant la vie d'un petit élevage en classe sur la durée. Pour chaque exemple, nous fournirons des fiches techniques pour la réalisation pratique de certains élevages faciles et intéressants en classe. Cette observation suivie permet dès la petite section de repérer les manifestations de la vie, et en particulier deux aspects essentiels du concept de vivant, l'échange de matière avec le milieu extérieur (nourriture, respiration...), ainsi que la croissance et la reproduction.

Les élevages en classe, un support concret pour construire le concept de vie

En élevant des animaux en classe, les élèves apprennent à reconnaître et à respecter la vie sous toutes ses formes, ainsi qu'à préserver la nature. Le contact quotidien et familier avec les animaux les conduit à prendre conscience du concept de vie, de leur propre destin de la naissance à la mort.

Des élevages en classe pour faire évoluer les représentations des élèves

L'élevage de petits animaux tient une place importante dans l'initiation à la biologie des élèves de la maternelle à la fin du cycle 3. C'est une étape qu'il est nécessaire de leur faire franchir afin qu'ils construisent le concept de vie. Les représentations spontanées en témoignent, tel cet enfant de maternelle voyant le caneton explorer l'eau avec son bec : *« Oh, dans l'eau, avec son bec, il fait moteur »* ou celui-ci de cycle 2, en classe de mer, constatant qu'un crabe ne bouge plus et concluant : *« Il n'a plus de piles !»* D'autres caractérisent le vivant à la fois par le déplacement et par une approche anthropomorphique. *« Le chien est vivant parce qu'il a des pattes pour marcher et des dents pour mordre, le chien c'est en fait comme un humain et dans un sens ça parle. »* Angélique, 9 ans. Le suivi d'un animal sur quelques semaines va donc permettre aux élèves de percevoir les caractéristiques du vivant qui le différencient de l'inerte et des machines.

Le besoin de contact avec les êtres vivants est fondamental sur le plan affectif et psychologique. Il amène les élèves à une première approche scientifique de la notion de vie dès la maternelle : la vie y est associée au mouvement, *« l'oiseau, les poissons sont vivants parce que ça bouge, ça vole... »*. Aux cycles 2 et 3, le niveau de raisonnement leur permet d'approfondir les recherches et d'acquérir des connaissances en biologie.

Si les élèves associent spontanément au vivant le fait de se déplacer et de se nourrir, comme le dit Jonathan, 7 ans : *« Le chien est vivant parce qu'il a des pattes pour marcher et des dents pour manger »*, des critères fondamentaux, comme la procréation et la croissance, ne sont pas souvent pris en compte. Le suivi des élevages peut y remédier.

Une découverte sensible de la vie, premier pas vers son respect

Élément de base de l'ambiance joyeuse et détendue du coin de vie de la maternelle, l'animal répond à un besoin affectif et psychologique de l'enfant et lui permet une découverte concrète du vivant : *« Ils sont beaux ! »*, *« Y a le papa et la maman »*, crient les élèves de moyenne section aussi stupéfaits qu'enchantés devant leurs nouveaux pensionnaires cochons d'Inde. *« Il faut leur donner à manger »*, *« Et à boire ! »*... Ils se sensibilisent aux besoins vitaux de l'animal. Mais ils peuvent aussi se rendre compte, au travers de cette expérience vécue avec l'animal, de la fragilité de la vie, premier pas vers son respect.

Il est indispensable que les élevages soient conformes aux exigences de vie des animaux, ce qui conduit à rechercher, au début d'un travail, quelles sont les conditions les plus favorables à leur installation en classe. S'il s'agit d'animaux prélevés dans la nature, ils ne seront maintenus en captivité que le temps nécessaire à leur observation ; ils seront ensuite relâchés sur les lieux de la récolte. L'enseignant se doit d'intervenir afin d'éviter que la vie de l'animal ne soit mise en danger volontairement ou involontairement par les élèves. Par exemple, il doit empêcher les élèves de faire périr *« le poisson rouge dans le Perrier*[1] *»* pour voir l'influence du dioxyde de carbone (gaz carbonique) sur la respiration !

1. J.-P. Despin, M.-C. Bartholy, *Le Poisson rouge dans le Perrier*, Critérion éditeur, 1983.

Une activité qui rapproche les élèves en favorisant l'expression et la communication entre eux

Au-delà de la reconnaissance des critères de la vie, le suivi d'élevages en classe crée des liens entre les élèves. Ce travail d'équipe peut modifier le climat de la classe, comme le constate ce maître de cycle 2 : *« Les élèves venaient de différents CP, des clans entretenaient des relations tendues et beaucoup d'élèves ne s'exprimaient pas. Depuis qu'ils s'occupent de leurs animaux, ils veulent tous participer et il y a un véritable esprit de classe. »* L'entretien et l'observation d'élevages suscitent le besoin de communiquer, de faire éclater sa curiosité. Les plus timides osent prendre la parole, faire des remarques pertinentes, posent des questions. L'observation des animaux est une motivation idéale pour la communication et l'expression sous toutes ses formes : *« C'est pour parler des guppys que j'ai entendu pour la première fois sa voix,* dit un instituteur à propos d'un enfant à problème, *alors j'ai démarré beaucoup d'activités de français, de dessin..., même de mathématiques à partir du vécu des élevages qui a constitué un support concret inégalable. J'ai récupéré plusieurs élèves et toute la classe a bien accroché ! »*

Le suivi des élevages suscite le passage à l'écrit

Le suivi des élevages conduit les élèves à noter leurs observations pour en conserver des traces, pour les communiquer aux autres classes, à leurs correspondants... Chaque élève peut noter ses observations sous forme de mots, de phrases ou de dessins d'observation sur son carnet d'expérience personnel. Les élevages sont aussi une excellente motivation pour la création d'écrits collectifs, par exemple pour la tenue d'un journal de classe (voir plus loin sur les criquets) ou la réalisation de panneaux d'affichage pour la classe ou la BCD.

Le suivi conduit à écrire des fiches d'élevage, à les échanger avec d'autres classes, par exemple en les envoyant *via* Internet afin de confronter les observations. Les élèves peuvent imaginer eux-mêmes le contenu d'une fiche : *« Je pense qu'une fiche technique d'élevage, c'est décrire quelque chose des insectes comme la taille, le poids, comment sont-ils, leurs couleurs, combien ils ont de pattes... Et on peut marquer tout ça sur une fiche technique pour s'aider à comprendre l'insecte ou l'animal, ses habitudes. Une fiche technique peut nous donner des renseignements sur n'importe quelle chose. »* Clémence, 9 ans. *« Pour moi, une fiche technique, c'est comme une carte d'identité : ça dit la plupart des choses importantes : l'âge, la date de naissance. Cela nous renseigne. Une fiche technique d'élevage, ça sert à décrire l'insecte : son nom, ce qu'il mange, sa date de naissance, combien de temps il vit. »* Guillaume, 10 ans.

ACTIVITÉ 17

CARNET DE NOTES POUR LE SUIVI DUN ÉLEVAGE[1]

▸ **Je dessine la cage et son contenu**
Comment a-t-on aménagé la cage pour reconstituer le milieu de vie de l'animal ?

▸ **J'écris la carte d'identité des animaux**
J'indique leur nom en consultant un livre.

▸ **Je dessine l'animal ou les animaux différents** (les femelles sont peut-être différentes des mâles, il y a peut-être des espèces différentes).

▸ **J'indique les soins à l'élevage**
Chaque jour : – que faut-il leur donner à manger ?
– qui donne la nourriture ?
Chaque semaine : – que faut-il faire pour maintenir l'élevage propre ?
– quelles consignes respecter pour nettoyer ?

▸ **Je fais mon carnet de suivi de l'élevage** en observant les comportements des animaux, en mesurant leur taille, en observant la naissance et la croissance de leurs petits.

date	taille	nourriture	dessin d'un animal	remarques

Une éducation au respect de la vie

« Ce qui m'a le plus marqué, dit cet instituteur, *c'est l'évolution de l'attitude des élèves, par rapport à tous les animaux, dans le respect de la vie. »* Il est en effet indispensable que les élevages soient le plus possible conformes aux exigences de la vie des animaux. Les élèves recherchent volontiers et souvent spontanément les conditions les plus favorables à leur installation. La présence d'animaux bien installés traduit une continuité entre la classe et l'environnement naturel.

Un apprentissage de la responsabilité

Le suivi des élevages correspond aussi à la prise de conscience de la responsabilité par rapport à l'animal vivant. Il s'intègre dans la perspective de formation à la responsabilité de l'individu, à son intégration dans le travail de groupe. *« Aujourd'hui, c'est moi et Muriel qui nous occupons des têtards. Florence et Julien, qui restent à l'étude, allument le chauffage des grillons avant de partir et vérifient la nourriture… »* Maxime explique la répartition du travail d'entretien des élevages dans sa classe, et c'est ainsi

1. J. Guichard, *Observer pour comprendre les sciences de la vie et de la Terre, op. cit.*

qu'ils font des découvertes importantes, les animaux n'étant pas programmés pour se transformer à l'heure de science inscrite à l'emploi du temps : *« C'est lundi soir, au moment de partir, en donnant à manger, qu'on l'a vu changer de peau… »*

L'intérêt des élèves est stimulé et maintenu par les soins constants dans lesquels leur responsabilité est engagée.

Réponses aux objections

Le matériel

La principale objection lorsque l'on parle d'élevage en classe est la réalisation des conditions matérielles tant au point de vue pratique que financier. Contrairement à ce que l'on croit *a priori*, elles ne constituent pas un obstacle majeur. Le choix des animaux cités dans les fiches d'élevage tient compte de ces contraintes.

Le matériel peut souvent être fabriqué (à partir de cartons, de boîtes en plastique…) ou acheté pour un prix modique par toutes les classes (voir fiches d'élevage).

Il est facile de se procurer les animaux. Il est intéressant de privilégier les élevages induits par les élèves qui apportent spontanément les insectes ou les petits animaux trouvés dans les cours de l'école, dans l'herbe au bord du chemin, sous le lierre d'un mur ou rapportés de la mare. Le maître peut aussi partir d'un problème posé à la classe par une lecture, d'un projet élaboré par des élèves, d'une sortie à l'étang (têtards, larves d'insectes) ou dans tout milieu naturel (insectes, escargots, vers de terre, petits animaux trouvés sur l'herbe ou sous les feuilles mortes…). L'élevage peut être le support pédagogique que le maître a choisi pour faire découvrir les grandes fonctions du vivant.

Les soins aux animaux

C'est avant tout l'affaire des élèves qui doivent participer, au maximum, à ce qui est et reste « leur élevage ». En soignant jour après jour leurs protégés, les élèves s'initient au respect de la vie et deviennent responsables. C'est aussi l'occasion d'une organisation du travail d'équipe dont ils jugeront l'efficacité. La comparaison entre plusieurs élevages est toujours enrichissante et permet la prise de conscience de la diversité du vivant.

Si le coin de vie dans la classe est un pôle d'attraction, l'aménagement d'un local au niveau de l'école pour y installer des élevages peut être considéré comme une solution idéale résolvant beaucoup de problèmes et permettant une utilisation optimale des élevages par toutes les classes. La prise de responsabilité de chaque élevage par des élèves reste une condition fondamentale de réussite. Les problèmes vétérinaires et médicaux (en particulier les allergies) trouvent ainsi une solution.

Le respect des conditions d'hygiène par un nettoyage régulier des contenants où vivent les animaux, un volume en fonction du nombre et de la taille des individus et l'aménagement des conditions de vie, le plus conformément à leur milieu naturel et à leurs exigences, diminuent fortement les risques de maladie pour l'animal. Les élèves respectent aussi l'animal, en se lavant les mains avant de le toucher et après, ce qui limite les risques de transmission de maladies à l'enfant.

■ Les risques d'allergie

L'intérêt psychopédagogique indiscutable des élevages d'animaux en milieu scolaire ne doit pas faire oublier les dangers que certains de ces élevages font courir aux élèves et aux enseignants. Les élevages d'oiseaux en classe font courir le risque de maladies pulmonaires liées à l'inhalation des excréta desséchés. Ces pneumonies dites à précipitines ou alvéolites allergiques, marquées par gêne respiratoire, fièvre, toux, amaigrissement, peuvent aboutir à des fibroses pulmonaires.

Les rongeurs tels que lapins, hamsters ou cochons d'Inde, etc. ont un pelage allergisant capable de provoquer des allergies respiratoires allant de la simple toux à la maladie. De tels élevages ne peuvent donc être laissés dans les locaux de la classe où élèves et enseignants sont en contact permanent avec eux : il faut les placer dans un couloir, une petite salle voisine de la classe, etc. L'idéal serait de disposer dans l'école d'un espace « petits élevages ».

Pour les autres petits mammifères (souris, etc.), les risques d'allergie sont diminués si le local est bien aéré (avantage de la salle d'élevage de l'école). Le choix des animaux est fondamental dans la suppression des risques de maladie pour les élèves. Les animaux cités ont été choisis en tenant compte de ces considérations.

En revanche, on peut garder en classe, sans aucun problème : les élevages d'invertébrés, de poissons, de batraciens, et en particulier les élevages d'insectes.

■ Le problème des vacances scolaires

Il se pose de façon différente selon les animaux. Dans de nombreux cas, on peut choisir des sujets (escargots, coccinelles, fourmis, têtards…) que l'on relâchera dans leur milieu naturel.

Pour certains animaux, qui sont, en France, uniquement des animaux d'élevage, la solution est d'un autre ordre ; le problème ne se pose pas, s'ils peuvent survivre aux petites vacances d'une semaine et mener leur vie active d'adulte avant l'été (criquets, papillons…). Pour les petits mammifères, la seule solution semble être la garde par des élèves (il y a toujours des volontaires !), mais surtout avec l'accord des parents, quand on ne trouve personne au niveau de l'école pour s'en occuper, surtout pendant les grandes vacances.

■ **Les droits de l'animal**

Si les animaux sont placés dans de bonnes conditions de milieu de vie et d'hygiène, les droits de l'animal sont respectés. Nous ajouterons même que seule la cohabitation avec un animal ou un élevage peut vraiment apprendre à aimer et respecter l'animal.

Des élevages, une méthodologie scientifique pour investiguer le vivant

Les élevages permettent de développer de nombreuses notions scientifiques sur lesquelles est fondé le concept de vivant: des notions biologiques (manger, se déplacer, se reproduire), des notions écologiques (mode de vie, relations avec le milieu). Ils permettent d'apprendre à observer, d'adopter une attitude plus objective face à ce que l'on observe.

Le vivant, déclencheur d'une curiosité scientifique

Dès la maternelle, le questionnement et les découvertes effectuées spontanément à partir des élevages constituent une première étape dans l'appropriation d'une démarche scientifique. Au cycle 2, un petit élevage permet une première approche scientifique de la notion de vie, en particulier par l'observation continue: *« Oh, il y a un papillon dans notre boîte à chenille – par où il est entré ? – je suis sûr que la boîte était fermée... »* Après quelques instants, un autre enfant de cette classe réplique: *« Mais regarde, le cocon est vide... peut-être que le papillon est-il sorti de là ? »... « Alors la chenille est devenue papillon »*, conclut Julie, après deux minutes de discussion et d'observation. La curiosité, le niveau de raisonnement des élèves de cycle 3 permettent un approfondissement des recherches et l'acquisition des connaissances qui les conduiront vers l'enseignement de la biologie en sixième.

Apprendre à observer pour découvrir les éléments caractéristiques du vivant

La première question des élèves concerne le nom de l'animal. Nommer est le premier besoin dès la maternelle. Et cette détermination du nom conduit toujours à l'approfondissement de l'observation première: *« Tiens, il a six pattes »*, puis l'observant à nouveau: *« Je ne l'avais pas vu avant »*, dit Didier, 9 ans, en trouvant sur un livre le nom de l'insecte qu'il vient de ramasser dans la cour. Cette interaction entre le concret et le document est toujours enrichissante.

À l'école primaire, les élèves ont la possibilité de suivre quotidiennement leurs élevages. Il faut exploiter totalement cette chance ! Elle permet d'aider les élèves à construire le concept de vivant, mais aussi de structurer le concept de temps. Ces observations régulières sont une école de patience et de soin. Elles peuvent être notées sur un cahier journal, dont chaque groupe de deux ou trois élèves a la responsabilité pendant une durée déterminée. À l'école maternelle, les traces écrites sont constituées par le procédé de la dictée à l'adulte. Ainsi, les événements importants n'échappent pas à la mémoire de l'ensemble de la classe.

Comment l'observation régulière de phasmes permet de faire évoluer les représentations des élèves au cycle 2

Ces insectes, en forme de feuilles ou de brindilles, mimétiques avec leur environnement, sont faciles à élever et intéressants pour faire aimer aux élèves des insectes vers lesquels ils n'auraient pas été spontanément attirés. Leur introduction déclenche la surprise. Au début de l'année les élèves côtoient le vivarium dans la classe en ne voyant que *« des feuilles »*. Puis, un jour, par hasard, c'est la découverte : *« Regarde, ça bouge… Mais c'est des bêtes. »* Ils en parlent aux parents qui viennent voir ces *« bêtes étranges »*. Les questions fusent. Puis en ouvrant le vivarium pour leur proposer de les toucher, c'est l'inquiétude : les phasmes sont inoffensifs, mais… Quelle fierté de dominer son appréhension pour en prendre un dans la main !

1re phase — *2e phase*

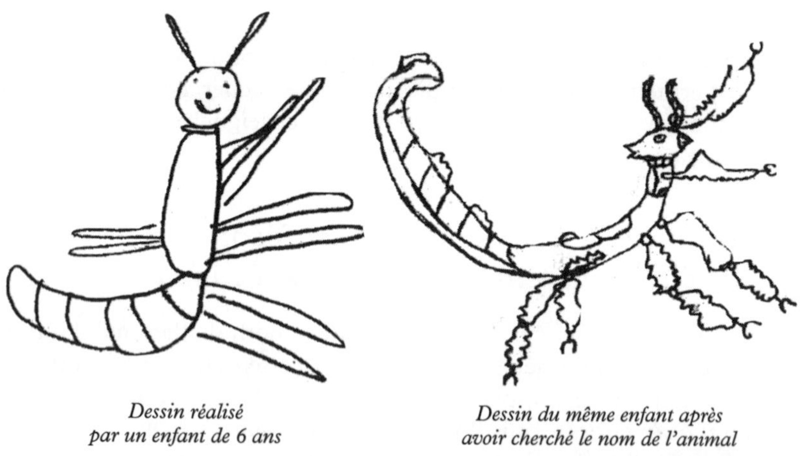

Dessin réalisé par un enfant de 6 ans — *Dessin du même enfant après avoir cherché le nom de l'animal*

De la première représentation d'un phasme à tiare… après les premiers commentaires… Combien ont-ils de pattes, où sont-elles accrochées ?

Les phasmes sont faciles à élever, propres et silencieux, faciles aussi à observer, car ils se déplacent lentement. Par l'observation renouvelée des phasmes, on peut faire évoluer la représentation qu'en ont les élèves. On leur demande un premier dessin spontané. Puis on fait évoluer ce dessin par comparaison avec celui des autres et discussion entre les élèves. Les animaux restent sous les yeux pendant toute cette phase pour comparer et vérifier les propositions de chacun. Non seulement on aide ainsi les élèves à se construire de bonnes qualités d'observation, mais on leur permet d'évaluer eux-mêmes leurs progrès.

ÉLEVAGE DE PHASMES

▸ **Achat des phasmes moroses *(Carausius morosus)***

On peut trouver des phasmes dans une autre école (n'hésitez pas à laisser un message sur votre réseau Internet régional). Mais on peut aussi les acheter à l'OPIE[1] ou aux Jardins du Brisard[2] : achat de matériel d'élevage d'insectes et insectes (phasmes, grillons, criquets, etc).

▸ **Matériel**

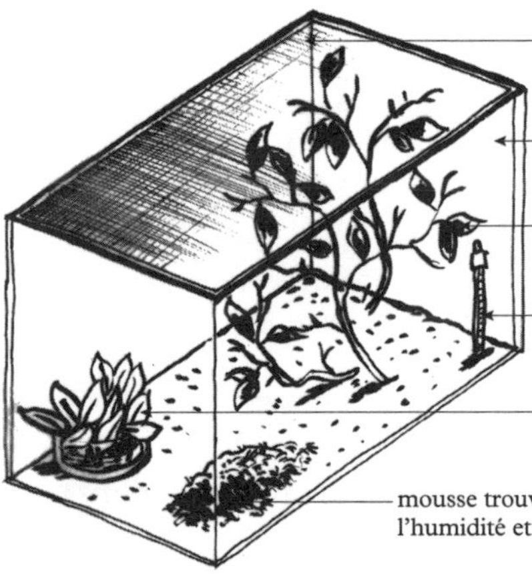

▸ **Installation**

Prendre un aquarium en verre (même s'il fuit) de 30 cm de haut minimum. Recouvrir le fond de l'aquarium avec de la mousse des bois (elle maintient l'humidité et permet l'éclosion des œufs). Installer une brassée de rameaux de lierre dans un pot à confiture rempli à moitié d'eau. Le lierre doit bien remplir le pot de façon que les phasmes ne puissent pas s'y noyer. Introduire les phasmes. Refermer l'aquarium avec la grille (grillage fin type garde-manger) ou un morceau de voile de rideau «plein jour» fixé avec un grand élastique.

1. OPIE, BP 9, La Minière, 78280 Guyancourt. Tél. : 01 30 44 13 43. Internet : http://www.inra.fr/hebergement/OPIE-Insectes/Pa.htm/
2. ZAI, 85150 La Chapelle Achard. http://jardins-du-brisard.com/

▸ **Conditions de faisabilité**

Cet élevage est très facile à réaliser à la température normale d'une salle de classe (entre 17 et 24 °C).

▸ **Soins**

– Chaque jour, pulvériser l'eau sur les feuillages et la mousse (une forte hygrométrie doit être maintenue afin que les mues s'effectuent correctement).
– Une fois par mois nettoyer l'aquarium.

▸ **Nourriture**

Des rameaux de lierre dans un pot rempli d'eau, à renouveler dès qu'ils se dessèchent (environ 1 fois par semaine).

▸ **Vacances**

– Cet élevage supporte l'absence de soins pendant des petites vacances (1 ou 2 semaines) : bien humidifier la mousse et mettre une bonne brassée de lierre.
– Pour l'été mettre le vivarium à la cave… au moins les œufs survivront.

▸ **Informations complémentaires**

En captivité, les phasmes moroses sont presque uniquement parthénogénétiques, c'est-à-dire que les femelles n'ont pas besoin d'être fécondées par un mâle pour que leurs œufs donnent naissance à d'autres femelles. À une température de 20 à 23 °C, avec un degré hygrométrique de 60 à 75 %, la femelle pond des œufs (qui ressemblent à de petites graines de lentilles) qui ne donnent que des femelles. Si la température varie de 23 à 25 °C, quelques mâles peuvent éclore dans la proportion d'environ 1 pour 3 000 éclosions.

▸ **Références**

Un site Internet : http://www.phasmes.com/ fournit des informations sur les phasmes, de superbes photos avec autorisation de les utiliser pour la classe, des fiches pour la mise en place d'un petit élevage afin de découvrir que ces insectes sont bien les rois du camouflage.

Des fiches d'observation pour découvrir la diversité du vivant

Afin de permettre aux élèves de trouver eux-mêmes le nom de l'animal, il est intéressant de leur donner un certain nombre de clés d'observations, de leur permettre de comparer l'animal qu'ils ont sous les yeux avec des modèles de référence. Il est possible de construire ces modèles à partir de leur propre représentation. Ainsi cette fiche sur les fourmis a été construite en s'appuyant sur les deux erreurs les plus fréquentes chez les enfants de moins de 10 ans : le nombre de pattes inexact pour un insecte (qui a trois paires de pattes) et la forme du corps en deux parties (alors que le corps des insectes en a toujours trois). Les élèves sont ainsi conduits à confronter leurs conceptions avec la réalité, et donc à les faire évoluer en se construisant un nouveau modèle mental. Cet exercice, mis en œuvre dès le début du cycle 2, apprend aux élèves à observer en leur fournissant des clés de lecture du vivant. Ainsi plus tard, face à un autre insecte, ils pourront eux-mêmes rechercher dans les planches d'un guide de détermination pour adultes grand public le dessin qui correspond à l'animal qu'ils observent, et donc déterminer son nom exact.

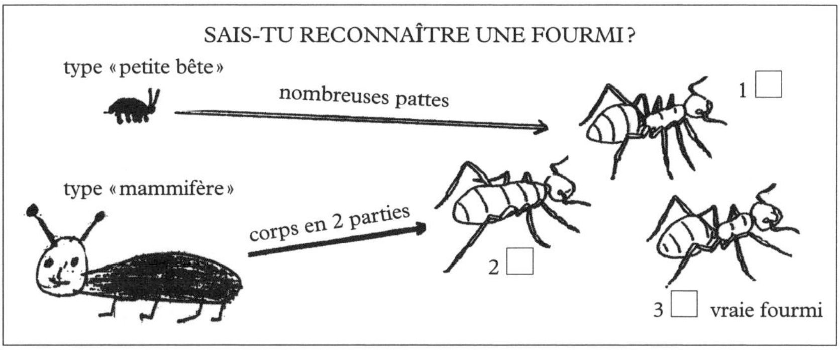

Un seul des trois dessins est celui d'une fourmi. Lequel ?[1]

La découverte du vivant, un questionnement renouvelé

Les élevages en classe sont un support permanent de questionnement, bien au-delà de la curiosité liée à leur arrivée dans la classe. Dans un petit élevage, il se passe toujours quelque chose, et les élèves chargés de son entretien sont les premiers vecteurs de ces découvertes nouvelles et du questionnement qu'elles inspirent.

Des recherches menées en comparant le questionnement des élèves en face d'une fourmilière expérimentale à celui d'élèves venant de voir un film vidéo sur les fourmis montrent que les premiers ont 6 fois plus de questions que les seconds. Ces questions permettent de repérer les principaux centres d'intérêt des élèves qui concernent d'abord des critères du vivant : *« Comment vivent les fourmis ? »*, et en particulier : *« Qu'est-ce qu'elles mangent ? »*, mais aussi : *« Dorment-elles ? »*. Viennent ensuite des questions concernant la morphologie : *« Combien ont-elles de pattes ? »*, *« Comment sont leurs yeux ? »*, la reine et les œufs, la fourmilière (la *« maison des fourmis »*) *« Combien sont-elles… ? »*, mais aussi : *« Est-ce que les fourmis parlent ? »* et *« Sont-elles gentilles ? »*, ou à propos des larves : *« Quelle horreur, c'est sale, c'est des asticots »* montrant que, même à 8-10 ans, la référence anthropomorphique est encore sous-jacente. L'observation spontanée d'un petit élevage est donc un excellent déclencheur du questionnement de l'enfant. Il s'agit très souvent de questions opératoires comme : *« Qu'est-ce qu'elles mangent ? »*, auxquelles ils peuvent trouver des réponses par l'observation

1. D'après une fiche d'enquête de la Cité des Sciences et de l'Industrie de Paris publiée *in Les Fourmis*, coll. « Cités-doc », 1989.

continue ou l'expérimentation. Les tests ont montré que les élèves pouvaient, par cette démarche scientifique, trouver eux-mêmes une partie des réponses à leurs questions. Il est à noter que ces élèves qui observent directement les fourmis découvrent autant de choses que ceux qui ont visionné un film. Bien entendu, le film présenté dans un second temps à ceux qui ont observé une fourmilière de classe permet de leur faire découvrir beaucoup plus de choses qu'aux autres.

Mais ce questionnement ne débouche sur une véritable activité scientifique que si l'enseignant ne répond pas immédiatement aux questions et propose des réponses qui conduisent à des démarches actives. Par exemple si les élèves demandent *« que font deux fourmis qui se rencontrent »* et qu'on leur donne l'explication, on coupe immédiatement l'intérêt. Alors que si le maître leur dit : *« Vous allez chercher à voir deux fourmis qui se rencontrent et observer avec la loupe »*, il rend la question opératoire ; il stimule la démarche d'observation qui leur permettra de trouver eux-mêmes la réponse à leur questionnement.

Cette démarche est particulièrement riche avec des insectes trouvés dans la cour de l'école, le jardin ou la nature, que les élèves souhaitent maintenir en vie mais dont ils ne savent rien. Cette situation peut alors être le départ de toute une démarche scientifique en passant par des recherches sur des documents pour trouver le nom des animaux, recherches qui sont un puissant stimulant d'une observation attentive et précise. Il en est de même pour les conditions d'élevage qui entraînent soit des recherches dans les livres, soit des expérimentations afin *« de trouver ce qu'il leur faut pour qu'ils vivent bien »*. C'est le cas en particulier pour des insectes rapportés de la nature et dont il faut chercher le régime alimentaire.

Découvrir le vivant en développant l'esprit scientifique

La réalisation des élevages est aussi l'occasion d'une approche écologique. Au travers des documents, par l'observation et l'expérimentation, les élèves découvrent les conditions du milieu de vie. *« Dans le livre, ils remarquent que les cloportes vivent sous les pierres. – Pourtant nous les avons trouvés sous les feuilles dans le square… – Mais sous les feuilles, c'est humide… – Il faut expérimenter pour voir ce qu'ils préfèrent. »* Toutes les observations et les expériences sont faites à partir des nombreuses questions que les élèves ne manqueront pas de poser. Toutefois, il est important de ne pas simplifier hâtivement : élevages et cultures ne représentent pas toute la complexité de la nature.

De même l'introduction de vers de farine en classe (voir chapitre 3, p. 47) est une situation déclenchant de nombreuses questions. Lors de la présentation à des élèves d'une petite boîte contenant des vers de farine, certaines de leurs réflexions et questions peuvent être le point de départ

UN TERRARIUM POUR LES INSECTES

Ce type d'installation permet d'élever différentes espèces d'insectes trouvées par les élèves dans la cour ou les alentours de l'école, par exemple : coccinelles, punaises (« gendarmes »), sauterelles, cétoines…

▸ Récolte des insectes

Utiliser un flacon dont on perfore le bouchon de petits trous, afin que les insectes capturés puissent respirer. Noter le lieu (herbe, mur, feuille de chou…) et l'heure.

▸ Matériel

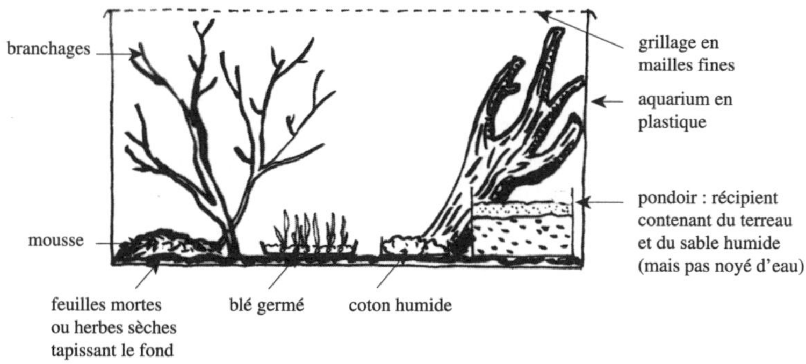

▸ Installation du terrarium

Recouvrir le fond d'un terrarium avec de la mousse des bois (elle maintient l'humidité et permet le développement des œufs) et des feuilles mortes ou des herbes sèches. Placer des branchages. Introduire les insectes. Refermer le terrarium avec la grille ou un morceau de voile de rideau Tergal fixé avec un grand élastique.

▸ Conditions de faisabilité

– Pour des chenilles : fournir des branchages ou des feuilles correspondant à ceux où on les a trouvées.
– Pour des coccinelles : fournir des rameaux portant des pucerons (rosier par exemple) ou élever les pucerons : voir activité 30 *Coccinelles et pucerons*, p. 152.
– Pour des cétoines : fournir des fleurs et des fruits bien mûrs et juteux.
Avant les vacances, remettre les animaux dans la nature (à l'endroit où on les a trouvés).

▸ Nourrir les insectes

Fournir de l'humidité en mouillant une éponge neuve ou du coton hydrophile. Chercher quelle nourriture ils préfèrent soit en se documentant, soit en testant différentes sortes d'aliments (végétaux, miel, jaune d'œuf, petits morceaux de viande…). Attention à bien nettoyer les légumes et les fruits afin qu'il n'y reste aucune trace d'insecticide. Il faut savoir que les chenilles ne mangent que des branchages ou des feuilles correspondant à ceux où on les a trouvées, les coccinelles mangent des pucerons, les phasmes du lierre ou des ronces (selon les espèces), les cétoines des fleurs et des fruits bien mûrs et juteux.

▸ **Informations complémentaires : objectifs et activités possibles**

– Observation comparée des grandes fonctions (se déplacer, se nourrir, se reproduire).

– Au cycle 3, liens entre fonctions et organes correspondants : notion d'adaptation.

– Comparaisons conduisant à l'établissement d'une clé de détermination.

d'une démarche scientifique. Une remarque anthropomorphique du type *« ils sont gênés par la lumière artificielle »* appelle une vérification par l'observation afin de rechercher s'ils ont des yeux, des organes récepteurs, des antennes, mais aussi à expérimenter pour vérifier. Les remarques du type *« ils cherchent à s'enterrer »* ou *« ils se nourrissent du son de la boîte »* appellent une démarche de vérification par l'observation ou l'expérimentation. Pour passer à une observation plus rigoureuse, il faut dégager une question et un critère qui permettent d'orienter et d'organiser la nouvelle observation. Le maître peut sélectionner parmi les questions posées celles qui peuvent être résolues par l'observation, puis distribuer les observations à effectuer aux différents groupes d'élèves.

Comme le disait Bachelard en 1938 : *« Avant tout il faut savoir poser des problèmes. Et quoi qu'on dise, dans la vie scientifique, les problèmes ne se posent pas d'eux-mêmes. C'est précisément ce sens du problème qui donne la marque du véritable esprit scientifique. Pour un esprit scientifique, toute connaissance est une réponse à une question. S'il n'y a pas eu de question, il ne peut y avoir connaissance scientifique. Rien ne va de soi, rien n'est donné, tout est construit. »* Ce qui est important, c'est de savoir choisir et poser les problèmes, les questions opératoires auxquelles la suite de la démarche pourra apporter des éléments de réponse que ce soit par l'observation, l'expérimentation ou les documents.

Le vivant grandit et se transforme

Parmi les éléments qui permettent aux enfants de structurer le concept de vie, la découverte de la croissance et du développement des individus est un des plus marquants. De plus, ces faits sont faciles à observer. Au fil du temps, de la conception du bébé à la mort, chaque individu vivant a une histoire : il naît, grandit, se modifie, se reproduit, vieillit, meurt. Cette histoire individuelle, appelée aussi développement, est caractéristique de l'espèce à laquelle appartient l'individu.

Le journal de classe, un outil précieux pour suivre le développement des animaux

Le suivi de tout élevage est intéressant car c'est dans la durée que se construit le concept de temps, et en particulier chez les enfants de l'école maternelle. Mais cette activité est intéressante jusqu'au cycle 3 où elle permet de développer des activités d'écriture, comme en témoignent ces extraits du journal d'une classe de cycle 3.

Mardi : *« Nous avons reçu une petite boîte contenant les animaux que nous avons reconnus comme des insectes dont nous ne savons pas le nom. Nous avons proposé plusieurs possibilités :*
– ce sont des grillons ;
– ce sont des sauterelles. »

Jeudi : *« En regardant de plus près et en comparant avec des images du livre trouvé par Cédric dans la bibliothèque, nous avons conclu : "Ce sont des criquets." »*

Par une interaction concret / document, une observation motivée plus approfondie et par comparaison, les élèves découvrent la notion d'espèce au travers de la diversité du monde vivant.
« Nous avons amélioré "la maison des criquets" après avoir lu des livres. Pour qu'ils se croient dans leur milieu naturel, nous avons mis du sable, des branches et nous avons dessiné des décors que nous avons placés derrière l'aquarium. Le maître a mis de l'eau sur un carton ; beaucoup de criquets se sont posés dessus… »

À ce souci écologique de reconstituer le milieu naturel des criquets, s'ajoute la recherche de leurs besoins, et en particulier alimentaires :
« J'ai trouvé que les sauterelles et les criquets ne mangent pas la même chose…
Lundi 10 : "Les criquets n'ont pas mangé la paille, le sucre, les tranches de jambon. Ils ont mangé les feuilles de salade, l'herbe…"
Samedi 15 : "On leur propose une feuille de salade rouge (Trévise), elle est dévorée gloutonnement…"
Lundi 23 : "On leur propose du 'blé en herbe', cette nourriture est très appréciée…" »

À partir de cette recherche « pour voir » peut se structurer une véritable démarche expérimentale pour déterminer les besoins, mais aussi une conscience des limites de l'expérimentation biologique : *« Le maître nous a dit qu'il fallait bien rincer la nourriture que nous donnons aux criquets ; il ne faut pas qu'il reste de trace d'insecticide… »*

Expériences proposées pour la nourriture :
– Mettre un bout de salade (Trévise) et un bout de papier rouge pour voir s'ils sont attirés par l'odeur ou par la couleur.
– Mettre la même nourriture dans des récipients de couleurs différentes pour voir si c'est la couleur qu'ils reconnaissent.

C'est cette observation quotidienne qui est la grande chance de l'école élémentaire par rapport au collège. De cette observation continue naissent les situations les plus enrichissantes : *« Lundi, nous avons vu que certains criquets étaient morts. Ils ne bougeaient plus sur le sable ; ils étaient retournés. François les a sortis : c'étaient des peaux légères, vides. Nous avons compté autant de criquets vivants que samedi – Hypothèse : en grandissant les criquets abandonnent leur peau.*

Nous avons remarqué que les criquets aimaient bien s'accrocher aux branches. Leur couleur s'est éclaircie.»

Deux jours plus tard: *«... À la récréation, nous sommes restés en classe pour voir un criquet qui changeait de peau. Le maître a dit qu'il muait.»*

L'observation des élevages met les élèves en état de questionnement, d'éveil, qui les conduit à la découverte et à la connaissance scientifique. Ils apprennent à observer, mais aussi à raisonner avec rigueur.

De cette observation quotidienne enregistrée par les mots et les dessins du journal de classe, et par des comptes rendus spontanément établis par des élèves, naît la prise de conscience du développement et de la croissance. *«Jeudi: nous avons mesuré les criquets: 2 tailles (1 cm et 1, 8 cm). Lundi: taille des criquets 1, 8 et 2,5 cm – il n'y a plus de petits criquets de 1 cm. Ils ont sans doute grandi et mesurent maintenant 1, 8 cm.»*

Au travers de l'élevage, on peut construire les concepts biologiques et écologiques et mettre les élèves en situation pour apprendre à observer, à déterminer, à expérimenter en acquérant des notions scientifiques fondamentales. Sans parler des échanges verbaux entre groupes et entre élèves au sujet de cet élevage, où tout le sens du dialogue et de l'argumentation a dû s'affiner, ce journal de classe témoigne par son texte et ses dessins de l'effort des élèves dans la communication et de l'expression de leurs observations, de leurs recherches et de leurs découvertes. Ces activités, par l'intermédiaire des mesures des criquets, sont la base du passage à la représentation graphique de la croissance en partant des dessins, des mesures et des dates auxquelles elles ont été enregistrées. Ce passage à une représentation mathématique est bien assimilé par tous les élèves, y compris les moins ouverts aux mathématiques.

Mesurer afin de prendre conscience de la croissance des animaux

Comme avec l'exemple des criquets, cette démarche d'observation part du vécu. On découvre un matin de tout petits phasmes, des «*bébés phasmes*» comme disent les élèves. *«Alors ils vont grandir?»* Le maître peut répondre en demandant: *«Comment va-t-on faire pour le savoir?»* La nécessité de vérifier cette hypothèse conduit à la mise en place d'une démarche scientifique. Cette démarche présente aussi l'intérêt de montrer la nécessité d'exigence, car les animaux bougent et ce n'est pas facile de les mesurer, sauf en repérant avec deux petits traits si on les place sur une petite bande de papier et en relevant les mesures à jours fixes bien régulièrement dans le temps.

Cette démarche peut conduire des élèves du cycle 3 à la réalisation d'une courbe de croissance permettant de réaliser un exercice mathématique riche de sens et de comprendre le principe de croissance par palier des phasmes lors de leurs 6 mues successives. Les élèves trouveront d'ailleurs les restes des anciennes carapaces dans la cage d'élevage et en comprendront ainsi la signification.

Des mesures pour suivre la croissance des criquets

Pour voir si les criquets grandissent, les élèves peuvent proposer et exécuter différentes observations et mesures.

– Estimer leur taille et comparer en découpant des bandes de papier à la taille de l'animal (voir expérience sur les phasmes) et en les collant jour après jour côte à côte sur une feuille.

– Mesurer (au cycle 3) ; faire un bâton chaque jour à partir des mesures (trouver une échelle cohérente, proportionnalité du temps représenté), les ranger ; on peut aussi faire une schématisation par des rectangles (les élèves la trouvent simple et pratique).

– Faire un dessin dont la lecture permet d'expliquer le développement du criquet : dessins de criquets à différentes tailles, dessins ordonnés (représentation horizontale ou verticale).

L'analyse de ces représentations permet de découvrir les conditions du développement et les transformations des criquets. Lors de l'analyse des résultats, les élèves découvrent l'intérêt d'avoir une échelle du temps cohérente, en portant leurs observations quotidiennes.

Parfois c'est seulement lors de l'observation de cette représentation qu'ils prennent conscience de la nécessité de la mue pour grandir. D'autres fois, cette découverte est le fruit d'une observation fortuite. Pour comprendre la nécessité de la mue et le phénomène, on peut faire référence aux vêtements devenus trop petits lorsqu'on grandit.

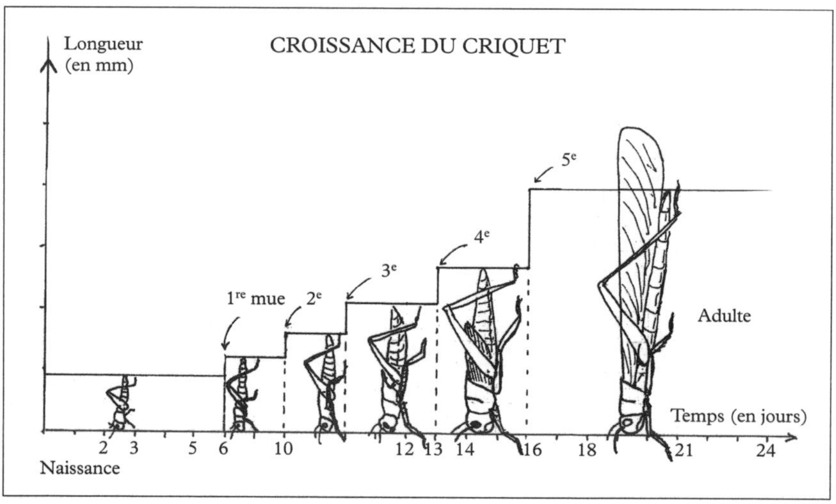

Croissance du criquet : tailles et durées pour un élevage de criquets à 30 °C

œuf (ponte → naissance) = 17 jours (à 28 °C)

1 → 5e jour : taille 9 mm — pas d'ailes, pas d'antennes

1re mue

6e → 7e jour : taille 12 mm — pas d'ailes, antenne 12 articles

2e mue

8e → 9e jour : taille 16 mm — ébauches d'ailes, antenne 15 articles

3e mue

10e → 12e jour : taille 21 mm — ébauches d'ailes, antenne 16 articles

4e mue

13e → 15e jour : taille 27 mm — ébauches d'ailes, antenne 22 articles

5e mue = mue imaginale

16e → 40e jour : taille 40 mm (mâle) — adulte : ailes développées, antenne 26 articles

accouplement : 15 jours après la dernière mue
ponte : 6 jours plus tard (4 à 5 oothèques)
mort : 1 à 8 jours plus tard (durée de vie de l'adulte : 3 à 4 semaines)

ACTIVITÉ 20

ÉLEVAGE DE CRIQUETS

▸ **Achat**

L'OPIE[1] expédie des criquets.

▸ **Matériel**

– Terrarium.
– Couvercle grillagé.
– Ampoule de 25 W dans un pot de terre.
– Thermomètre.
– Pondoirs.
– Éponge imbibée d'eau.
– Branchages.
– Flacon renversé rempli d'eau.

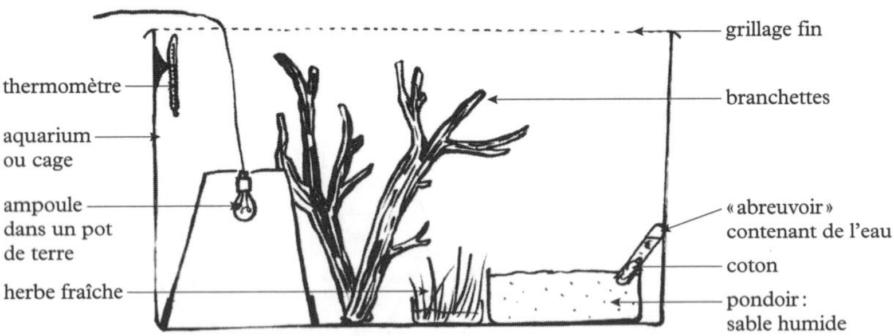

Terrarium d'élevage de criquets

1. OPIE, BP 9, La Minière, 78280 Guyancourt. Tél. : 01 30 44 13 43.

▸ **Installation**

Installer le matériel dans un terrarium en plastique ou en verre comme indiqué sur le schéma ci-dessus. Une ampoule de 25 W placée dans un pot de terre permet de maintenir la température autour de 30 °C (à vérifier avec le thermomètre). Placer des pondoirs constitués par des fonds de bouteille en plastique remplis de sable de rivière humide (les femelles y pondent leurs œufs à 10 cm de profondeur). Une éponge imbibée d'eau, ou un tapis de mousse des bois régulièrement arrosée, maintient l'humidité. Placer des branchages inclinés dans le terrarium, afin que les criquets puissent s'y accrocher pour muer. Un flacon renversé rempli d'eau et bouché par un coton fournit la boisson des criquets. Recouvrir le terrarium d'un couvercle en grillage fin (type garde-manger).

▸ **Conditions de faisabilité**

La température idéale pour le développement des criquets est de 30 °C.
Pour les petites vacances, mettre de la nourriture fraîche avant de partir.
La durée de développement des criquets permet de les étudier sur une période de 6 semaines entre deux vacances.

▸ **Soins**

Nettoyer une fois par semaine le terrarium (à l'alcool à 90°) afin d'éviter des maladies.

▸ **Nourriture**

Herbe fraîche ou « herbe à chat ».

▸ **Informations complémentaires : durée de vie et développement**

Les œufs (40 regroupés en oothèques) éclosent en 15 jours à 33 °C (plus lentement à une température inférieure). Le sable dans lequel ils ont été pondus doit être maintenu en permanence humide (mais non noyé).
Les jeunes criquets qui en sortent deviennent adultes par 5 mues successives en 15 jours à 3 semaines (selon la température). Les adultes vivent 3 à 4 semaines. L'accouplement a lieu après 15 jours et la ponte à partir de la 3e semaine.

Le vivant se transforme

Il est intéressant d'élever d'une année sur l'autre des espèces ayant des développements différents (d'où la nécessité d'une réflexion au niveau des cycles).
– une espèce d'insectes chez qui l'individu change d'aspect au cours de son développement dans le temps : d'abord larve, puis nymphe, enfin adulte (par exemple fourmis, papillons, coccinelles…) ;
– une espèce d'amphibien qui change également d'aspect : larve, jeune, puis adulte. Mais attention les grenouilles de notre pays sont des espèces protégées ;
– une espèce d'un mammifère qui, malgré quelques modifications, conserve toujours la même enveloppe externe.

On fera la découverte au travers de l'observation continue, avec traces écrites et dessins, de la croissance et des transformations de l'œuf à l'adulte en passant par tous les aspects du têtard (changement de forme, de taille, de nourriture, de mode de déplacement, de milieu, de type de respiration).

De la chenille au papillon

Cette observation dans le temps, des transformations de la chenille au papillon (morphologie, milieu, déplacements, nourriture) et de la reproduction, est passionnante pour les élèves. Ils peuvent comparer avec d'autres insectes.

On peut se limiter à l'élevage des chenilles ou des chrysalides ramassées par les élèves et relâcher les papillons au stade adulte dans la nature (si l'on ne dispose pas d'un espace suffisant pour obtenir la reproduction).

ACTIVITÉ 21

LES ANIMAUX GRANDISSENT ET SE TRANSFORMENT

Niveau cycle 2 ou cycle 3

▸ **Intentions pédagogiques**

Faire découvrir les transformations des animaux lors de leur croissance et pour certains pendant leur métamorphose.

▸ **Matériel**

Élevages en classe et documents pour comparer avec d'autres espèces.

▸ **Mise en œuvre**

1. Observation continue de deux élevages différents : par exemple phasmes et papillons (voir fiches d'élevages pp. 111 et 123).
Observer une fois par semaine, ainsi qu'au moment des transformations. Garder des traces écrites avec texte et dessins avec échelle de taille. Pour prendre des repères afin de pouvoir comparer la croissance des individus, il est possible par exemple de tracer la taille réelle de l'animal sur la feuille à côté du dessin. À la fin d'une série d'observations ayant permis de voir la croissance d'un animal, faire une frise chronologique avec dessin et texte explicatif associé.

2. Comparaison avec d'autres animaux en consultant des documents.
Faire chercher sur des livres (exemple : planches du livre *Les Savoirs de l'école, Sciences et techniques, cycle 3, op. cit.*) la croissance de différents animaux. Proposer aux élèves une liste non exhaustive à partir de leurs propositions spontanées et en fonction des documents disponibles dans la classe ou en BCD. Construire un tableau avec les élèves en mettant en colonne le nom des animaux et en ligne le type de croissance (continue, par mue, avec métamorphose). Il est intéressant de comparer au moins un animal à métamorphose (papillon, fourmi, têtard…), un animal à mues (crabe, phasme, criquet) et un animal à croissance plus régulière (petit mammifère…).

ÉLEVAGE DE PAPILLONS

La Piéride du chou est un papillon blanc très commun : on trouve facilement les chenilles sur les feuilles de chou des jardins.
L'élevage des chenilles ne présente aucune difficulté, le plus simple est de lâcher les papillons adultes. On peut aussi essayer de les élever pour observer la reproduction.
Si les élèves apportent des chenilles d'une espèce que vous ne connaissez pas, il est toujours possible de les élever à condition de pouvoir leur donner comme nourriture les feuilles de la plante sur laquelle ils les ont trouvées.

Élevage des chenilles de Piéride du chou

▸ Matériel et installation

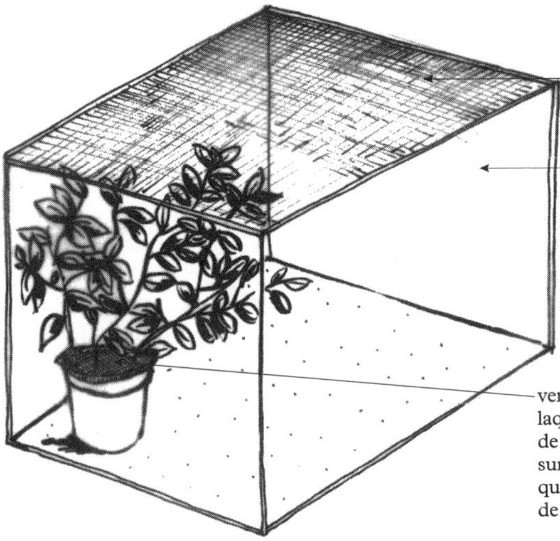

Mettre les chenilles dans un bocal ou un terrarium avec comme support des feuilles de chou.

▸ Conditions de faisabilité

– Nourriture : feuilles de choux ou d'autres crucifères. Les changer régulièrement avant qu'elles ne pourrissent.
– Conditions de température de la salle de classe.
– Éponge humide pour maintenir l'humidité.
– Durée d'éclairement de 16 heures (la lumière du jour suffit au printemps). Une durée plus courte (9 heures) provoque la diapause, c'est-à-dire un arrêt du développement.

Élevage des papillons de Piéride du chou

▸ Matériel et installation

– Une grande cage fermée par un voilage à maille fine de 50 × 50 × 50 cm.
– Bien éclairer la cage (près d'une fenêtre) pendant une durée d'éclairement de 16 heures.
– Une température de 25 °C le jour et 18 °C la nuit donne les meilleurs résultats.
– Une éponge humide assurera le maintien de l'hygrométrie (à 60 %).

▸ **Conditions de faisabilité**

– Placer des fleurs dans la zone la mieux éclairée, les renouveler souvent.
– Donner de l'eau miellée à 10 % dans une boîte plate dont le couvercle est percé d'un trou.
– Déposer des feuilles de chou ou un jeune chou entier dans un pot, la femelle y déposera ses œufs.

▸ **Informations complémentaires**

Durée de développement de la Piéride du chou

On trouve des adultes d'avril à octobre, leur durée de vie adulte est de 10 à 20 jours. Dès le 2e jour, on peut assister à l'accouplement et un ou deux jours plus tard à la ponte (150 à 400 œufs par femelle). À 18-20 °C, l'éclosion des œufs a lieu le 6e jour. Une petite chenille longue de 1 millimètre en sort et se nourrit de la feuille de chou sur laquelle elle a été pondue. La chenille vit de 20 à 25 jours. Elle rampe à l'aide de 3 petites pattes articulées et des fausses pattes à l'arrière de son corps. 4 jours plus tard, elle quitte l'enveloppe de son corps (exuvie) et devient une chenille de 3 mm de long.
C'est la première des 4 mues qui, environ tous les 3 jours, vont lui permettre de grandir (ces durées peuvent être modifiées de façon très nette en fonction de la température de 1 mois à 25 °C, à presque 3 mois à 15 °C).
Quand la chenille mesure 50 mm, elle cesse de manger et recherche un support où elle tisse un nid de soie, se fixe et élimine peu à peu sa cuticule de chenille pour former une chrysalide. Elle reste ainsi suspendue immobile sans se nourrir. C'est alors une nymphe. Elle subit des transformations très importantes.
Elle devient un papillon (imago : insecte qui peut se reproduire) qui en sort 10 à 15 jours plus tard.

L'apport d'une chrysalide est toujours très intrigant dans une classe car les élèves ignorent le plus souvent ce que c'est. C'est une situation de questionnement à partir d'une observation particulièrement riche. Et quelle surprise de découvrir un jour qu'un papillon en est sorti !

Si des élèves rapportent des chenilles d'autres espèces, ils ne doivent pas les toucher directement avec les doigts ou les approcher du visage, certaines ayant des poils urticants pouvant créer des réactions allergiques. En particulier ne jamais toucher aux chenilles processionnaires (et ne pas chercher à les élever).

Il faut récolter les chenilles avec les branchages ou les feuilles sur lesquels on les a trouvées. Elles ont souvent un régime alimentaire très strict ; renouveler avec la même nourriture.

Les élèves observent facilement que *« les chenilles quand elles grandissent, leur tête et leur corps changent de couleur »*, *« maintenant, elles ont du noir dans le corps »*. Ils remarquent les transformations et les prémices des suivantes. Les traces écrites leur permettront après la mue de retrouver et de comprendre ce qu'ils ont observé avant. Leurs observations sont souvent de grande qualité, comme en témoignent leurs écrits *(« J'ai remarqué : quand la chenille mange une feuille elle le fait de haut en bas. »)* et leurs dessins.

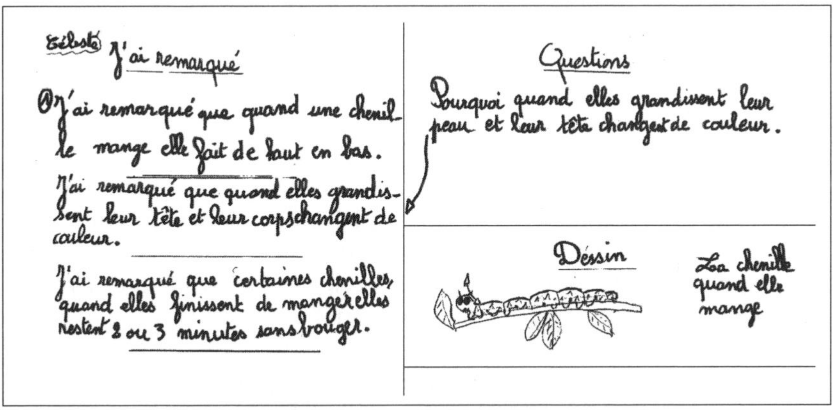

Céleste, 11 ans : « Compte rendu d'observation d'un élevage »

Pour vivre, il faut se nourrir

Se nourrir correspond à un besoin fondamental du vivant. Les élèves en ont conscience : *« Il faut leur donner à manger. »* Ils proposent spontanément : *« On va leur donner de la salade »* ou *« Non il faut leur donner de la viande. »* De ces contradictions naît le questionnement : *« Comment savoir ce qu'ils mangent ? »*, ou chez les plus jeunes des affirmations contradictoires que la maîtresse peut exploiter pour enclencher une démarche expérimentale tâtonnante.

Se nourrir, une question vitale !

Tout animal vivant a besoin de se nourrir pour trouver l'énergie et les matériaux nécessaires au renouvellement de ses cellules. L'énergie est fournie par des matières organiques (comme le glucose). Contrairement aux végétaux verts, les animaux ne peuvent trouver cette énergie que dans de la matière organique fabriquée à l'origine par des végétaux verts (chlorophylliens). Mais les animaux ne mangent pas tous la même chose. Et ce n'est pas *« parce qu'ils n'ont pas les mêmes goûts »* comme le pensent les élèves, mais parce que leurs besoins sont différents en fonction de l'anatomie et du fonctionnement de leur tube digestif et d'abord de leurs mandibules ou de leur denture dans le cas des vertébrés. Des travaux de sériation et de comparaison sont possibles afin de faire comprendre l'association naturelle entre régime alimentaire et denture par exemple.

Les élèves peuvent rechercher les nourritures qu'il faut donner aux animaux que l'on élève, à condition de faire attention aux végétaux qui peuvent avoir été traités par des pesticides ou des insecticides et qu'il vaut mieux laver avant de les donner comme nourriture. Ils peuvent réaliser des expériences de préférendum alimentaire. Mais, avec des petits mammifères, on peut subir des déconvenues : les hamsters ne voulaient absolument pas manger au moment de faire l'expérience, ou les cochons d'Inde ne se dirigeaient pas vers les aliments qu'ils préféraient, mais vers les élèves habitués à s'en occuper pour les caresser ou les nourrir !

Des expériences de préférendum

Ce type d'expérience est intéressant : il est plus facile à réaliser avec des insectes ou des escargots en en mettant plusieurs en situation. Ainsi, pour savoir ce que préfèrent les fourmis, on peut réaliser l'expérience suivante avec quelques fourmis isolées dans un récipient recouvert d'une plaque transparente (Plexiglas, verre ou Cellophane).

ACTIVITÉ 23

ÉLEVAGE DE FOURMIS

▸ **Prélèvement des fourmis**

– Le prélèvement dans la nature est facile (avec une pelle et un sac en plastique) et on peut relâcher les fourmis lorsque les grandes vacances arrivent.
– Pour créer une petite fourmilière, il faut au moins 100 ouvrières, 30 nymphes et une ou plusieurs reines.

▸ **Matériel et installation de la fourmilière**

– Un espace d'où les fourmis ne peuvent s'échapper : clos (vitres ; grillage type garde-manger) ; on enduira la partie supérieure des parois verticales sur 3 ou 4 cm d'huile de paraffine sur laquelle les fourmis glissent et qu'elles ne peuvent donc pas franchir.

– Un espace de nourrissage visible en permanence.
– Un espace pour le « nid » que l'on maintient à l'obscurité, sauf pour les observations : séries de loges créées artificiellement ou plus simplement sable ou terre de la fourmilière limités par des plaques de verre.
– Maintenir une certaine humidité (nécessaire au couvain qui sera déplacé en fonction des conditions hygrométriques).

▸ Un exemple de fourmilière dans un terrarium

– Prendre un terrarium.
– Sur un ou sur chaque côté du terrarium, coller au pistolet à colle une plaque de Plexiglas opaque à quelques cm du bord[1] (dimensions : longueur intérieure du terrarium × hauteur = hauteur du terrarium diminuée de 10 cm).

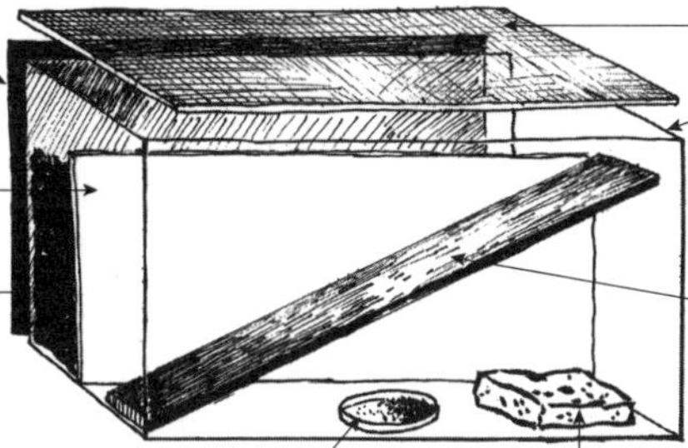

– Recouvrir la paroi vitrée du terrarium située du côté de cette plaque de Plexiglas, d'un film rouge transparent, qui permettra une vision permanente des fourmis ou, à défaut, d'un papier noir que l'on retirera pour chacune des observations.
– Enduire la partie supérieure (sur 5 cm) du terrarium d'huile de paraffine achetée en pharmacie, opération qu'il faudra renouveler régulièrement afin d'empêcher les fourmis de sortir (les fourmis glissent sur l'huile de paraffine et ne peuvent donc pas s'échapper).
– Pour plus de sécurité, on peut aussi ajouter un couvercle à l'ensemble à condition qu'il soit muni d'une grille d'aération à mailles très fines.
– Poser sur cette plaque une coupelle contenant une éponge qu'il faudra maintenir humide et une coupelle pour la nourriture (sucre, fruits, larves d'insecte…). Cette nourriture variant selon les espèces de fourmis, il sera nécessaire de tester ce qui convient le mieux.
– Avec une bêche prélever une petite fourmilière dans un jardin (éviter les fourmis rouges, qui piquent) et déposer les fourmis et la terre qui les entoure dans les parties latérales aménagées dans le terrarium ; prélever le minimum de terre et le maximum de fourmis pour avoir une chance d'avoir la reine.

1. Cette épaisseur sera déterminée en fonction de la taille de la fourmilière à capturer, sachant que plus elle est faible et mieux on peut observer toutes les activités des fourmis. En revanche, il sera plus difficile d'y maintenir une humidité moyenne.

▸ Nourriture et soins à l'élevage

– Pour la nourriture, on pourra rechercher leurs préférences, mais les fourmis s'adaptent à beaucoup d'aliments (sucre, pain, raclures de viande, insectes, etc.). Un mélange de miel (qui est bactéricide), de sable (évite l'engluement) et de fragments d'insectes est souvent cité comme une nourriture idéale dans les fourmilières artificielles.
– Il est nécessaire de proposer aux fourmis de l'eau sur une petite éponge ou un coton imbibé d'eau.
– Les fourmis ne nécessitent pas d'autres soins que la fourniture d'eau et de nourriture. Elles survivent facilement pendant les petites vacances.

Placer deux fourmis au fond du récipient en même temps que quelques substances à manger proposées par les élèves (hypothèses). Observer vers quelles substances les fourmis viennent se nourrir. Sur une feuille de papier, dessiner le chemin des fourmis, puis tenter d'analyser les résultats.

De l'eau pour vivre

Tous les animaux ont besoin d'eau pour vivre. Mais certains trouvent cette eau dans leur nourriture. Ainsi les escargots et beaucoup d'insectes trouvent l'eau dans les feuilles de la salade ou des plantes qu'ils mangent. Les mérions ou gerbilles, eux aussi, se contentent de l'eau contenue dans les graines et les pommes avec lesquelles on les nourrit en élevage. En effet, ce sont des animaux adaptés à la sécheresse des zones arides dans lesquelles ils vivent naturellement.

L'activité des escargots est un excellent exemple, dès la petite section de maternelle, pour révéler la dépendance à l'humidité. L'escargot vit et se reproduit bien en captivité mais le « petit-gris » est l'espèce qui offre les meilleures perspectives d'élevage. Dans la nature, il est adulte entre 12 et 18 mois, alors que le « bourgogne » n'atteint sa maturité qu'au bout de 3 ans (un adulte se reconnaît à sa coquille bordée, c'est-à-dire que le bord est largement ourlé).

L'élevage de l'escargot demande peu d'entretien. Son caractère saisonnier, son mode de vie souvent à l'état ralenti, lui permet de s'adapter à de mauvaises conditions thermiques ou à des périodes de pénurie alimentaire.

LA FERME À ESCARGOTS

ACTIVITÉ 24

▸ Où se les procurer ?

Dans la nature (attention, ne pas ramasser les escargots de Bourgogne, qui sont une espèce protégée) ou à la maison de l'Escargot[1].

▸ Matériel et installation

– Un bac vide (cuvette ou pot ou terrarium).
– Une éponge saturée d'eau.
– Des récipients pour les aliments.

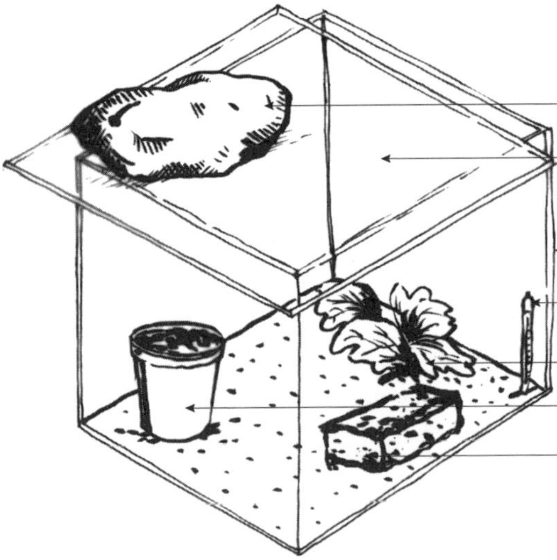

– Un pot rempli de terreau maintenu humide (pour que les escargots y pondent leurs œufs).
– Couvrir d'un couvercle percé de trous ; le lester avec un caillou afin que les escargots ne se sauvent pas.

▸ La nourriture

– La nourriture est constituée par des feuilles de salade et de chou, des petits morceaux de carotte et de pomme, de la farine.
– Si les escargots ne sont pas nourris, ils s'operculent même si la température et l'humidité sont suffisantes et peuvent ainsi survivre plusieurs mois à l'état de vie ralentie (pendant les vacances).

▸ Entretien

– Chaque jour mouiller l'éponge.
– La nourriture doit être fraîche, lavée et renouvelée fréquemment. Retirer la nourriture périmée ou polluée.
– Humidifier en permanence la terre du terrarium ou nettoyer et bien humidifier les éponges chaque jour.

1. Maison de l'Escargot, rue Fondari, Paris.

– Tous les 8 ou 15 jours nettoyer le terrarium : sortir les escargots et nettoyer le récipient où ils sont élevés. Retirer les escargots morts (se reconnaissant surtout à l'odeur).

▸ **Température et humidité**

Au-dessus de 28 °C, le petit-gris souffre de la chaleur et estive. En dessous de 7 °C, il se rétracte et hiberne. Il bouche alors l'orifice de sa coquille avec un voile muqueux. La température la plus favorable est autour de 18-20 °C. L'escargot lutte constamment contre la déshydratation et une hygrométrie de 75 à 90 % lui convient.

▸ **Conditions de reproduction**

L'escargot se reproduit dans la nature en moyenne 2 fois par an ; une fois à l'automne, et une fois au printemps. Cependant, en élevage, la suppression de l'hibernation peut avoir des effets sur les capacités de reproduction.
La ponte a lieu environ 15 jours après l'accouplement. Lors de la ponte, l'escargot creuse un trou dans la terre du pondoir et y dépose ses œufs. La durée d'incubation est en moyenne de 22 jours.

▸ **Informations complémentaires :**
des expériences étonnantes avec des escargots

– Tirer un wagonnet lesté avec différents poids (un bourgogne peut tirer 5 kg).
– Franchir des haies formées de lames de couteau sans se faire de mal.
On observera son déplacement sur une plaque de Plexiglas en regardant par en dessous (ondes de contraction quand il rampe).

9. Des fonctions essentielles pour la vie de l'enfant et sa santé

La découverte des fonctions du vivant chez les animaux, liée à celles observées directement par l'enfant sur son propre corps, l'aide à la construction du concept de vie. Dans l'étude du développement du corps de l'enfant, la dimension d'éducation à la santé est fondamentale et ne peut s'isoler de celle des fonctions vitales.

Une vision dynamique et intégrée des fonctions du corps

L'approche des fonctions essentielles du corps humain peut aisément être abordée dès l'école maternelle grâce à des situations aussi simples qu'une collation ou un repas pris ensemble. En effet, les enfants prennent conscience que « les aliments descendent » dans leur corps sans pour autant avoir une représentation scientifique des phénomènes de digestion, d'assimilation ou du rôle énergétique des aliments.

Des obstacles à la compréhension

Les élèves ont soit une vision du corps en organes séparés et sans relation, soit des conceptions erronées du tube digestif et surtout du cheminement des aliments dans le corps.

Même au cycle 3 les élèves imaginent souvent deux tuyauteries séparées, au moins sur une partie du trajet, pour les liquides d'une part, et les solides d'autre part. Il n'y a d'ailleurs pas de différence fondamentale avec les conceptions de certains adultes, en particulier pour le circuit de l'eau dans le corps[1].

1. A. Giordan, J. Guichard, F. Guichard, *Des idées pour apprendre*, Delagrave, 2000.

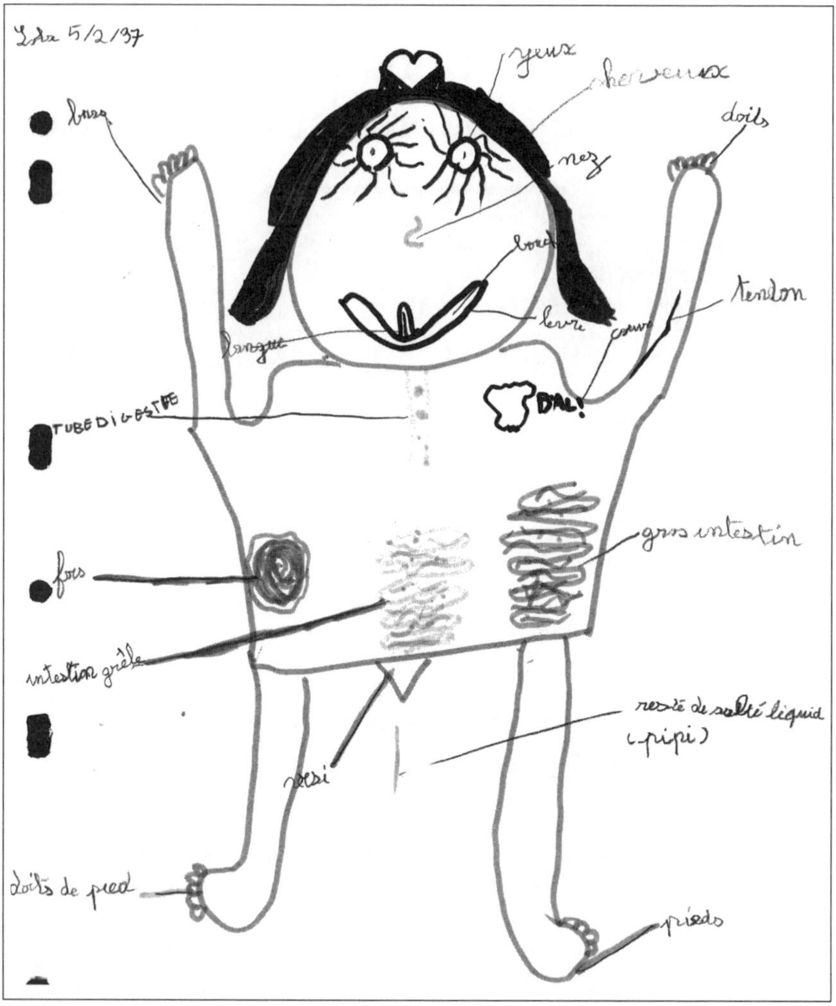

Son corps, vu par Lola, 9 ans

L'idée des deux tuyaux est renforcée par l'expression populaire *« tu as avalé par le mauvais tuyau »*, lorsqu'un aliment s'engage dans la trachée (tube respiratoire) au lieu de l'œsophage. Cette conception du tube digestif comme un tuyau de plombier est un obstacle au concept d'absorption des aliments et de passage des nutriments dans le sang. Elle correspond à des apprentissages à dominante anatomique qui ne peuvent pas concourir à la construction du concept de vivant.

En réalité il faut bien prendre conscience des liens entre appareil digestif et appareil circulatoire. En effet, les aliments sont absorbés au niveau de l'intestin. Des phénomènes chimiques permettent de les rendre solubles : on parle alors de « nutriments ». Ils leur permettent ainsi de passer à travers la

Des conceptions erronnées[1]

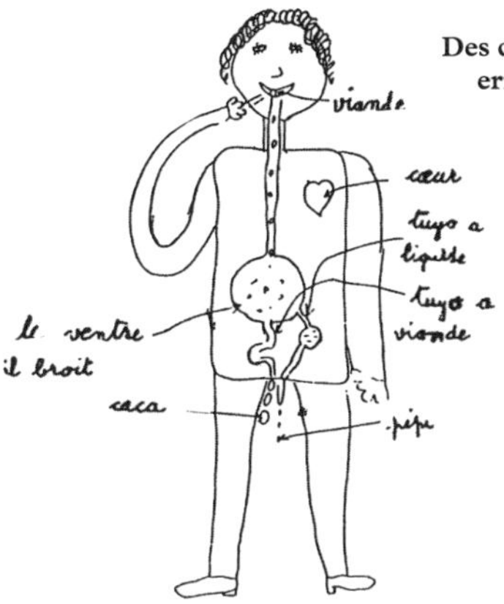

1. Dessin réalisé par un enfant

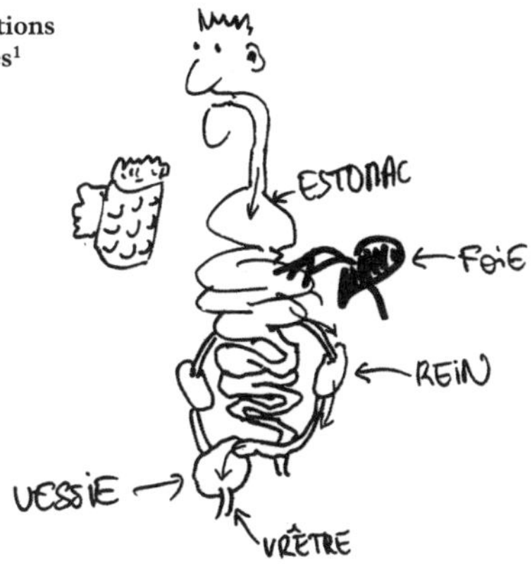

2. Dessin réalisé par un adulte

paroi intestinale pour entrer dans le sang et être transportés dans l'ensemble du corps afin de nourrir toutes les cellules de nos organes et nos muscles. Ces nutriments constituent une source d'énergie pour nos cellules, une source de matières premières pour la synthèse de matière vivante nouvelle et une source de réserves. La surface totale d'absorption est de 550 m^2. Elle est augmentée par les villosités (replis) des parois de l'intestin (visibles sur une radiographie) et l'importante irrigation sanguine (densité des vaisseaux capillaires).

Une approche par situation-problème

Demander aux élèves : *« Dessine le chemin d'un morceau de pomme que tu manges ou de l'eau que tu bois*[2] *»* est une situation qui déclenche un vrai questionnement. Les élèves ne proposent pas tous les mêmes solutions et s'interrogent, réfléchissent, proposent des hypothèses à ce problème fonctionnel.

La difficulté de représentation et la difficulté à s'accorder quant aux réponses à donner conduisent les élèves à compléter leurs recherches avec des documents. Ces recherches permettent l'acquisition de nouveaux savoirs qui vont compléter ou modifier les représentations initiales.

Les moyens à mettre en œuvre

Cette situation-problème est une excellente motivation pour une recherche documentaire. Dans ce cas précis, aucune expérience directe

1. J. Guichard, B. Zana, *Fichier Les Savoirs de l'école, Sciences et techniques*, cycle 3, *op. cit.*, p. 64.
2. A. Giordan, J. Guichard, F. Guichard, *Des Idées pour apprendre*, *op. cit.*

ACTIVITÉ 25

UNE EXPÉRIENCE : LA DIGESTION

1. Donner à chaque élève un morceau de pomme ou de pain et de l'eau et leur demander de le manger.

2. Sur une feuille de papier blanc (avec ou sans silhouette du corps préalablement dessinée), demander aux élèves de dessiner le cheminement de la pomme, du pain, ou de l'eau dans leur corps.

3. Cette représentation par le dessin de leurs conceptions les amène à réfléchir au problème. Il est intéressant de demander à une partie de la classe : *« Quel est le chemin de la pomme que vous mangez ? »* et à l'autre : *« Quel est le chemin de l'eau que vous buvez ? »* Les élèves pourront ainsi confronter leurs idées et échanger au sein d'un petit groupe, puis du groupe classe.

n'est envisageable et seul le recours à la documentation scientifique, *via* des manuels, des livres documentaires ou des documents vidéo peut apporter des informations plus précises. Cette recherche oblige à choisir des indices pertinents dans les documents. Il ne s'agit pas de recopier des livres, mais d'y rechercher et de sélectionner des informations précises : c'est un excellent exercice de recherche documentaire au cycle 3.

Les élèves modifient leurs schémas initiaux (voir l'activité 25 ci-dessus) en les rapprochant de ceux des documents consultés. Les dessins peuvent être complétés et légendés pour visualiser le trajet de l'eau, de la pomme et du pain. Cette situation d'investigation est une véritable démarche de découverte pour construire un concept scientifique.

L'enfant grandit

« Moi ma maman avant, elle était toute petite comme ça et elle allait à l'école. Maintenant, elle a grandi, elle va plus à l'école ! » William, 3 ans.

La notion du temps passé entre cet avant et le maintenant annoncé par William est sûrement un des concepts les plus difficiles à faire comprendre. Pour les enfants, la croissance est plus souvent liée à un phénomène de taille, plus rarement de poids et encore moins à un développement global. L'objectif de l'enseignant est de permettre à l'élève d'affiner la prise de conscience du développement de son propre corps. Les végétaux, les animaux grandissent. Et nous ?

L'étude du développement de son corps va permettre à l'enfant de prendre en compte les changements passés et de suivre l'évolution de sa croissance. Les activités conduites à l'école doivent s'inscrire dans la continuité. La réalisation d'un livret personnalisé de croissance est un exemple à encourager. Ce document suit l'élève de la maternelle au cycle 3 et s'enrichit chaque année des observations, des mesures, des dessins, photos, schémas consignés par les élèves ou par l'enseignant.

QUELQUES ACTIVITÉS POUR CONSTITUER LE LIVRET DE CROISSANCE

En maternelle, relever chaque année les empreintes de mains et de pieds. Elles constituent la fiche d'identité de chacun. Avec les empreintes de pieds, on fabrique des semelles en carton dont on compare les tailles par superposition.
– Faire régulièrement des relevés de taille et de poids. Ces mesures doivent rester individuelles. C'est la croissance de chaque enfant qui est étudiée et non la comparaison avec d'autres. Certains élèves vivent très mal d'être les plus petits ou les plus gros de la classe!
– Noter la fréquence de coupe des ongles, des cheveux. Pour les ongles, la pose de vernis rouge sur un ongle témoin (pied ou main) permet de visualiser que la pousse s'effectue par la base (partie blanche par opposition au vernis rouge).
– La dentition fait l'objet d'une étude particulière. À partir de la représentation des dents sur les mâchoires, faire colorier d'une couleur les dents qui ont poussé depuis la naissance, d'une deuxième couleur les dents de lait lorsqu'elles tombent et d'une troisième couleur les dents définitives.
– Repérer les tailles pour l'achat de certains vêtements: tour de tête pour les casquettes ou les chapeaux, tour de cou pour les chemises, hauteur pour les robes, longueurs des jambes de pantalons et des manches de pull-over...
– Demander aux élèves de rapporter de chez eux leurs vêtements devenus trop petits et aussi des éléments de leur layette: premier pyjama, première paire de chaussures, premier bonnet.

Au cycle 2, il est possible de faire construire en début d'année des toises à partir de longues bandes de papier; les élèves se mesurent avec une équerre comme sur la toise du médecin en accrochant les bandes sur un mur; chacun y marque son nom et un trait correspondant à sa taille avec la date; on recommence la mesure 6 mois plus tard et les élèves constatent leur croissance.

Au cycle 3, toutes les données du dossier peuvent être exploitées:
– construction de courbes de croissance (tailles et poids);
– lecture, interprétation des courbes constituées.

Toutes ces activités sont l'occasion de créer des liens entre les familles et l'école et d'autres partenaires, professionnels de la santé, en particulier en liaison avec la visite médicale.

L'enfant et la santé

La notion de santé a évolué; au début de l'ère industrielle et à l'époque des premières découvertes bactériologiques, la santé était l'absence de maladie. Aujourd'hui, le concept de santé retenu par l'Organisation mondiale de la santé (OMS) intègre d'autres facteurs puisque la santé est définie comme *« un état de bien-être physique, mental, social complet et pas simplement l'absence de maladie ou d'infirmité*[1] ». On a reproché à cette définition d'induire une conception de l'éducation à la santé qui favoriserait plus l'information au détriment de la prise en charge par l'individu de sa propre santé.

Les représentations des enfants sur la santé

« Pour moi, la santé, c'est bien respirer, être en forme, avoir le corps bien entretenu, s'amuser, être bien, ne pas avoir de maladies ni de microbes. Quand je suis en santé, je n'y pense pas. » Laura, 10 ans.

Pour Laura, élève de l'école primaire, le domaine de la santé s'élargit aussi au bien-être corporel et mental, il est lié au mouvement et au jeu ; en cette petite fille équilibrée, la vie s'épanouit dans toute son harmonie. Alors pourquoi évoquer ce sujet au moment où la jeunesse de nos élèves semble les prémunir contre tous les risques ? Comme le dit Laura, quand on est *« en santé »*, on n'y pense pas.

On sait que la santé et la longévité sont distribuées inégalement chez les vivants, certaines maladies sont programmées génétiquement, le processus qui nous conduit à la mort est naturel et doit être intégré à la notion même de vie (voir partie 5). Mais faut-il attendre d'être vieux ou malade pour se préoccuper de sa santé ?

« La vie, c'est on vit et puis après on peut mourir : parce que quand on est très vieux, on peut mourir. » Kevin, 7 ans.

« Un collègue de papa a fini son travail, il est à la retraite, un autre est mort. La vie, c'est pour être vivant. » Joanna, 7 ans.

Il est possible d'agir sur notre santé ; le vieil adage : *« mieux vaut prévenir que guérir »*, prend un nouveau sens avec le développement d'une médecine préventive et prédictive qui bénéficie des avancées de la recherche scientifique. On retrouve là les trois composantes essentielles de la santé : l'élément somatique, l'élément psychique et l'élément social. Mais on retrouve aussi une dynamique qui tient compte de l'évolution de la vie, de l'adaptation de l'homme à son milieu. *« La santé est l'équilibre et l'harmonie de toutes les possibilités de la personne humaine, biologiques, psychologiques et sociales. Cet équilibre exige, d'une part, la satisfaction des besoins fondamentaux de l'homme qui sont qualitativement les mêmes pour tous les êtres humains (besoins affectifs, nutritionnels, sanitaires, éducatifs et sociaux), d'autre part une adaptation sans cesse remise en question de l'homme à son environnement en perpétuelle mutation.*[2] »

---

1. Définition donnée par l'Organisation mondiale de la santé en 1954.
2. S. Tessier, J.-B. Andreys, *Santé publique et santé communautaire*, Maloine, 1996. Voir aussi M. Manciaux, S. Leibovici, O. Jeanneret, E. A. Sand, S. Tombkiewicz, *L'Enfant et sa santé, aspects épidémiologiques, biologiques, psychologiques et sociaux*, Doin, 1987.

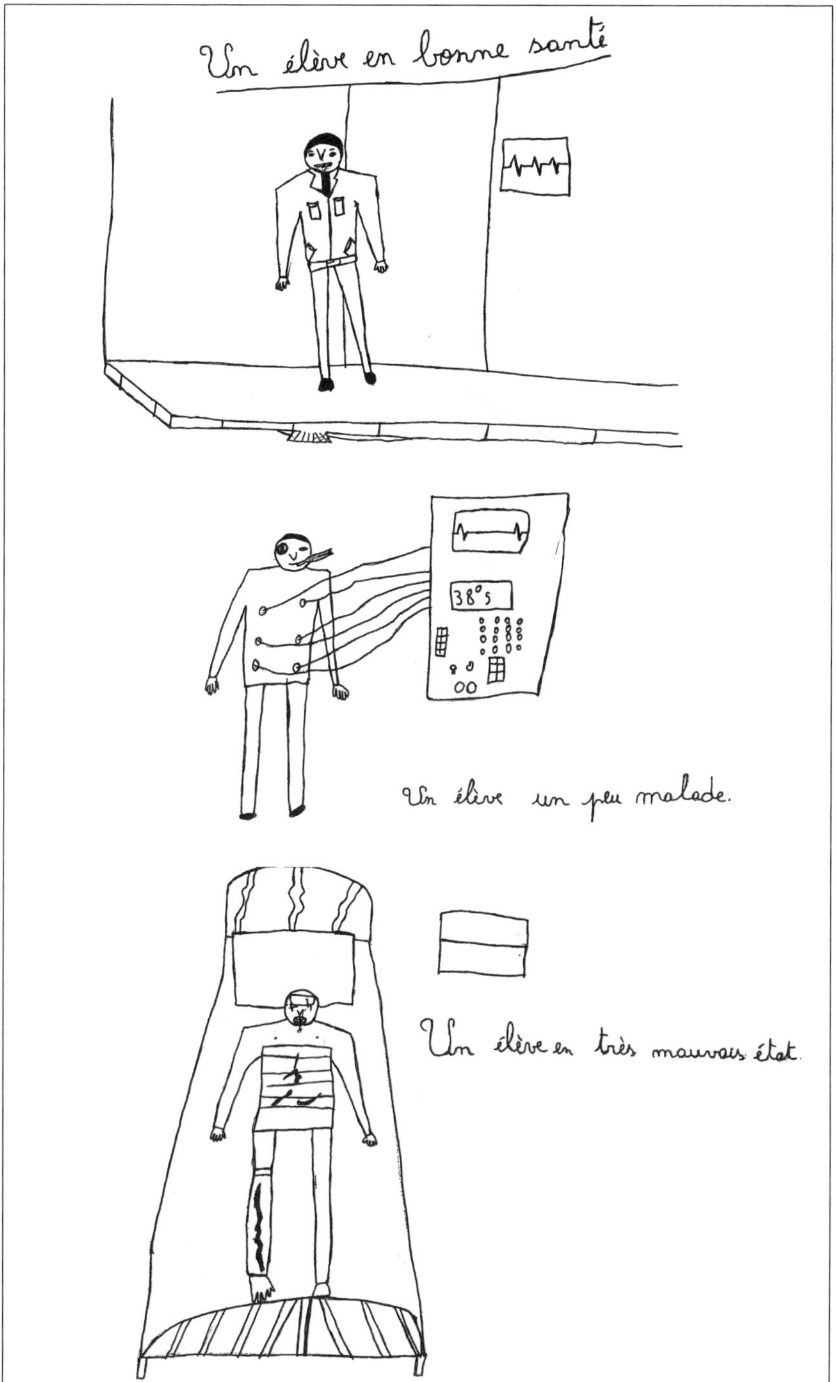

Les trois états de la santé selon Zacchari, 10 ans

Pourquoi une éducation à la santé ?

Les conclusions de la conférence européenne sur l'Éducation à la santé et la Prévention du cancer dans les écoles indiquent que *« l'éducation à la santé dans les écoles doit être incluse dans les programmes parce que c'est la manière la plus efficace de promouvoir un style de vie sain et la seule façon d'atteindre tous les enfants, quelles que soient la classe sociale ou l'éducation de leurs parents*[1] ». La conférence souligne aussi l'importance de débuter le processus de l'éducation à la santé le plus tôt possible dans la vie des enfants. L'éducation à la santé est *« un processus pédagogique élargi visant à développer chez les individus un ensemble de connaissances, d'attitudes et d'aptitudes dans le but de leur donner les moyens d'un comportement le plus efficace et le moins nocif possible dans le maintien, la protection et la restauration de leur santé ou de celle de leur entourage*[2] ».

L'éducation à la santé peut se faire à tout moment de la vie de la classe et à tous les niveaux de la scolarité. Si les sciences du vivant constituent évidemment la base de cette éducation, c'est une activité interdisciplinaire.

L'enseignant est concerné au quotidien par l'éducation à la santé. Il s'agit, pour lui, de s'interroger sur sa pratique quotidienne, de rechercher tout ce qui peut être bénéfique pour la santé des enfants. Le choix de l'horaire de récréation, l'équilibre des activités sont des éléments à prendre en compte par l'enseignant qui se préoccupe de l'éducation pour la santé de ses élèves. Lors du passage aux toilettes en maternelle, par exemple, est-il possible de laisser repartir les enfants sans lavage des mains systématique ? Lors des collations peut-on accepter que le goûter soit servi sur une table souillée par les activités précédentes et que les enfants mangent avec des mains sales ? (Voir activité 27, p. 144.) Peut-on accepter que les élèves soient privés d'éducation physique parce qu'ils ont été trop bruyants ? Il est important de ne rater aucune occasion d'expliquer les choix, les interdits, de façon à casser l'existence d'arbitraires, de rites qui n'auraient aucun sens pour les enfants. Si l'on aère la classe par exemple, ce n'est pas parce que c'est l'heure de la récréation, mais bien parce qu'il faut renouveler l'air. Cette éducation ne favorise des comportements efficaces que si elle repose sur l'analyse des situations et sur l'adhésion des individus.

Quelle éducation à la santé ?

L'école a toujours servi de vecteur à une politique de prévention mettant surtout l'accent sur les méfaits de certaines substances : tabac, alcool ou

1. Conférence européenne sur l'Éducation à la santé et la Prévention du cancer dans les écoles, Dublin, 7-9 février 1990.
2. Définition donnée par M. le Professeur Cornillot, Doyen à la Faculté de médecine, Paris-Nord, Assises du CDES, janvier 1980.

bien, au contraire, incitant à la consommation de produits bénéfiques ; on se souvient du fameux mot d'ordre : *« Buvez du lait »*, à l'origine de distributions gratuites dans les écoles.

Aujourd'hui, les enseignants continuent de mettre en garde leurs élèves contre certains dangers et même si la santé ne fait pas l'objet d'une discipline spécifique, les activités scientifiques sont l'occasion de dégager des règles de vie concernant l'hygiène ou la nutrition, de mettre en garde contre les dangers de la drogue et du tabac.

Des campagnes d'information impulsées par le ministère ou les municipalités sont lancées dans les écoles. L'école apporte donc déjà sa contribution à la politique de santé menée par le gouvernement. Même si l'enseignant fait appel à un intervenant extérieur, il faut qu'il puisse préparer et prolonger le travail lui-même de manière à ne pas laisser croire aux enfants qu'il s'agit d'un sujet tabou pour lequel seul un spécialiste peut répondre. L'enfant doit pouvoir se confier aux adultes qui l'entourent et dont l'enseignant fait partie (voir chapitre 14, p. 188).

Mais cette sensibilisation permanente suffit-elle pour protéger les élèves de toutes les sollicitations dont ils sont l'objet ?

Dans les médias, l'image du corps qui est présentée revêt tous les attributs de la santé : vitalité, beauté, jeunesse, minceur mais dans le même temps, les cas d'obésité de jeunes augmentent.

Comment un enfant qui vit dans une famille ayant de mauvaises habitudes alimentaires ou des comportements à risques peut-il vraiment devenir acteur de sa propre santé ?

Comment l'école peut-elle permettre aux élèves d'acquérir des modes de comportement et des attitudes durablement positives pour leur santé ?

Une sensibilisation aux questions de santé

Écouter les élèves parler de leur santé

Il est très important de reprendre dans son intégralité la méthode décrite dans le chapitre consacré au recueil des représentations des élèves sur le vivant (voir chapitre 1, pp. 12 et suiv.).

Le questionnaire suivant a été rédigé par une équipe d'enseignants dans le cadre de l'élaboration d'un projet d'école d'éducation à la santé :

- La santé, c'est quoi pour toi ?
- Est-ce que tu connais le nom des maladies que tu as eues ?
- Que faut-il faire pour rester en bonne santé ?
- Est-ce que tu as peur d'être malade ?
- De quelles maladies as-tu peur ?

Prénom .... Âge ....

Ce qui est le plus frappant quand on interroge les élèves de tous âges, c'est de constater leur vif intérêt pour tout ce qui concerne leur santé. On est étonné par la richesse des réponses données et l'écart assez faible entre les conceptions des petits et des plus grands.

La « bonne santé » domine les représentations des élèves

Chez les élèves, la valeur attachée à ce mot est toujours très positive avec des formulations différentes :
« C'est bien, on est heureux. » Mathieu, 6 ans.
« C'est une chose positive pour l'homme. » Youness, 10 ans.
« De la joie de vivre. » Zacchari, 10 ans.

La notion d'absence de maladie est presque toujours citée :
« Ne pas tomber malade. » Adrien, 7 ans.

Une expression très stéréotypée revient très régulièrement qui fonctionne comme un synonyme de santé : *« être en forme »* ; certains élèves au langage plus élaboré utilisent les mots : *« vitalité », « vitalité ininterrompue », « énergie ».* Thomas, 8 ans, réfléchit longtemps avant de formuler : *« Une sorte d'énergie ».*

Après avoir repris tous ces éléments, l'enseignant peut compléter en mettant en évidence des points qui n'apparaissent pas nettement et qui semblent importants à souligner :
– la santé n'est pas une qualité de la personne, c'est un fonctionnement qui s'observe pendant une période et qui peut varier ;
– la santé est différente du handicap : un élève sourd ou aveugle peut avoir une très bonne santé ;
– la santé est un équilibre, une harmonie : le physique, le moral, les conditions de la vie interagissent ;
– en général, les êtres vivants en bonne santé ne pensent pas à leur corps.

Les maladies

Dans ce domaine on constate chez les élèves beaucoup d'intérêt. Les absences des uns et des autres permettent l'évocation des maladies infantiles, de leurs symptômes et de leur contagion : la varicelle et ses boutons, l'otite et sa paracentèse, les crises d'asthme et les allergies…

Recueil des représentations

Les élèves possèdent un vocabulaire médical assez étendu qui dissimule souvent des connaissances approximatives mais on sait que, dès leur plus jeune âge, les enfants éprouvent du plaisir à jouer avec les mots.

Une enseignante de cycle 2 demande aux élèves de sa classe de citer les maladies qu'ils ont eues depuis leur naissance, elle recueille la liste élaborée en grand groupe par le biais de la dictée à l'adulte. On se retrouve alors devant un inventaire à la Prévert complètement surréaliste que l'on citera ici pour le plaisir : *« une angine, le sida, la varicelle, la toux, la scarlatine, une otite, une grippe, la gastro, la laryngite, le nain (être petit) ».*

À partir de ce corpus, on voit le travail qui attend cette enseignante pour construire quelques repères clairs dans la tête de ses élèves.

On voit aussi l'incidence des conditions de passation sur les réponses : l'effet de groupe a joué dans le sens d'une surenchère, chacun voulant sans doute avoir eu une maladie plus intéressante que les autres.

Le travail de questionnaire individuel montre toutefois qu'avant 9 ans, seulement quelques élèves ont un souvenir des maladies de leur petite enfance.
– Romy, 8 ans et demi, nous raconte : *« J'ai eu la varicelle, le mal de tête, le mal de ventre. »*
– Yannis, 9 ans, se souvient : *« J'ai eu la rougeole, j'étais tout rouge. »*
– Rémi, 8 ans, dit : *« Je sais que j'ai eu les oreillons, la rougeole, la varicelle mais je me souviens pas bien la première. »*

Certains disent ne pas se souvenir ou ne jamais avoir eu de maladie.

À partir de 9 ans, la connaissance devient plus précise et exacte pour la majorité (après vérification auprès des parents), mais à tous âges on peut penser que l'aide de la famille est très importante dans la constitution du souvenir des moments de maladie : conditions sociales plus ou moins faciles, attention plus ou moins grande portée à la santé, entourage affectif, manière de parler de la maladie.

Il y a des parents pour qui le moindre « bobo » est un drame, il y a des mamans seules qui, ne pouvant faire garder leur enfant, l'envoient à l'école avec de la fièvre et le flacon d'antibiotique dans le cartable.

Au cours de l'enquête apparaissent des problèmes de santé qui ont tendance à augmenter : l'asthme et les allergies alimentaires.

Par rapport à ce sujet sensible, l'approche des enseignants passe par l'écoute très attentive des élèves et le dialogue avec les familles. L'enseignant effectue un travail de clarification au niveau du contenu des réponses avec l'utilisation prudente du carnet de santé. Il peut aborder :
– la notion de maladie infantile ;
– la notion de maladie bénigne, chronique ou grave.

Les maladies qui font peur

Quand on demande aux élèves s'ils ont peur d'être malades, ils se départagent toujours sensiblement à égalité, mais la peur de la maladie augmente légèrement avec l'âge.

Les plus grands justifient souvent leurs réponses. Paul, 10 ans, explique : *« Ça dépend si c'est une grosse maladie : oui, si c'est une petite : non. »*

Les élèves qui disent ne pas avoir peur citent pourtant toujours au moins une maladie, ceux qui avouent leur peur donnent une liste de maladies souvent très longue. Raphaël, 10 ans, a peur de *« la vache folle* [MCJ], *la polio, le scorbut, la peste, le tétanos, l'Alzheimer, la lèpre, le sida, un cancer, la mouche tsé-tsé. »*

Les maladies les plus citées sont dans l'ordre :
– le cancer et le sida, qui sont souvent associés ;
– la vache folle.

Ophélie, 9 ans, qui pourtant dit qu'elle n'a pas peur d'être malade nous confie : *« J'ai peur de la vache folle car j'en mange encore à la maison. »*

L'apport des enseignants consiste à :
– ne pas nier la réalité des angoisses légitimes des élèves qui sont le reflet des angoisses des adultes de notre temps ;
– répondre aux questions des élèves en leur montrant bien que les adultes peuvent aussi éprouver des craintes et qu'ils sont eux aussi concernés ;
– aider les élèves à parler de leurs peurs ;
– apporter le maximum d'informations objectives.

Comment rester en bonne santé ?

Les représentations des élèves

Les idées des élèves sont en général extrêmement sensées et liées à leur vécu. Ils ont tous quelque chose à dire.

Le premier élément cité majoritairement concerne l'alimentation. Ce que nous dit Kévin, 9 ans, reflète tout à fait l'opinion générale : *« manger équili-*

Kevin, 9 ans : Manger sain !

bré, boire de l'eau», certains vont plus loin et parlent de *«manger bio»*, *«des vitamines des fruits et des légumes»*, *«ne pas manger trop de sucre»*, *«éviter tabac et alcool»*, mais jamais aucun élève ne parle de la drogue.

Le deuxième point concerne l'hygiène de vie, le sommeil, se protéger du froid, le sport, la propreté du corps et des dents. Ensuite intervient l'aspect médical: *«respecter le calendrier des vaccinations»*. Plusieurs fois, il est dit qu'il faut aussi *«prendre des médicaments, voir un médecin»*.

Le rôle de l'enseignant consiste à:
- ne pas culpabiliser les élèves;
- apprendre aux élèves à connaître leurs besoins[1] ;
- dans le domaine de la prévention, bien définir avec les élèves ce qui est directement de leur domaine, ce qui est du domaine des adultes qui les entourent, ce qui est du domaine de la société.

L'hygiène ou l'art de rester en bonne santé

Depuis l'Antiquité grecque, l'hygiène est symbole de santé. Suivant les époques et les civilisations, la nécessité d'une hygiène corporelle est plus ou moins prise en compte. De nombreux documents recherchés en BCD permettent d'étudier l'histoire de la toilette à travers les siècles.

Dès l'Antiquité, on fabrique des savons (du latin *sapo* qui désignait une préparation moussante élaborée à partir de graisse de chèvre, de cendres et de jus d'herbes colorantes). Au Moyen Âge, on fabrique le savon à partir de la soude, on commence aussi à utiliser des cotons et de l'alcool. Au XVe siècle, avec l'essor de l'alchimie, les produits végétaux vont être remplacés par des produits chimiques: arsenic, mercure... Durant les siècles suivants, les scientifiques vont découvrir de nouvelles substances et préconiser diverses solutions pour éviter la propagation des maladies. En 1785, Louis XV signe une ordonnance royale obligeant les hôpitaux à n'avoir qu'un seul malade par lit!

En 1789, Claude Berthollet découvre l'eau de Javel. En 1848, un médecin hongrois démontre que le fait de se laver les mains avant une intervention chirurgicale diminue le taux d'infection. Cette découverte fut ignorée par la communauté médicale. Les travaux de Pasteur vont permettre de développer des pratiques désinfectantes. En 1885, le chirurgien écossais, Cheyne, définit les quatre principes à respecter pour éviter l'infection opératoire: lavage des mains du chirurgien, stérilisation des instruments et du matériel, désinfection du site et de l'air. Puis la découverte de nombreux antibiotiques et de nouveaux produits désinfectants (1956, mise au point de la Bétadine) contribue à améliorer les résultats en matière de lutte contre les infections. Mais avec l'apparition de ces puissants antibiotiques, on note un relâche-

1. Voir la fiche éditée par le Centre national de documentation pédagogique, *L'enfant et son corps, Activités d'éveil au cycle moyen*, n°s 2 et 3, 1982.

ment des mesures d'hygiène. Ce n'est que dans les années 1980, qu'en France, l'hygiène redevient une préoccupation médicale et paramédicale. Un ensemble de dispositions sont alors prises pour maîtriser l'augmentation des infections nosocomiales et limiter la résistance aux antibiotiques.

Une expérience pour comprendre la nécessité de se laver les mains

Les observations des vers de farine et des moisissures (voir chapitre 3, p. 51) ont permis aux élèves de découvrir qu'il n'y avait pas de génération spontanée et que le vivant peut être infiniment petit. Les élèves se sont alors posé la question de savoir si on pouvait voir les microbes sur les mains. L'observation à la loupe binoculaire de la classe s'étant révélée négative, la maîtresse propose l'expérience suivante.

L'expérience a été réalisée deux fois car lors de la première expérience, les résultats entre main propre et main sale étaient peu significatifs. Les

ACTIVITÉ 27

HALTE AUX MAINS SALES ! UNE OBSERVATION POUR MARQUER LA MÉMOIRE

▸ **Objectifs**

– Faire comprendre et se souvenir que les mains même si elles ne paraissent pas sales peuvent être couvertes de microbes.
– Observer des règles d'hygiène dans des situations concrètes.
– Favoriser des habitudes quotidiennes de propreté.

▸ **Matériel à préparer avant la séance ou avec les élèves lors d'une séance précédente**

– Préparer un milieu de culture avec une feuille de gélatine dissoute dans de l'eau de cuisson du riz encore tiède.
– Y ajouter une petite cuillère de bouillon de bœuf.
– Mélanger le tout.
– Verser une fine couche de la préparation sur une assiette.
– Recouvrir immédiatement d'un film transparent alimentaire.
– Laisser refroidir.
– Préparer une assiette par élève. L'expérience peut commencer lorsque la surface est froide.

▸ **Déroulement**

– Laver seulement une main à chaque enfant.
– Poser les deux mains à plat sur la surface de la gelée solidifiée.
– Recouvrir de nouveau avec le film plastique.
– Laisser dans un endroit chaud (20 à 30 °C).
– Après quelques jours, les élèves voient apparaître et s'étendre des taches dues au développement des microbes et des moisissures dessinant la surface où la main avait été posée.

élèves ont alors cherché à comprendre pourquoi les moisissures s'étaient aussi développées sur les empreintes de mains propres. Plusieurs hypothèses ont été émises : *« Les mains sont mal lavées, pourtant j'avais mis du savon »*, *« Les serviettes utilisées lors du séchage étaient sales. »*

On réalise à nouveau l'expérience. Quatre formes de nettoyage des mains sont alors retenues :
1. Sans savon avec séchage serviette en tissu sale.
2. Avec savon avec séchage serviette en tissu sale.
3. Sans savon avec séchage serviette papier.
4. Avec savon avec séchage serviette papier.

Les élèves constatent alors que l'échantillon n° 4 est celui qui possède le moins de moisissure, l'échantillon n° 1 étant le plus prolifique.

Cette expérience a fortement interrogé les élèves sur la nécessité d'avoir des serviettes propres en plus du savon. Lors des conseils d'élèves, ils ont réclamé l'installation de distributeur d'essuie-mains papier ou de séchoirs électriques.

Les enfants pensent souvent que l'hygiène c'est être propre. En fait, l'hygiène c'est rester en bonne santé. L'hygiène touche tous les domaines de la vie quotidienne : l'alimentation, les soins corporels, l'habillement, l'entretien des lieux où l'homme habite.

La classe doit être un lieu privilégié pour promouvoir l'acquisition d'une meilleure hygiène de vie, d'un plus grand bien-être physique. Cela fait appel à l'acquisition de connaissances sur la santé. Comment les enseignants, par leur action éducative, en relation avec les partenaires sanitaires et sociaux, peuvent-ils être des agents de la promotion de la santé ?

Les locaux sanitaires doivent pouvoir être accessibles sans contrainte à tous moments de la journée. Ils doivent réunir toutes les conditions d'hygiène corporelle : du savon, de l'eau, des serviettes changées quotidiennement ou mieux des essuie-mains jetables. Tout repas doit être précédé d'un lavage de mains et suivi d'un nouveau passage aux sanitaires pour s'y laver à nouveau les mains. Dans certaines écoles, une prévention bucco-dentaire a même été impulsée par le brossage des dents après le repas de cantine.

Les conditions de cette nécessité de l'entretien de son corps à l'école ne sont pas toujours requises, loin de là. Les élèves en prennent rapidement conscience et des améliorations ont pu être mises en place par l'action conjuguée de conseils d'élèves et des conseils d'école.

4

Pas de vie sans interactions

Les élèves n'ont aucune idée de la richesse et de la diversité des animaux et des végétaux peuplant un milieu et encore moins de leurs relations et de leur interdépendance. Ils ne perçoivent pas la nécessité d'une compétition et d'un équilibre entre les espèces d'un même milieu. Le terme « milieu » a d'ailleurs pour eux un tout autre sens (milieu de terrain de football…).

« La vie pour moi, c'est la nature, les animaux. » Samuel, 8 ans et demi

SOMMAIRE

10. Biodiversité et interactions

Le vivant se caractérise par son extrême diversité. Lorsqu'on étudie un milieu, on est toujours étonné par le grand nombre d'espèces animales et végétales qui le peuplent. Une autre idée importante à faire découvrir aux élèves est celle des interactions entre les différentes espèces.

La vie, c'est la diversité

Le nombre d'espèces actuellement connues sur Terre serait compris entre 1,5 et 1,8 million. On compte 45 000 espèces d'animaux vertébrés, 990 000 invertébrés et 360 000 espèces de végétaux. En fait on est très loin de connaître l'ensemble des espèces, dont le nombre est estimé à des dizaines de millions.

La diversité biologique, ou biodiversité, s'étudie à la fois au niveau des écosystèmes et des peuplements, mais aussi au niveau génétique.

Une des lacunes importantes pour les élèves est la méconnaissance de la diversité de la vie animale. Si vous leur demandez *« qu'est-ce qui vit dans un étang »*, ils ne citent que deux ou trois termes : *« des poissons, des canards, des grenouilles… »*. Mais ils ignorent la centaine d'autres espèces qui peuple ce milieu et est indispensable à son équilibre, car elle fait partie des réseaux trophiques de l'étang. Seule une étude un peu systématique peut faire découvrir aux élèves cette diversité, étude qui d'ailleurs les passionne, car ils ont l'impression d'être des détectives (voir chapitre 15, p. 198). Ce type d'enquête permet de faire l'inventaire du milieu. Pour l'étang, un simple filet troubleau permet d'effectuer des prélèvements et de découvrir la diversité des formes vivantes, en particulier au niveau des insectes aquatiques.

Par l'observation directe d'un milieu, une forêt, un étang et même un terrain vague, et de son envahissement par des plantes et des petits animaux, les élèves peuvent prendre conscience des caractéristiques du vivant.

OBSERVATION DE L'ENVIRONNEMENT IMMÉDIAT (sortie sur le terrain)

▸ **S'équiper** de jumelles, d'un appareil photo avec zoom et si possible d'un magnétophone (enregistrement des chants d'oiseaux).

▸ **Les observations** (avec dates et heures) peuvent être consignées dans **une grille prévue à l'avance** et qui permettra de :
– Indiquer la nature du lieu où se font les observations (humidité, nature du sol…).
– Indiquer si le milieu est utilisé ou non par l'homme et de quelle manière.
– Repérer et recenser toutes les espèces végétales et animales (comportement, habitat, déplacement) rencontrées ou bien le plus souvent repérées par les traces qu'elles ont laissées (empreintes de pas, marquages de territoire, crottes, traces de repas…).
En ce qui concerne les oiseaux, *ne pas toucher aux nids.*
Au sol, repérer les traces de pattes, chercher le sens du déplacement, ramasser les plumes, les pommes de pin rongées par les écureuils, les coquilles d'escargots cassées par les grives…).

▸ **Au cours de la sortie**
– Dessiner ou prendre une photo (c'est la manière la plus écologique de respecter la biodiversité) plutôt que d'arracher ou mettre en bocal.
– Si la sortie se fait en territoire urbain, ne pas oublier l'observation des murs : présence de Lécanora (algue microscopique ayant l'aspect d'une poudre verte), de mousse et lichens…
Les graines des plantes sauvages apportées par le vent, l'eau ou les animaux germent et s'enracinent dans le creux des murs, les fentes du bitume ou du béton.
Certains lichens rencontrés sont des indicateurs de pollution (plus il y a une diversité de lichens, moins le milieu est pollué).
– Si on explore plusieurs milieux différents, regrouper les échantillons par milieu.

▸ **Après la sortie**
– Identifier tous les éléments recueillis : les plumes par exemple permettent de retrouver le nom des oiseaux.
– Classer : arbres, plantes à fleurs, champignons, mousses, lichens, insectes, mammifères, oiseaux…
– Réunir et présenter les résultats des recherches sous forme d'exposés ou de petites expositions.

Pour tout ce qui vit sous les pieds, la découverte de la diversité du vivant est une révélation complète. Si on leur demande ce qui vit dans la terre, hormis *« les vers de terre »*, ils n'imaginent pas d'autres formes de vie. La faune du sol, en particulier les animaux vivant sous les pierres et les feuilles mortes, révèle aux élèves la diversité du vivant, une conception qu'ils ne possèdent pas spontanément.

ACTIVITÉ 29

ÉLEVAGE DES ANIMAUX DU SOL

▸ Récolte

– Noter les caractéristiques du milieu (pierre de grande taille, au milieu de l'herbe, tapis de feuilles mortes en sous-bois, tas de feuilles du square…).
– Remarquer le comportement des animaux lorsqu'on soulève les feuilles ou la pierre. Noter leur nombre. N'en prélever que quelques-uns de chaque type. Récolter en même temps de la terre, des herbes… de ce milieu. Remettre les feuilles ou les pierres en place comme on les a trouvées afin de reconstituer le milieu initial et que les animaux non prélevés ne meurent pas.

▸ Matériel et installation

Prendre un pot de terre. Le placer sur une coupelle remplie d'eau. Placer une mèche de coton pour pomper l'eau vers la terre du pot. Remplir le fond du pot avec de la terre humide. Déposer au-dessus une couche de feuilles mortes. Ajouter une pierre à la surface afin d'abriter certaines espèces.

▸ Soins

Simplement maintenir la coupelle remplie d'eau afin que la terre ne se dessèche pas.

▸ Informations complémentaires : observations en classe

– Observation des grandes fonctions et de la diversité des animaux élevés (classements).
– Analyse des comportements et des milieux de vie. Des hypothèses émises peuvent conduire à l'élaboration et à la réalisation d'expériences simples (exemple : chercher à voir si les animaux préfèrent l'obscurité, l'humidité, etc.).

Le vivant : des interactions

Dans certains cas, l'approche de la nutrition des animaux en élevage dans la classe permet une prise de conscience des interactions entre eux. Ces observations sont passionnantes pour les élèves, mais la compréhension des relations alimentaires n'est pas toujours si évidente.

Le vivant : des interactions entre les individus

Ces interactions entre individus sont une des caractéristiques fondamentales du vivant. Elles sous-tendent l'interdépendance entre les vivants, dont une des principales composantes est la relation trophique (= alimentaire) entre les individus. (Voir activité 34, p. 162.)

Autant les élèves admettent volontiers que *« les plantes sont mangées par les animaux »*, autant ils ont souvent du mal à admettre que les animaux doivent se manger entre espèces différentes, surtout s'il s'agit de mammifères : *« Il ne faut pas laisser le renard manger le petit lapin. »* Les jeunes élèves refusent cette interaction qui ne leur est qu'exceptionnellement montrée dans les films animaliers. Ainsi en face d'une situation où on leur demande de gérer le problème des loups que les agriculteurs veulent tuer parce qu'ils font des dégâts dans leurs troupeaux, les élèves des villes disent : *« Non, il ne faut pas les tuer, il faut rien faire »* ou bien, pour une majorité des 5-7 ans : *« Il faut nourrir les loups pour pas qu'ils mangent d'autres bêtes. »* Et si on leur demande : *« Mais il faudra bien tuer des animaux pour leur donner la viande dont ils ont besoin »*, des jeunes élèves répondent : *« Y a qu'à leur donner du foin ou de l'herbe »*. Et si on leur répond que les loups ne mangent pas d'herbe, ils ne se démontent pas et vous rétorquent : *« Y a qu'à les forcer, nous on nous force bien à manger des épinards ! »*

Il y a donc beaucoup d'observations à faire effectuer aux élèves afin de modifier leurs idées sur le sujet et leur faire percevoir cette universalité des relations trophiques entre les êtres vivants.

Pour les gros mammifères ou les oiseaux, une visite au zoo est du plus grand secours, surtout si on passe au moment du nourrissage des animaux et si les enfants peuvent questionner l'animalier qui s'en occupe. Toutefois, des élevages en classe ou des observations dans le jardin de l'école sont tout à fait suffisants pour la conduite d'observations pertinentes.

Les élevages de coccinelles et pucerons sont un exemple très intéressant et facile à observer avec des élèves. À partir d'un seul puceron, on peut en obtenir une centaine en une vingtaine de jours car le puceron se reproduit alors par parthénogenèse (uniquement avec les femelles, sans fécondation par un mâle). On peut observer le cycle de vie des pucerons et des coccinelles, leur reproduction et les relations trophiques entre ces deux insectes. Si l'on trouve des fourmis sur des rameaux en même temps que les pucerons, on peut observer comment les fourmis récoltent le miellat sécrété par les pucerons. On peut lier l'élevage des fourmis à celui des pucerons, de coccinelles, ou d'un fourmilion trouvé dans la nature (prédateur naturel des fourmis). En effet, les fourmis viennent traire les pucerons pour se nourrir du miellat qu'ils rejettent lorsqu'elles les tapotent avec leurs antennes. Le fourmilion, comme son nom l'indique, se nourrit de fourmis qu'il piège en les faisant tomber dans l'entonnoir qu'il a creusé dans le sol. Les coccinelles mangent les pucerons.

ACTIVITÉ 30

ÉLEVAGE DE COCCINELLES ET DE PUCERONS

▸ Prélèvement

Au printemps ou à l'automne, on trouve facilement des coccinelles. Comme elles se nourrissent de pucerons, il faut trouver des branchages infestés de pucerons (rosiers, pêchers, etc.).

▸ Matériel et installation de l'élevage

– 1re possibilité : mettre les rameaux infestés de pucerons dans un bocal rempli d'eau à l'intérieur d'un seau ou d'un aquarium recouvert d'un voile Nylon, renouveler les rameaux lorsqu'ils sont desséchés. Introduire les coccinelles : un couple est suffisant, sinon elles auront trop vite décimé les pucerons.
– 2e possibilité : mettre quelques pucerons sur des germes de pomme de terre ; laisser la population de pucerons se développer pendant une vingtaine de jours puis introduire des coccinelles.

▸ Entretien de l'élevage

Remplacer régulièrement les rameaux qui pourrissent ou se dessèchent, après en avoir introduit des nouveaux quelques jours auparavant, afin que les pucerons aient le temps de les infester.

▸ Informations complémentaires : développement

Dès que la coccinelle est adulte, le mâle diffère de la femelle aux derniers segments abdominaux qui sont visibles. L'accouplement s'observe dans les 4 ou 5 jours, la ponte une semaine plus tard. À une température entre 20 et 30 °C, les œufs éclosent au bout de 6 jours. La larve est très vorace en pucerons. Elle vit 18 jours en subissant 4 mues pour se transformer en nymphe dans un endroit obscur (mettre une pierre ou de la mousse dans la cage). La période nymphale dure 10 jours. L'adulte qui en sort vit de 1 à 15 mois et hiberne dans des fissures du bois ou entre des feuilles sèches.

Le vivant transforme son milieu

Un autre aspect important de ces interactions concerne les conséquences sur les modifications du milieu environnant les animaux. Le cas des vers de terre (lombrics) en est un exemple frappant. En expliquant aux enfants pourquoi il ne faut pas écraser ces animaux, il est possible d'introduire les notions d'écosystème et de chaîne alimentaire en mettant ainsi en évidence les interrelations.

En effet, les lombrics alimentent d'autres animaux (taupes, larves, oiseaux, grenouilles…). De plus, ils maintiennent et fertilisent les sols par le brassage, l'aération, le drainage jusqu'à plusieurs mètres de profondeur. Ils participent à la décomposition des feuilles mortes : prélevées en surface, celles-ci sont profondément enterrées tandis que la terre est remontée en surface. Ce travail nécessaire à la vie des sols passe inaperçu car ces animaux fouisseurs sont rarement visibles à la surface.

Romain, 7 ans, cultive le jardin de l'école ; les lombrics aussi !

ACTIVITÉ 31

ÉLEVAGE DE VERS DE TERRE

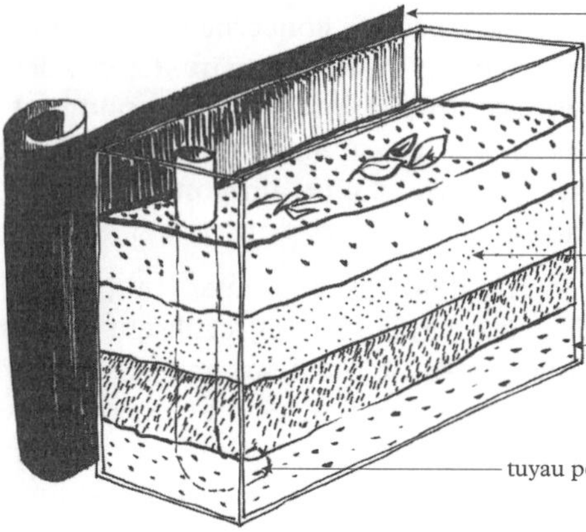

– Utiliser un aquarium ou une caisse dont une des parois sera remplacée par une vitre (choisir une caisse assez profonde). Après chaque observation, il faudra masquer la vitre avec du papier ou du tissu noir.
– Remplir le récipient de couches superposées de sable, de terreau, de terre ordinaire de couleurs différentes (au moins deux fois de suite).
– Recouvrir de feuilles mortes, de chutes de papier et maintenir régulièrement l'humidité (pulvériser de l'eau en surface et vérifier que de l'eau ne stagne pas au fond).
– Chercher des lombrics en bêchant la terre du jardin ou en acheter dans un magasin spécialisé.
– Les mettre dans le récipient.
– Ajouter des restes de nourriture de la maison : feuilles de salade, morceaux de carottes ou d'autres légumes mais pas de viande ni de produits gras.

Un élevage en classe est très facile à mettre en place, il permet d'observer le rôle essentiel des vers de terre dans l'équilibre biologique des sols.

Cet élevage surprend les élèves après parfois une première réaction de dégoût *(« Berk, c'est sale ! »)*. Mais on est toujours surpris de la façon dont la majorité les manipule rapidement et avec beaucoup moins de dégoût que la plupart des adultes. Leurs observations mettent bien en évidence l'action des êtres vivants sur leur milieu. Le brassage de la terre par les vers de terre représente un poids de 500 kg à 5 tonnes de terre par hectare. En 10 ans, la totalité de la couche supérieure (10 cm) du sol d'une prairie passe par leur tube digestif.

Après quelques semaines de fonctionnement d'un élevage de lombrics, on observe facilement le mélange des couches du sol. Ce brassage permet de comprendre le rôle écologique des vers qui aèrent le sol, y digèrent et dispersent la matière minérale utile aux plantes. La question classique des élèves : *« Pourquoi vivent-ils sous la terre ? »*, conduit naturellement à les mettre dans une démarche d'expérimentation. Ils vont émettre des hypothèses en répondant par exemple : *« Ils cherchent l'obscurité »* ou *« Ils s'abritent du froid »* et faire des expériences pour vérifier.

L'observation peut être complétée par l'étude de la locomotion et de la nutrition des vers. Suivre le creusement des galeries, l'ingestion de la terre, le rejet des « tortillons » à la surface, la dispersion des feuilles mortes…

La locomotion peut s'observer sur des supports variés : sable fin, sec ou mouillé, vitre, papier journal, papier d'aluminium… Les élèves peuvent écouter le crissement du ver qui rampe sur le papier, déceler la présence des soies en passant le doigt sur le ventre du lombric (de l'arrière vers l'avant) et comprendre leur rôle pour l'accrochage. Toutes les observations sont notées, décrites, dessinées, schématisées (niveau cycle 3).

Le vivant, une question d'équilibre

La réalisation, et surtout la maintenance d'un aquarium, est une expérience très enrichissante pour la classe.

En plus de l'observation des fonctions (nutrition, locomotion, reproduction), l'aquarium permet de bien comprendre la notion d'équilibre du milieu et des populations. C'est un petit écosystème en équilibre dont on peut contrôler tous les paramètres : température, acidité de l'eau, oxygénation, proportion des différentes espèces de poissons, nombre de plantes aquatiques, etc. Des simulations informatiques[1] permettent de gérer cet équilibre en prenant conscience de l'interaction de tous les paramètres. L'élevage facile de guppys est particulièrement intéressant pour une étude de la reproduction et du cycle de vie.

INSTALLATION D'UN AQUARIUM DE GUPPYS

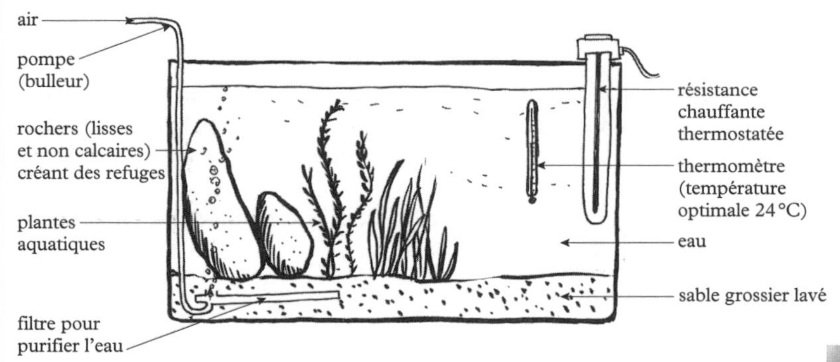

1. Simulations informatiques comme, par exemple, avec le logiciel *Aquazone*.

Ne jamais utiliser un aquarium « boule » : en effet, il est plus étroit au sommet, alors qu'il convient que la surface de l'eau soit maximale pour une bonne aération.

▸ Installation de l'aquarium des guppys

– Placer l'aquarium dans un endroit bien éclairé, mais pas directement au soleil de midi ; la lumière permet une bonne oxygénation grâce aux plantes aquatiques (photosynthèse) : il faut éviter les chocs thermiques et une trop forte élévation de la température qui diminuerait le taux d'oxygène dissous disponible. Si la lumière du jour ne fournit pas un éclairage assez intense, on peut utiliser un tube d'éclairage lumière du jour que l'on allume 12/24 h.
– Effectuer la mise en eau avec de l'eau de source, ou de l'eau du robinet que l'on a laissée s'aérer quelques jours afin que le chlore se soit évaporé. Si l'eau s'évapore, en rajouter à la même température (il suffit de la laisser quelques heures dans la pièce avant de la verser dans l'aquarium).
– Mettre beaucoup de plantes aquatiques pour une bonne oxygénation.
– Éviter une surpopulation de poissons.
– Un grillage, au-dessus de l'aquarium, évite aux poissons de sauter en dehors.

▸ Nettoyage de l'aquarium

– Aspirer les déchets régulièrement avec une pipette.
– Nettoyer les vitres avec une raclette, si des algues s'y développent ; ou acheter un poisson nettoyeur (Gyronocheilus) ou des limnées.
– Vérifier le pH de l'eau avec un papier pH (acheté chez un marchand d'aquariophilie) : si l'eau devient acide, la renouveler.

▸ Nourriture

– Grand destructeur de larves de moustiques dans la nature, le guppy en aquarium accepte toutes les nourritures.
– Varier la nourriture. On peut donner de temps en temps de la nourriture vivante (artémies, daphnies…). Il existe des « blocs vacances » de nourriture.
– Ne pas suralimenter les animaux ; toute la nourriture doit disparaître en quelques minutes. Ne jamais distribuer la nourriture avant que la ration précédente ne soit consommée. Les laisser jeûner le dimanche est très bon pour leur santé, car ils sont toujours trop gourmands !

▸ Reproduction

– Ne pas laisser les couples se reproduire avant l'âge de 6 mois en séparant les sexes dès la formation du gonopode (à 3 mois). Séparer les femelles dans un bac entonnoir (accouchoir), afin qu'à la naissance les petits ne soient pas mangés par leurs parents !
– La gestation est inférieure à 1 mois à 24 °C, et plus rapide à une température supérieure (ne jamais dépasser 30 °C).

▸ Informations complémentaires

L'aquarium peut être acheté en verre ou en plastique (plus fragile mais beaucoup moins coûteux. Il faut éviter de le transporter plein d'eau). Pour les bricoleurs, il peut être réalisé avec des plaques de verre de 4 à 6 mm (selon la taille de l'aquarium) collées avec un mastic au silicone.

11. Vivant et environnement

Qu'est-ce qui relie les êtres vivants entre eux et à leur milieu ? Une discipline scientifique qui depuis plus d'un siècle fait beaucoup parler d'elle : l'écologie qui, chaque jour, nous montre que le monde vivant est régi par un équilibre savant mais fragile…

De l'écologie à l'environnement

En 1866, Ernst Haeckel[1], biologiste allemand, crée le mot « œcologie » dont il n'imagine certainement pas l'avenir. Il s'agit de donner un nom à une nouvelle discipline scientifique, celle de la science de l'habitat, du grec *oikos* (habitat) et *logos* (science).

Cependant, l'homme ne figure pas dans cette science de l'étude des relations entre les organismes vivants et leur milieu.

Un siècle plus tard, le mot « écologie » est dans toutes les bouches.

Les habitants de la planète sont saisis par l'urgence de préserver les ressources naturelles, de sauvegarder la biodiversité. Des efforts de protection de la nature entraînent alors la création de réserves naturelles et de parcs en très grand nombre.

Le premier parc national, Yellowstone, a vu le jour aux États-Unis (État du Wyoming) dès 1872. En France, celui de la Vanoise, dont l'objectif principal est de sauvegarder les bouquetins, est créé en 1963.

Le concept d'environnement va alors se développer à travers une réflexion mondiale et s'ouvrir aux sciences humaines[2].

1. Ernst Haeckel (1834-1919), biologiste et professeur de zoologie, a été un défenseur du transformisme et un grand embryologiste.
2. Voir P. Giolitto et M. Clary, *Éduquer à l'environnement*, Hachette Éducation, 1997.

Jacques Theys[1] entrevoit cinq dimensions fondamentales de l'environnement :
- écologique (préservation de la diversité, maintien des grands équilibres) ;
- sociale (amélioration du cadre et de la qualité de la vie) ;
- sécuritaire (maîtrise des risques naturels, santé des populations) ;
- économique (exploitation rationnelle des ressources, développement durable) ;
- culturelle (préservation du patrimoine).

À partir des années 1980, la prise de conscience internationale s'accélère : création en 1983 par les Nations unies de la Commission mondiale sur l'environnement et le développement. En 1990 est mise en place l'Agence européenne de l'environnement par la Communauté européenne.

Aujourd'hui, la réflexion ne porte plus seulement sur la nécessaire sauvegarde, mais sur le besoin d'inventer un modèle de développement durable.

En effet, si les territoires protégés ont permis de sauvegarder des richesses locales souvent exceptionnelles, les raréfactions d'espèces (en particulier les espèces d'insectes en liaison avec l'utilisation des pesticides pour la protection des cultures) montrent que les réserves ne peuvent à elles seules maintenir une diversité biologique.

Le développement durable relève de bien autre chose : la prise en compte des notions d'environnement naturel et de biodiversité dans toutes les activités humaines. Il est donc indispensable de mettre en place une nouvelle dynamique en matière de conservation de la nature.

Depuis le Sommet de Rio en 1992, 168 pays ont signé la convention sur la biodiversité (ou diversité biologique) et la diminution des rejets de dioxyde de carbone (gaz carbonique : gaz à effet de serre).

Le Conseil de l'Europe propose en 1995 une campagne internationale d'action et de sensibilisation : la conservation de la nature là où elle n'est pas protégée.

Cet objectif ne sera pas atteint sans une évolution des mentalités.

Certes, les accords internationaux sont importants mais difficiles à mettre en œuvre.

C'est l'action de chacun au quotidien, le changement de comportements et la prévention qui sont importants.

Le droit de chacun à vivre dans un environnement sain et agréable implique des devoirs et des responsabilités. Enseignons-le très tôt à nos élèves en impliquant les parents pour des actions immédiates.

1. Voir P. Giolitto, *op. cit.*, p. 157.

Éco-citoyen dès la maternelle[1]

Respecter l'équilibre fragile du monde vivant, connaître l'importance de la flore et de la faune, ne pas polluer la nature, cela s'apprend dès le plus jeune âge pour que les enfants comprennent qu'il est possible d'agir pour conserver ou améliorer l'environnement.

« Quand j'ai entendu le mot environnement, je n'avais pas l'impression qu'on le respectait tellement. » Magali, 10 ans.

Tous les enfants ne deviendront pas des chercheurs, mais tous doivent devenir des citoyens responsables, capables de prendre des décisions rationnelles et intelligentes par rapport à la gestion de la vie. Pour cela, il est nécessaire qu'ils aient acquis une culture scientifique suffisante édifiée sur une véritable pratique expérimentale.

Laure, 6 ans : « La nature, c'est le jardin. »

C'est la formation d'éco-citoyen que nous développons à l'école en favorisant la mise en place de comportements généraux (respect des plantes et des animaux, pas de gaspillage de l'eau, de la nourriture, tri des déchets…) ou en proposant l'étude de quelques thèmes.

Le premier thème à développer est celui qui concerne la nature surtout si l'école est située dans une zone fortement urbanisée. Sauvage ou domestiquée, la nature s'accroche partout dans la ville, envers et contre tout.

Il s'agit d'aider les enfants à porter leur regard sur l'environnement immédiat de l'école et à recenser les éléments naturels de la flore et de la faune : arbres, haies, herbes folles, plantes sauvages, pelouses, massifs, terrains vagues voisins, insectes, petits mammifères… Sans oublier les oiseaux que l'on peut attirer en installant des mangeoires et des nichoirs.

Les oiseaux ont toujours faim ! Ils font une telle dépense d'énergie qu'ils ont tout le

1. Actes du congrès de l'AGIEM, La Rochelle, 1994.

ACTIVITÉ 33

INVENTAIRE SCIENTIFIQUE ET SYSTÉMATIQUE DES VÉGÉTAUX DANS UN MILIEU NATUREL PRÉCIS

▸ **Matériel** (pour un groupe de 4 élèves)
– Quatre morceaux de bois identiques de 50 cm de long.
– Un marteau, des clous, de la ficelle.
– Une grande feuille de papier.
– Une règle, un crayon.
– Une loupe.

▸ **Procédé**

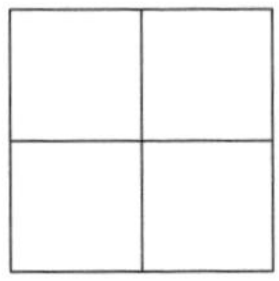

– Fabriquer un cadre avec les quatre morceaux de bois et délimiter quatre espaces carrés égaux à l'intérieur en tendant de la ficelle.
– Découper la feuille de papier aux mêmes dimensions et tracer deux traits pour la diviser aussi en quatre carrés égaux. Elle servira à reporter les observations réalisées sur le terrain.
– Repérer un endroit précis (prairie, pelouse, talus…) et poser le cadre sur le sol.
– Reporter fidèlement (emplacement, nombre…) sur la feuille les plantes qui se trouvent à l'intérieur du cadre. Il est possible d'écrire leur nom (à rechercher à l'aide d'une flore), de les dessiner ou même de les peindre.
– Avec le cadre, on peut effectuer des relevés dans des milieux différents et faire des comparaisons : milieux qui contiennent le plus d'espèces différentes, milieux qui contiennent des plantes hautes ou, au contraire, milieux qui contiennent des plantes rases…

temps besoin de manger : ils consomment pour certains environ l'équivalent des 4/5 de leur poids en un jour. Les nourrir d'un mélange de graines, de miettes de pain, de morceaux de fruits (pommes, poires…), de noix, de noisettes, d'amandes… Les oiseaux raffolent aussi des écorces d'orange. Ne pas oublier la matière grasse : étaler par exemple de la margarine sur une pomme de pin en remplissant bien les creux.

Dès la maternelle, on peut sensibiliser les élèves en leur donnant l'occasion d'observer leur environnement immédiat autour de l'école, mais aussi la forêt proche (voir activité 28, p. 149).

À partir du cycle 3, on peut conduire une analyse plus précise et plus rigoureuse des milieux.

Dans la mesure du possible, il faut réserver, dans l'école, un petit coin de terre pour organiser des activités de jardinage avec les enfants. À défaut, on installe quelques bacs ou pots et on place des plantes vertes dans tous les locaux (voir chapitre 18, p. 222).

Il est tout aussi important de favoriser l'élevage de petits animaux (voir chapitre 8, p. 103).

Écosystème et chaîne alimentaire

Et, toi, que manges-tu,
Grouillant ?
Je mange le velu
Qui digère le
Pulpeux qui ronge
Le rampant.
Et toi, sautillant,
Que manges-tu ?
Je happe
Le gazouillant
Qui gobe
Le bigarré
Qui égorge
Le galopant.

Géo NORGE, « La Faune[1] ».

L'écosystème est un milieu de vie (le biotope) peuplé d'animaux et de végétaux (la biocénose). Il est en général interdépendant avec les milieux voisins. À l'intérieur d'un écosystème tout est une question d'équilibre.

Un champ, un bois, un étang, une haie forment chacun un écosystème, un milieu naturel où vit tout un ensemble d'êtres vivants.

Chaque forme de vie y trouve ce dont elle a besoin et y joue un rôle précis. La lumière, l'eau et le climat influencent le développement des végétaux et des animaux. À l'intérieur d'un écosystème les êtres vivants d'espèces différentes ont des relations de type alimentaire allant de l'indifférence à la dépendance.

■ **Les végétaux chlorophylliens sont le premier maillon des chaînes alimentaires** car ils sont les seuls capables de produire de la matière organique à partir de l'air et de l'eau : ce sont les *producteurs*. Grâce à la chlorophylle (pigment vert des végétaux), ils utilisent le dioxyde de carbone de l'air (gaz carbonique) et l'eau du sol pour fabriquer de la matière organique et rejettent de l'oxygène : c'est la photosynthèse qui utilise l'énergie de la lumière.

dioxyde de carbone + eau + énergie solaire → glucides + dioxygène

Par d'autres réactions chimiques, les glucides donnent des lipides et des protéines (en particulier avec l'utilisation de sels minéraux dissous dans l'eau et prélevés dans le sol au niveau des racines des plantes). Cette matière organique (glucides, lipides, protéines), dont ils sont formés, leur permet de grandir et de se développer.

1. *In Famines*, La Haye, Stolz, 1950.

■ **Tous les êtres vivants d'un même milieu dépendent les uns des autres**, en particulier pour se nourrir. Les végétaux verts fabriquent de la matière organique qui sert de nourriture aux animaux. Aucun animal, aucun champignon n'est capable de fabriquer lui-même de la matière organique, ils ne peuvent que la transformer : animaux et champignons sont donc dépendants des végétaux. Les animaux végétariens, dits *consommateurs primaires*, se nourrissent de cette matière organique des végétaux. Ils sont eux-mêmes mangés par des animaux carnivores, dits *consommateurs secondaires*, et ainsi de suite (*consommateurs tertiaires*, etc.). La prédation est la capture d'un animal par un autre. Ces chaînes ont souvent des maillons en commun : elles s'organisent *en réseaux trophiques*, chaque animal mangeant (en général) plusieurs sortes de nourriture.

■ **Les plantes et les animaux morts** se décomposent sous l'action des bactéries et des champignons du sol, qui sont les *décomposeurs*. Réduits en sels minéraux, ils sont absorbés par les végétaux chlorophylliens pour fabriquer leurs protéines, donc pour leur croissance ; c'est le *recyclage de la matière organique*. Le cycle est bouclé !

Il y a compétition entre les animaux pour la nourriture, pour l'occupation de l'espace et pour leur reproduction. Mais dans un milieu, il y a en général un *équilibre* entre le nombre de producteurs et de consommateurs aux différents niveaux. Un milieu est en équilibre lorsque le nombre des êtres vivants de chaque espèce reste statistiquement le même. La disparition d'un maillon de la chaîne alimentaire entraîne un déséquilibre du système et peut provoquer la dégradation du milieu. D'où l'importance d'un travail de recherche sur « Qui mange qui ? ».

ACTIVITÉ 34

« QUI MANGE QUI ? »

À partir des êtres vivants (animaux, végétaux) repérés dans le milieu étudié (voir activité 28, p. 149) et en utilisant les manuels et les ressources documentaires de la BCD :
- Se documenter sur l'alimentation des espèces recensées.
- Essayer de reconstituer leurs relations alimentaires.
- Poser la question : *« Qui mange qui ? »* Les exemples du manuel peuvent aider ou compléter cette approche.
- Essayer de faire reconstituer ainsi plusieurs chaînes alimentaires.
- Faire schématiser les relations par des flèches représentant « est mangé par ».

La comparaison de ces chaînes permet de découvrir l'interdépendance végétaux-animaux et les connexions entre ces chaînes, donc d'aborder la notion de réseau trophique (ou alimentaire).

L'homme, qui a maintenant une action sur tous les milieux, ne serait-ce que pour le protéger, peut provoquer des déséquilibres en détruisant des espèces (chasse aux grands prédateurs) ou, au contraire, en en surprotégeant d'autres (surpopulation de sangliers qui détruisent la forêt par exemple), mais surtout par la pollution des milieux.

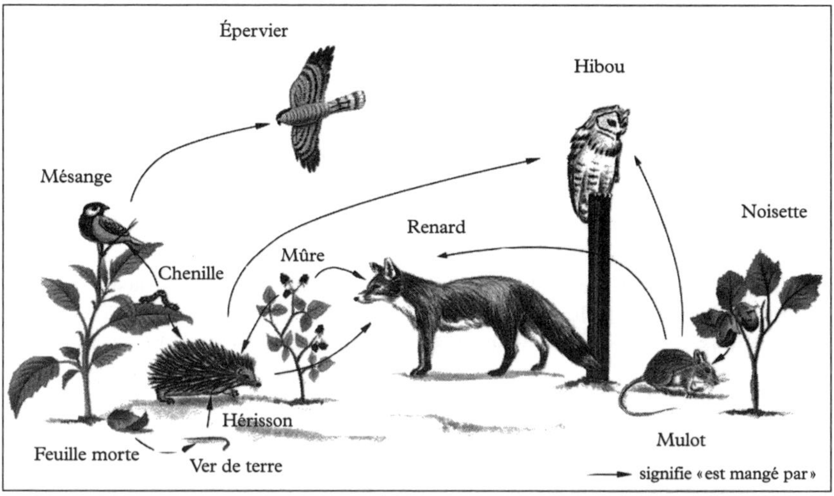

J. Guichard, B. Zana, *Livre élève Les Savoirs de l'école, sciences et techniques*, cycle 3, *op. cit.*, illustration de J.-L. Manioulou x.

SIMULATION D'UN ÉQUILIBRE DANS UN MILIEU : « LES RENARDS, LES MULOTS ET LES MARRONS[1] »

ACTIVITÉ 35

Faire ce jeu dans le préau ou la salle d'EPS. Il permet de simuler une petite chaîne alimentaire, en faisant découvrir la notion d'équilibre des populations et les stratégies pour se protéger des prédateurs.

– Commencer par faire exprimer aux élèves ce que mangent les renards et les mulots (ou les souris). Faire ressortir 3 éléments d'une chaîne comme dans le livre : renard, mulot, noisette. C'est cette chaîne dont nous allons tester l'équilibre.

– Répartir les enfants en deux groupes : les uns seront les renards (foulard ou survêtement rouge par exemple pour les repérer), les autres les mulots. Dans un premier temps, les élèves décident eux-mêmes de cette répartition.

– Répartir des marrons (glands, châtaignes) sur le sol (100 pour une classe).

▸ **Règle du jeu**

– Les mulots doivent aller ramasser ces objets (indiquer qu'ils représentent leur nourriture), les mettre dans leurs sacs (qui représentent leur estomac).

– Les renards doivent essayer d'attraper les mulots (simplement les toucher). Quand un renard attrape un mulot, ce dernier sort de l'aire de jeu, mais donne le contenu de son sachet au renard.

1. Voir J. Guichard, B. Zana, *Fichier Les savoirs de l'école, Sciences et techniques, cycle 3*, *op. cit.*

– On considère qu'un mulot peut survivre à la fin du jeu s'il a 5 marrons dans son estomac et un renard peut survivre s'il en a 20.
– Durée du jeu limitée à 5 minutes.

▸ **La première phase** du jeu ne dure en général que quelques secondes. Les élèves s'aperçoivent qu'il ne reste plus que des renards et des marrons sur le sol, mais que l'estomac des renards est vide, car ils ont attrapé les mulots avant que ceux-ci aient ramassé assez de marrons. Les mulots sont donc morts et les renards vont mourir de faim. De plus les élèves, qui en général ont presque tous voulu être des renards, se rendent compte de la nécessité d'avoir davantage de mulots et de leur laisser le temps de manger. Poser la question sur les cachettes possibles pour les mulots (trous dans le sol). L'enseignant peut aider dans la discussion pour faire émerger ces idées.
– Les élèves définissent alors les règles pour une seconde phase de jeu : nombre de mulots et de renards et répartition des rôles. Stratégie pour laisser aux mulots le temps de manger (d'aller chercher les marrons et de les mettre dans le sachet). Leur fournir des zones protégées (qui correspondent aux trous dans le sol pour les mulots) où il n'est pas permis de les attraper. Si les enfants ne pensent pas à toutes ces règles, il faudra tester celles auxquelles ils pensent pour discuter et recommencer une troisième phase de jeu avec de nouveaux paramètres.

▸ **La seconde phase** du jeu avec ces nouveaux paramètres et ces nouvelles règles a une durée maximale de 5 minutes :
– Répartir sur le sol des cerceaux (ou une zone délimitée par un trait au sol) qui correspondent aux trous dans lesquels les mulots peuvent se réfugier sans être attrapés par les renards.
– Les élèves découvrent ainsi que pour que les renards aient de la nourriture dans leur estomac, il ne faut pas qu'ils soient trop nombreux par rapport au nombre de mulots (équilibre des populations) et que les mulots aient des zones où ils peuvent se cacher et être protégés des prédateurs, enfin qu'il y ait suffisamment de nourriture pour les mulots.
– Faire la synthèse en posant les questions suivantes : « *Qu'arrive-t-il s'il n'y a pas assez de marrons ? s'il n'y a pas de renards ? s'il n'y a pas de mulots ?* »
– Écrire au tableau les résultats optimum : nombre de mulots / nombre de renards / nombre de marrons ; zones de protection ; puis faire une synthèse à rédiger sur le cahier pour exprimer l'équilibre renard, mulot, marrons (ou graines) dans la nature.

▸ **Matériel pour la séquence**
– Des sachets en papier (1 par élève), des marrons (glands, châtaignes).
– Prévoir des foulards de couleurs différentes et des cerceaux.

12. Protéger le vivant

Les êtres vivants dépendent les uns des autres en un équilibre fragile. Aujourd'hui cet équilibre est menacé par l'intervention de l'homme dans tous les milieux. Cette influence peut se percevoir localement. Mais des actions de l'homme qui paraissent locales peuvent avoir une influence sur la planète. L'océan et l'air n'ont pas de frontières.

La vie menacée

Depuis toujours, l'homme a sali la mer, les rivières avec ses déchets, pollué l'air avec les fumées… Mais c'est surtout au XXe siècle qu'il a causé les plus graves dégâts à la nature, par accident ou par inconscience.

Des espèces qui disparaissent

Autrefois vivait, dans l'île Maurice (océan Indien), le dodo, un gros oiseau qui ne savait pas voler. En 1505, les Portugais débarquent sur l'île. Le dodo est exterminé par les marins venus d'Europe pour qui il représentait une source facile de viande fraîche. De plus ses œufs posés à même le sol sont une proie facile pour les rats arrivés en passagers clandestins avec les européens. En un siècle le dodo se raréfie et le dernier de ces oiseaux est tué en 1681. De plus le dodo se nourrissait des fruits d'un arbre, dont la graine ne pouvait germer qu'après être passée dans le tube digestif du dodo. Aussi il ne reste aujourd'hui que 13 spécimens de cette espèce d'arbre, tous âgés de plus de 300 ans ! En revanche, l'Oryx d'Arabie, victime d'une chasse effrénée, a été sauvé.

Dodo de l'île Maurice, animal disparu

Oryx d'Arabie

Quelques derniers animaux capturés à temps et d'autres venant de zoos ont permis de reconstituer un troupeau et de réintroduire l'animal dans son milieu naturel.

Les espèces insulaires sont parmi les plus menacées par la colonisation humaine. En effet, les îles ont favorisé la diversification des espèces, donc la biodiversité. L'Homme a, au contraire, introduit et développé les mêmes espèces, qui se sont développées aux dépens des espèces locales. Il a ainsi exterminé les espèces animales et végétales. La déforestation a été et est encore plus aujourd'hui la cause principale de la disparition de milliers d'espèces.

Les pollutions

Les élèves sont très sensibles aux pollutions.
« L'environnement, pour moi, c'est la nature,
Mais pas n'importe quelle nature,
Une nature pas polluée,
Une nature avec des arbres et des fleurs, sans tronçonneuse, ni cheminée d'usine. »
Akim, 10 ans.

La première grande « marée noire » sur les côtes françaises de Bretagne est celle provoquée par le pétrolier *Torrey Canyon* en 1967. Elle sera malheureusement suivie en 1978 par celle du pétrolier *Amocco Cadiz* : des milliers d'oiseaux, de poissons, de coquillages meurent englués dans le mazout qui s'est échappé du navire. En 1999 le pétrolier *Erika* provoque la même catastrophe. En octobre 2000 c'est le chimiquier *Ievoli Sun* qui coule près des côtes du Cotentin, apportant une nouvelle menace pour l'environnement.

En 1986, en Ukraine, le réacteur de la centrale nucléaire de Tchernobyl explose. 31 personnes meurent. Les légumes, les fruits, le bétail, le lait sont contaminés et deviennent dangereux pour la santé. Le vent emporte les poussières radioactives : des millions de personnes sont touchées, plusieurs milliers pourraient développer des maladies.

Les coupables de ces dégâts ? L'industrialisation et ses usines, l'agriculture intensive et ses engrais et pesticides, la surpopulation des villes, les transports…

Les richesses de la Terre sont exploitées au maximum, détruisant au passage les milieux naturels.

Protéger la biodiversité

La diversité des êtres vivants est menacée : on estime qu'aujourd'hui une espèce majeure s'éteint tous les 7 ans ! À l'échelle d'une petite commune, le problème peut se poser suite à l'ignorance des responsables de l'entretien. Ainsi, récemment, dans une commune du littoral atlantique, les employés communaux ont « nettoyé » à la débroussailleuse et à la tronçonneuse une dune classée[1] détruisant ainsi l'équilibre du milieu en n'y conservant que les quelques pins et en supprimant les autres espèces d'arbustes et même des plantes protégées (linaires, orchidées...) pour lesquelles une autre équipe de la commune avait posé un panneau interdisant leur cueillette l'été précédent.

On se rend compte alors non seulement de l'importance de la sensibilisation, mais aussi de l'indispensable formation des citoyens dès leur plus jeune âge à ces questions.

Il faut trouver à l'école des situations qui permettent le développement d'attitudes réflexives qui débouchent sur des choix et des décisions.

Certaines personnes disent à juste titre que l'extinction des espèces est un processus naturel qui a toujours existé et est prouvé par l'histoire de la Terre. C'est exact. Mais ce qui est grave aujourd'hui, c'est la rapidité du taux de disparition des espèces. La prise de conscience de la gravité de ce phénomène a été entérinée en 1973 par la Convention sur le commerce international des espèces menacées d'extinction. Elle a ralenti le taux de disparition des éléphants et des gorilles. En 1992, par la Convention de Rio ces États se sont engagés à ralentir non seulement la destruction des espèces, mais aussi des habitats et des écosystèmes. Il n'en reste pas moins que le combat est loin d'être terminé. Les enjeux économiques et la pression démographique des pays en cause sont très forts. C'est ainsi que la forêt équatoriale continue à disparaître à une vitesse inégalée !

La lutte contre la pollution

Notre environnement, c'est l'air, l'eau, le sol et tous les autres éléments qui constituent la biosphère au sein de laquelle s'échangent énergie et matière. Aujourd'hui, on constate à quel point l'impact des activités humaines sur ces éléments hypothèque des besoins aussi fondamentaux que boire une eau de qualité.

Les déchets peuvent être de véritables fléaux lorsqu'ils sont toxiques et polluent le sol, les rivières ou lorsqu'ils défigurent le paysage. La gestion des déchets correspond à un niveau de protection de la nature où les enfants peuvent être des acteurs directement concernés, en ne jetant pas n'importe quoi, n'importe où, et en triant les déchets avant de les jeter dans les poubelles.

1. Espace protégé par la loi pour la conservation d'un espace naturel où tous les travaux susceptibles de modifier l'état des lieux sont interdits (sauf dérogation expresse du ministre).

Ils en prennent d'ailleurs facilement conscience :
« L'environnement, il faut y faire attention,
Car on doit bien la protéger,
Car il ne faut pas la salir. »
Eva, 10 ans.

La politique de protection de l'environnement vise donc au maintien du bon fonctionnement des processus physico-chimiques rendant la vie, notre vie, possible.

Elle se traduit essentiellement par une politique de gestion des déchets et de lutte contre les pollutions.

La gestion des déchets

Depuis 1992 (loi Lalonde avec échéance en 2002), la France s'est engagée dans une nouvelle gestion des déchets ménagers[1] avec pour enjeux, non seulement la qualité de l'environnement mais aussi la santé publique, l'économie des matières premières et de l'énergie.

Le ministère de l'Aménagement du territoire et de l'Environnement[2] élabore le dispositif législatif et réglementaire et veille à son application.

Avec le progrès, l'augmentation de la population et sa concentration en zone urbaine, les déchets ménagers sont devenus de plus en plus nombreux (385 kg par an et par habitant en 2000) et plus diversifiés.

Autrefois, les solutions pour se débarrasser de ces ordures étaient simples : l'homme déversait les déchets liquides dans les cours d'eau et la mer et les déchets solides dans la nature (carrières, fossés, forêts...). Les déchets organiques nourrissaient les animaux et fertilisaient les sols.

Ces pratiques sont désormais interdites, certains détritus laissant des traces durables et engendrant des pollutions lorsqu'ils sont toxiques.

La santé de l'homme et la qualité de son environnement étant alors menacées, des initiatives avaient vu le jour bien avant 1992. En 1884, l'arrêté du préfet de la Seine, Eugène Poubelle, obligeait les propriétaires d'immeubles parisiens à mettre à la disposition des locataires 3 boîtes : une pour les matières biodégradables, une pour les papiers et les chiffons et une pour le verre, la faïence et les coquilles d'huîtres.

L'incinération des déchets existe depuis 1905 et les bouteilles en verre sont recyclées depuis 1979 (sous l'impulsion de la Ligue contre le cancer).

Depuis la loi Lalonde, tri sélectif et recyclage font obligatoirement partie de notre vie quotidienne et donc de celle de nos élèves.

1. Les déchets ménagers sont ceux produits par les ménages et les petits commerces.
2. http://www.environnement.gouv.fr/

Si les nouveaux modes de gestion des déchets passent par des solutions techniques sophistiquées en raison de la grande variété de matériaux à traiter, ils passent surtout par l'éducation citoyenne des enfants.

Le rôle de l'école

L'école tient un rôle essentiel dans la sensibilisation des enfants pour l'environnement de demain. De nombreux partenaires apportent leur concours à cette éducation civique et proposent des campagnes d'informations : collectivités locales, régionales, Maisons de la Nature, associations…

TRI SÉLECTIF ET TRAITEMENT DES DÉCHETS MÉNAGERS

▸ **Pourquoi trier ?**

À cette première question, chaque élève donne une réponse orale : argument pour ou contre le tri des déchets ménagers.

▸ **Comment trier ?**

– Matériel : contenu d'une poubelle ménagère ; gants plastique ; vieux journaux.
– Examiner le contenu de la poubelle (renversé sur les vieux journaux).
– Trier librement. Pendant ce premier tri, écouter les propositions formulées par les élèves.
– Après plusieurs manipulations, quelques critères seront sans doute dégagés pour mettre ensemble :
  • tout ce qui peut pourrir (l'enseignant apporte le terme « déchets organiques ») ;
  • le papier ;
  • le verre ;
  • le plastique ;
  • le métal…

▸ **Que vont devenir ces déchets ?**

– Les élèves s'expriment d'abord librement.
– Introduire la notion de recyclage : papier, verre, aluminium (seules les boîtes en aluminium peuvent être recyclées). Vérifier avec un aimant : l'aluminium n'est pas attiré par l'aimant.
– Enquêter auprès des familles, de la commune…

En fonction de leur nature, les objets « abandonnés » se dégradent plus ou moins rapidement : la décomposition totale se fait en quelques mois pour certains alors que pour d'autres il faudra plusieurs milliers d'années.

Les déchets d'origine animale ou végétale (épluchures, herbes, papier, coton…) se décomposent naturellement sous l'action de l'eau, de l'air, du soleil mais aussi des insectes, des vers (voir activité 31, p. 154), des champignons ou des micro-organismes comme les bactéries : ce sont des déchets biodégradables.

Matériau	Temps de décomposition dans la terre
papier	trois mois
épluchures de fruits	trois à six mois
filtre de cigarette	un à deux ans
chewing-gum	cinq ans
canette en aluminium	dix à cent ans
sac plastique	cent à mille ans
bouteille en verre	quatre mille ans

ACTIVITÉ 37

COMBIEN DE TEMPS LES DÉTRITUS VONT-ILS METTRE POUR SE DÉGRADER ?

▸ **Un inventaire surprenant**

Une sortie autour de l'école permet de faire l'inventaire des déchets qu'on peut trouver dans les lieux publics : paquets de cigarettes, emballages divers (bonbons, chewing-gum...), tickets de transport, sacs en matière plastique, canettes de boissons...
Prendre des photos, noter sur une feuille le nom des objets rencontrés et les emplacements les plus encombrés de déchets : lieux de passage, d'attente, arrêts de bus, abords de l'école et des commerces...
Dire où il serait judicieux de placer des poubelles si elles n'existent pas.

▸ **Combien de temps ces détritus vont-ils mettre pour se dégrader ?**

– Réunir le matériel suivant :
 • un trognon de pomme ;
 • une feuille de salade ;
 • un morceau d'emballage en plastique ;
 • un morceau de polystyrène ;
 • une bouteille en verre ;
 • une feuille de papier journal.
– Trouver dans la cour de l'école un endroit où creuser six trous.
– Dans chaque trou disposer assez profondément chaque objet de la liste ci-dessus.
– Reboucher avec de la terre et repérer les endroits (étiquette portant le nom de l'objet) où sont enterrés les six « semis ». Il faut pouvoir les retrouver.
– Attendre un mois et creuser à nouveau : observer les résultats.
Cette expérience aura d'autant plus d'intérêt que le laps de temps entre l'enfouissement et l'observation des résultats sera long (par exemple de septembre à juin).
Cela suppose de creuser à intervalles réguliers. On n'aura aucun mal à retrouver le plastique, le verre et le polystyrène mais, en revanche, la feuille de salade, le papier journal et peut-être le trognon de pomme auront disparu.

Les autres (métaux, plastiques, verre...) qui mettent beaucoup de temps à disparaître sont des déchets inertes.

La laitue et le trognon de pomme sont biodégradables et peuvent redevenir une parcelle de terre. Le plastique, le verre, le polystyrène sont encore là ; ils ont été faits avec les trésors de la Terre (pétrole, sable, etc.), mais transformés en matières difficilement recyclables.

Une approche systémique des questions d'environnement

Notre objet dans cet ouvrage n'est pas de développer l'approche pédagogique d'une éducation à l'environnement, pour laquelle il existe d'excellents ouvrages[1]. Il faut simplement signaler que les élèves comprennent facilement la multiplicité des facteurs.

« L'environnement, c'est la nature, les arbres, les parcs, les fleurs, les oiseaux, les animaux, la terre, l'homme, les enfants, les montagnes, l'eau, les outils, les insectes, les fourmis, les guêpes, la nourriture, les hamburgers, les poissons, les bruits, le pétrole, les voitures, les villes, ma famille, les nuages ; en bref tout ! » Malika, 9 ans.

Sur le tableau de la classe, les élèves placent les mots autour du terme environnement :

En fonction de la multiplicité des paramètres et des enjeux de l'environnement, son approche est donc une approche *systémique*. En se partageant les rôles des différents acteurs (chasseurs, promeneurs, touristes, maires, industriels, cultivateurs, etc.), les élèves peuvent mieux cerner la complexité des problèmes.

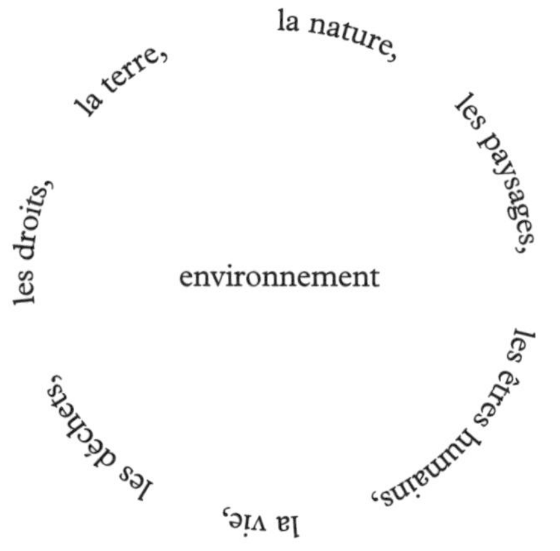

1. A. Giordan, C. Souchon, *Une éducation pour l'environnement*, CRDP de Nice, 1996.

5

Les dernières étapes de la vie

La vie
La vie, c'est beau,
Il y a des choses bien,
Et des choses mal,
La vie a des défauts
Et des bonnes choses,
Des moments de tendresse,
Et de tristesse
Et dans la vie,
Il y a des morts.
Chaque personne malheureusement,
Doit mourir,
Ça rend triste,
Mais c'est une étape de la vie
Et c'est ça la vie.

Julien, 10 ans.

La vie se définit par un début et une fin. Alors pourquoi ces silences, ce tabou, ces « dénis » à propos du vieillissement et de la mort ?
La vie mérite d'être étudiée dans son intégralité !
Contrairement à certaines idées reçues, étudier le vieillissement, ce n'est pas forcément triste pour les enfants. Parce qu'ils ne se sentent pas menacés d'abord et parce que cela les intéresse beaucoup… Dans notre société, les enfants se posent d'autant plus de questions que très (trop ?) souvent, les générations sont séparées et que les enfants ne « profitent » pas autant que les uns ou les autres le voudraient de la présence et de la compagnie des grands-parents… Quant à la mort, elle interroge les enfants.
Il ne faut pas laisser sans réponse ces questions…

SOMMAIRE

13. Le vieillissement

Il manque un mot en langue française pour désigner l'effet général du temps qui passe, sans référence précise, sans liaison directe avec la mort.

Le terme le plus fréquemment associé à l'idée du temps qui passe reste celui de vieillissement : doit-on dire qu'un nouveau-né vieillit chaque jour ? Il grandit, il se développe, il prend du poids... Cependant, certaines de ses cellules meurent déjà et, chronologiquement, il *vieillit,* c'est vrai !

Vieillissement et sénescence

En fait, les termes de « vieillissement » et de « sénescence » désignent l'ensemble des changements dont la conséquence à brève ou à longue échéance sera la mort de tout ou partie de l'organisme. Pourquoi deux mots différents ? Il y a effectivement deux notions, voisines mais différentes, et la distinction se fait au niveau de *la cause de ces changements.*

L'usure progressive et passive de l'être vivant, principalement à la suite des attaques du milieu extérieur, correspond au vieillissement. Celui-ci est d'autant plus rapide que les conditions de vie sont dures, même déplorables (accidents, voire guerres, massacres et autres génocides ; malnutrition, surmenage, etc.). Ce vieillissement survient plus ou moins tôt selon les conditions de vie et d'hygiène... Molière parle d'« un vieillard de quarante ans » ! Les travaux actuels, en particulier ceux du Professeur Baulieu[1] permettent d'espérer que les hommes pourront prendre de l'âge en restant, sinon jeunes, du moins en très bonne forme !

La sénescence, elle, est la période « d'usure » qui survient inéluctablement, même si l'organisme a toujours bénéficié des meilleures conditions d'environnement possibles. Elle est souvent définie comme la période de dégradation qui précède immédiatement la mort. En fait, elle doit être

1. Le professeur Étienne-Émile Baulieu fait des recherches sur les hormones capables de retarder « l'irréparable outrage » des ans (la DHEA). Voir *Génération pilule,* Odile Jacob, 1990.

comprise comme la dernière phase du développement... De même que la longévité, elle est inscrite dans le patrimoine génétique de l'espèce.

La sénescence trouve son origine au niveau du génome. Elle implique un changement qualitatif dans le fonctionnement interne. C'est la dernière phase du développement, marquée par une série d'événements de caractère irréversible qui conduisent à la dégénérescence cellulaire et finalement à la mort.

Des phénomènes cellulaires

Des phénomènes actifs sont en relation directe avec les changements de l'organisme, avec « la sculpture du vivant ». La cellule participe dans certains cas à sa propre destruction, c'est le phénomène de l'apoptose, nommé récemment, et dont on comprend de mieux en mieux l'importance...

Dans son livre *La Sculpture du vivant* (sous-titre : *« Le suicide cellulaire ou la mort créatrice »*), Jean-Claude Ameisen[1] décrit le rôle de la « mort programmée » des cellules dans la construction du vivant, dans son *développement*, et donc dans son *vieillissement*, dans son maintien en bonne santé ou, au contraire, dans son impuissance à empêcher certaines maladies.

Ce livre est si intéressant et le style de Jean-Claude Ameisen si alerte qu'il nous a semblé plus convaincant et précis de le citer :

« Chacune de nos cellules possède tout au long de son existence le pouvoir à tout moment de s'autodétruire en quelques heures. Et la survie de l'ensemble des cellules qui nous composent – notre propre survie – dépend de leur capacité à trouver dans l'environnement de notre corps les signaux qui leur permettent de réprimer, jour après jour, le déclenchement de leur suicide. Nous sommes des sociétés cellulaires dont chacune des composantes vit en "sursis", et dont aucune ne peut survivre seule. Le destin de chacune de nos cellules dépend en permanence de la qualité des liens provisoires qu'elle est capable de tisser avec son environnement. Et c'est sur cette interdépendance dépourvue d'alternative qu'est scellée notre existence et fondée notre pérennité. »

Pour chacune de nos cellules, vivre, c'est avoir réussi à empêcher, pour un temps, le suicide. Et d'une manière troublante, contre-intuitive, paradoxale, un événement positif – la vie – naît de la négation d'un événement négatif, – l'autodestruction.

Ce « suicide » cellulaire est désigné par le nom d'apoptose, qui signifie « chute » en grec ancien (chute des feuilles des arbres ou des pétales d'une fleur qui se fane...).

1. Jean-Claude Ameisen, médecin et chercheur, est professeur d'immunologie, directeur de recherche à l'INSERM : *La Sculpture du vivant. Le suicide cellulaire ou la mort créatrice*, Le Seuil, 1999.

La cellule qui déclenche son suicide coupe tout contact avec son environnement. Elle se détache et s'écarte des cellules voisines. Elle condense, puis fragmente son noyau, découpant en petits morceaux l'ensemble de la bibliothèque de ses gènes. Le corps cellulaire, lui aussi, se fragmente. La membrane externe de la cellule se modifie, mais reste intacte, empêchant la libération à l'extérieur des enzymes qu'elle contient, évitant toute destruction environnante. Les cellules avoisinantes comblent l'espace laissé libre par les morts. Cette mort rapide, solitaire et sans fracas, n'entraîne habituellement ni lésion, ni inflammation, ni cicatrisation.

Ce devenir cellulaire est donc totalement distinct et différent de celui que l'on connaît depuis fort longtemps : la nécrose (« cadavre » en grec ancien). À la suite de certaines blessures ou dans certaines maladies, les cellules gonflent et éclatent, lésant ainsi les cellules voisines. Ces lésions brutales entraînent une inflammation intense. La cicatrisation peut être anarchique. L'organe atteint est profondément et durablement, parfois définitivement, dénaturé.

En commentaire du livre, l'éditeur souligne que la connaissance du phénomène d'apoptose permet une réinterprétation des causes de la plupart de nos maladies et fait naître de nouveaux espoirs pour leurs traitements. *Elle transforme notre compréhension du vieillissement.*

Il faut, en tout cas, souligner qu'un être vivant dispose à sa naissance d'un capital de vie défini par son hérédité. Tous les agriculteurs, éleveurs et autres vétérinaires savent bien que chaque espèce, voire chaque variété, est définie par sa longévité : c'est la longévité théorique la plus grande. Par exemple, la Française Jeanne Calment a longtemps été la doyenne de l'humanité. Elle est morte à 120 ans.

Des questions de politique de santé publique

Pour que cette distinction – qui n'est pas évidente – entre vieillissement et sénescence soit bien claire, la représentation par des courbes est utile (voir p. 177).

L'analyse de ces courbes est très intéressante pour réfléchir à des problèmes de santé de l'ensemble d'une population. Faire de la prévention, c'est travailler à ce que le plus grand nombre d'individus reste « en bon état » le plus longtemps possible *(courbe A)*.

Au contraire, laisser se développer maladies et épidémies et n'intervenir qu'à titre curatif, c'est se placer dans le cas de la courbe C. La différence entre les deux courbes correspond à tout ce qui relève de l'hygiène, du bon état sanitaire de la population, bref, relève d'une politique efficace et performante de santé publique. Dans certains cas, celui de la lèpre, par exemple, le traitement existe. Faute d'argent et/ou de structures médico-

Longévité d'une population en fonction des conditions de vie

- Courbes de longévité
  A : conditions de vie idéales
  B : conditions de vie variables et difficiles
  C : conditions de vie très dures

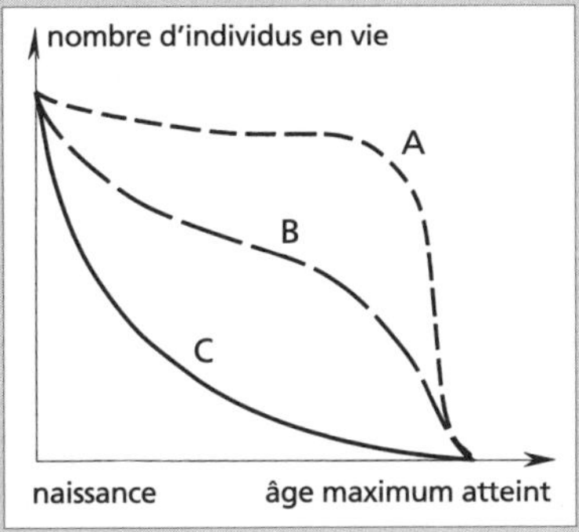

- Commentaire des courbes

	A	B	C
Mortalité infantile	faible	forte	forte
Mortalité adulte	faible	forte (guerres, épidémies)	forte (maladies, accidents)
Vieillissement	sénescence = usure en fin de vie	vieillissement relativement précoce	
	longévité de l'espèce et espérance de vie maximales	longévité inférieure à la durée théorique pour l'espèce – espérance de vie raccourcie	

sociales, les soins ne sont pas toujours mis en œuvre : des lépreux plus ou moins gravement mutilés vieillissent prématurément ! Dans le cas de l'épidémie de sida, 90 % des médicaments sont distribués dans les pays de l'hémisphère nord, 90 % des malades sont dans l'hémisphère sud… On pourrait multiplier les exemples de ce type !

Une prise de conscience toujours à réactualiser

Réfléchir avec les enfants sur ces problèmes, leur faire découvrir que la longueur et la « qualité » de la vie dépendent de l'environnement et des comportements collectifs et individuels, c'est, nous semble-t-il, capital pour une éducation à la santé efficace, pour faire comprendre aux enfants, dans ces périodes de calme relatif et avant les tempêtes de l'adolescence, ce que c'est qu'éviter les conduites à risques, ce que c'est que de se sentir responsable de sa santé, et éventuellement de celle des autres (fumeurs actifs, fumeurs passifs, par exemple, et ce n'est qu'un cas parmi beaucoup d'autres !).

De telles prises de conscience peuvent retentir jusque dans la construction de la personnalité de l'adulte…

Observer ce qui caractérise une (des) personne(s) âgée(s), réfléchir sur ce que c'est que le tact et la prévenance envers eux, sont des sujets aussi intéressants pour l'enseignement de la biologie (l'importance et le rôle du temps pour un être vivant), que pour l'éducation civique et morale (la prise en considération et le respect des personnes fragiles) ainsi que pour l'éducation à la civilité.

On a l'habitude de dire : « *C'est triste de vieillir !* » Tout dépend de l'état dans lequel on est… L'actrice Jeanne Moreau, interviewée par la journaliste Catherine Ceylac au cours de l'émission « Thé ou café », estime que « *vieillir est un privilège* ». C'est vieillir en bon état qui est un privilège, c'est vivre qui est un privilège ! Vieillir, c'est avoir des rides[1], mais c'est aussi avoir des souvenirs, avoir la jubilation de transmettre aux jeunes un « capital-mémoire », et connaître la joie de relations humaines, amour ou amitié, vécues dans la durée…

Ne peut-on aussi attirer l'attention sur les enfants enrôlés dans des guerres auxquelles ils ne comprennent rien et qui les vieillissent physiquement et mentalement ? Leur nombre est important de par le monde et nos élèves sont facilement sensibilisés par cette question. Il leur est facile, au travers de reportages, d'y apporter une compréhension de ce qui est en jeu par identification.

Enfin, pour replacer l'homme parmi les autres vivants, l'enseignant pourra aussi élargir ces observations sur le rôle du temps pour le vivant, sur ce qui est toujours la même chose et toujours différent, illustrer cette unité et cette diversité du vivant en choisissant des exemples chez des animaux et chez des végétaux… L'âge d'un arbre est une étude tout à fait enrichissante (voir chapitre 7, pp. 100-101). L'étude de la sénescence des végétaux, et des fruits en particulier, est un chapitre très important de l'agroalimentaire ! À quel moment faut-il cueillir des fruits pour qu'ils achèvent leur mûrissement pendant le transport et arrivent sur les marchés sans perte ? Le livre du Professeur Hartmann, *La Sénescence des végétaux*[2], donne une excellente étude de ce sujet.

Des activités pour les élèves…

Dans une classe de cycle 2 (élèves de 8 à 9 ans), suite à une question d'enfant, la maîtresse recueille les idées des élèves :

« *Maîtresse, ma maman, elle travaille à la maison de retraite, elle est femme de ménage.* »

« *Moi, mon père, c'est là aussi qu'il travaille, il est sous-directeur.* »

« *À la maison de retraite, les vieux i sont morts.* »

1. « *Qu'est-ce que tu as, là, au coin des yeux, Mamie ?* », demande une petite fille de 4 ans à sa grand-mère… « *Et bien tu vois, ce sont des rides…* » « *Oh, dis, j'en aurai aussi ?* »
2. Claude Hartmann, *La Sénescence des végétaux*, Hermann, 1992.

« C'est pas vrai, ma grand-mère, elle est pensionnaire à la maison de retraite, elle est pas morte, elle est vivante, j'vais la voir toutes les semaines. »
« Ma grand-mère, elle est vivante, mais peut-être y en a qui sont morts… I faudrait aller voir… »
« Maîtresse, c'est possible ? On pourrait y aller ? »
M. *« Oui, c'est possible, mais si on veut faire une visite à la maison de retraite, il faut écrire une lettre à la Directrice. »*
« Oh, oui, mais écrire une vraie lettre, on sait pas faire ! »
M. *« Et bien, si justement, je vous aiderai à finir la lettre, mais ce qu'il faut dire à la Directrice, c'est vous qui allez le dicter. »*

Voici la lettre rédigée par les enfants, puis la réponse de la Directrice.

École …
Classe de CE2
2, rue du Secours
57630 Vic sur-Seille

Vic-sur-Seille le 17/11/00

à Madame la Directrice
de la Maison de retraite
de et à Vic-sur-Seille
57630

Madame la Directrice,

Nous sommes 26 enfants de 8 ans. Nous souhaiterions venir rendre visite aux personnes âgées.

Nous pourrions passer ensemble un moment de bonheur : des chants, des poésies, des dialogues, de phrases amusantes.

Nous ne pouvons venir que le vendredi après midi. Fixez la date, s'il vous plaît.

Recevez notre gaieté et nos salutations

La classe du CE2.

La Directrice

à

Ecole
Classe de C.E.2

***Institut** Médico-Educatif*
La Bonne Fontaine

***Résidence** « Ravida Brice »*

Chers Elèves de CE2,

Suite à votre courrier du 17 novembre 2000, sollicitant mon accord en vue de rendre visite aux personnes âgées de mon établissement afin de passer ensemble un agréable moment,

J'ai le plaisir de vous proposer la date du 8 décembre 2000, dans l'après-midi, pour une visite qui, j'en suis sûre, réjouira et égayera toute la maisonnée puis nous partagerons ensemble un petit goûter.

Dans l'attente de vous recevoir,

Je vous adresse à tous et à toutes, ainsi qu'à votre institutrice, mes très sincères salutations.

MAISON DE RETRAITE · I.M.E · VIC-SUR-SEILLE

La Directrice

F. BRIGUE

Le projet alimente les conversations : *« Si on fait un goûter avec eux, c'est qu'i sont pas morts. »*
« On va leur apporter : "de la gaieté", "du bonheur", "un moment de bonheur" ! »
Et l'un des centenaires dira aux enfants : *« Mais moi, je ne suis pas triste ! J'ai bien aimé ma vie ! Je suis content de la raconter.*[1]*»*

---

1. L'opposition entre les temps : le passé composé de « j'ai aimé » et le présent de « je suis (content) », illustre le changement de « saison de vie ». Voir les travaux de Daniel Levinson, psychologue, spécialiste des cycles de vie, et de Mickaël Huberman, sociologue, qui a défini les phases (de vie) comme un moment de rupture, de changement, par rapport aux moments précédents. Ce centenaire est dans une *nouvelle saison de vie,* dans une *nouvelle phase* de sa vie, et il apprécie la richesse de ce qu'il a à raconter !

Il n'est pas nécessaire d'épiloguer, pensons-nous ! Cette séquence ne peut en aucun cas être considérée comme une recette passe-partout…

L'analyse de cette séquence de classe (résumée) montre que les enfants de 8 ans ne distinguent pas bien les notions :
- vivant ;
- ayant des activités ralenties à cause de l'âge ;
- mort…

et que réfléchir à toutes ces notions si importantes, ce n'est pas triste pour eux, cela peut être au contraire très positif, pour une vision cohérente de ce qu'est la vie, pour une meilleure socialisation par la mise en œuvre d'une solidarité entre les générations…

RENCONTRE AVEC LES PENSIONNAIRES D'UNE MAISON DE RETRAITE

▸ **Objectifs**

– Pouvoir mesurer le déroulement du temps qui passe et ses effets sur l'individu.
– Favoriser les échanges entre deux générations.
– Éduquer à la civilité et au respect des personnes âgées.

▸ **Préparation de la sortie**

Faut-il souligner qu'il est nécessaire que l'enseignant s'investisse entièrement dans cette action, mais aussi qu'il soit sûr du tact et de la courtoisie de ses élèves ?
Il faut aussi s'assurer, du côté de la maison de retraite, d'une direction et d'un personnel, dont on répond au point de vue du tact, de la courtoisie mais aussi d'une direction et un personnel soucieux de bien accueillir les enfants, de veiller à l'hygiène et au bon déroulement de toute la visite… Selon les lieux et les environnements, d'autres initiatives sont possibles, l'essentiel étant que la demande vienne des enfants…
Plusieurs partages d'activités ont eu lieu autour de ce projet :
– Préparation d'un goûter pour les personnes âgées.
– Partage de chants au moment de Noël.
– Partage de lectures.
– Représentation de sketches des personnes âgées pour les enfants.
– Enquête sur la vie de petite fille ou de petit garçon des pensionnaires.
– Jeux de société…

▸ **Au cours de la sortie**

La préparation d'activités à partager entre les élèves et les personnes âgées favorise ce premier contact entre les différentes générations.
Chaque pensionnaire avait choisi de parrainer un élève et certaines relations entre papi, mamie / élève se sont quelquefois prolongées en dehors de l'école.

▸ **Après la sortie**

Il est important de provoquer des échanges verbaux sur les réactions et les sentiments des élèves après cette rencontre.

Il ne faut pas faire d'« angélisme »... Les enfants se rendent compte que les personnes âgées, parfois, ne peuvent plus manger[1] « proprement », quelquefois ne peuvent plus maintenir leur propreté corporelle : *« Les vieux sont sales, les vieux sentent mauvais ! »* On peut leur faire prendre conscience de ce qu'est une généralisation abusive.
Certaines personnes restent valides et relativement en « bonne forme » jusqu'à leurs derniers instants... Mais les enfants savent également que certaines personnes âgées sont atteintes par des maladies (très) invalidantes[2]. (Les problèmes liés à l'euthanasie seront évoqués dans le chapitre suivant.)
Se rendre compte de l'importance de la solidarité, c'est aussi réfléchir aux droits d'un être humain en fin de vie.

« La vie c'est le travail. Quand on est vieux, on fait plus de métier, on arrête de travailler. La vie, c'est un métier, si on ne travaille pas on n'a pas de métier. Quand on est vieux, on travaille plus. Tous les sous sont à la banque, comme ça on a toujours des sous pour manger. » Mohamed, 7 ans.

1. G. Laurencin, *Le dimanche noyé de grand-père,* Paris, Gallimard, 1998.
2. Voir le travail de l'Association « Le droit de mourir dans la dignité ».

14. La réflexion sur la mort fait partie de la définition de la vie

D'ailleurs la vie s'est toujours définie par rapport à la mort. Il y a deux siècles on considérait quelqu'un comme mort lorsqu'il avait émis « son dernier souffle », la respiration était alors le critère de vivant. Puis au XXe siècle, on a d'abord considéré l'arrêt du cœur comme signe de la mort, avant de passer aujourd'hui à l'électroencéphalogramme plat comme critère de fin de la vie.

Alors l'enseignant doit-il faire disparaître le petit hamster qui est mort dans la nuit et raconter je ne sais quelle baliverne à ses jeunes élèves ? Même s'il y a des périodes de la vie de chacun où l'on a du mal à aborder ce sujet, parler de cet événement lorsqu'on le vit avec un petit élevage dans la classe est un moyen de préparer les enfants à le vivre peut-être moins difficilement lorsqu'il les touchera de plus près.

Les représentations des enfants

« *La vie, c'est on vit et puis après on peut mourir : parce que quand on est très vieux, on peut mourir.* » Kevin, 7 ans.

« *Est-ce qu'on peut ressusciter après ? Maman dit oui, papa dit oui. Un jour ou l'autre on disparaît.* » Aymeric, 7 ans.

« *Un collègue de papa a fini son travail, il est à la retraite, un autre est mort. La vie, c'est pour être vivant.* » Joanna, 7 ans.

« *Les vieux, on les met dans des boîtes.* » Lyes, 5 ans.

Avant trois ans, il n'y a pas de compréhension de l'idée de la mort, peu à peu les enfants vont construire la notion, en même temps qu'ils construiront les concepts de temps, d'espace et de vie.

Se rendre compte de ce qu'est l'inéluctable, prendre vraiment conscience de l'irréversible, c'est ce qui est le plus difficile, et qui n'est pas toujours achevé à l'adolescence !

Des psychologues comme Gesell et Ilg[1], des universitaires comme Lonetto[2] ont décrit les âges des étapes successives de cette construction.

C'est une évidence pour tous, la notion de mort se construit très progressivement chez l'enfant.

D'ailleurs, la notion est-elle vraiment « construite » et bien claire, pour la plupart des adultes ? Nous avons vu (p. 29) que des sociologues proclament que les morts sont vivants… Les films d'épouvante nous abreuvent de résurrections… épouvantables !

Plus sérieusement, certaines religions estiment que la vie reprendra après la mort, certaines cosmogonies d'ethnies africaines animistes estiment que les morts (devenus des « génies ») restent parmi les vivants, intercédant auprès des puissances « surnaturelles »…

Comme nous l'avons fait tout au long de ce livre, nous nous placerons donc résolument sur le seul terrain de la biologie. Nous estimerons que les enfants ont « construit » la notion de mort quand ils se sont approprié, essentiellement et bien nettement, la notion d'irréversibilité, de point de non-retour, d'impossibilité de « revenir en arrière », ce qui implique d'avoir bien compris, en particulier, ce qu'est la causalité, ce que sont le rôle et le sens du temps… la notion d'inéluctable, et celle de la relative fragilité du vivant…

L'ampleur de la tâche implique qu'elle demande, qu'elle exige beaucoup de temps… Et d'aucuns proclament, d'un ton dogmatique et péremptoire, qu'à tel âge, les enfants (tous les enfants ?) formulent telle ou telle partie de la définition ! Certes, les étapes de la construction de la notion se déroulent dans un ordre déterminé, mais les enfants franchissent ces différentes étapes à leur rythme, selon leur histoire personnelle, leur culture…

Des enfants qui ont subi un deuil, un enfant élevé en milieu religieux, un enfant ayant l'expérience d'une exploitation d'agriculture et d'élevage, un enfant dont les parents travaillent dans un muséum d'histoire naturelle, auront des niveaux de réflexion et de maturité très différents de l'enfant vivant dans un cocon et abreuvé d'imaginaire télévisuel ou numérique. C'est donc à chaque enseignant, à chaque éducateur, de faire s'exprimer les enfants, de leur demander de formuler leurs représentations, et de voir, *ici et maintenant, et dans le cas précis de tel ou tel enfant,* quel est leur niveau de compréhension.

Cependant, pour retracer dans leurs grandes lignes, les étapes de la construction de la notion de mort, on peut citer les travaux déjà évoqués dans le livre : *Dis, Maîtresse, c'est quoi la mort ?*, et en particulier « l'échelle » de Gesell et Ilg :

1. A. Gesell et F. Ilg, *L'Enfant de 5 à 10 ans*, PUF, 1993.
2. R. Lonetto, *Dis, c'est quoi quand on est mort ? : l'idée de mort chez l'enfant*, éd. Eshel, 1988.

– 1 à 3 ans : pas de compréhension de la notion.
– 4 ans : le mot peut être employé sans être compris.
– 5 ans : la notion d'immobilité dans la mort, de la mort liée à l'âge sont formulées en même temps que l'émotion et la tristesse peuvent apparaître.
– 6 ans : l'enfant s'interroge : « Sa mère va-t-elle mourir avant lui ? » Des rapports de causalité le préoccupent, la maladie, les meurtres, la violence peuvent entraîner la mort.
Il n'a pas compris que lui-même mourrait aussi... Il s'intéresse aux funérailles, aux tombes, aux cimetières, aux histoires et légendes évoquant ou expliquant la mort.
– 7/8 ans : mêmes intérêts et volonté de comprendre. Peut penser – ou nier – qu'il mourra.
– 9 ans : cherche la logique et réfléchit à la causalité.

En insistant de nouveau sur le fait que les enfants *ont, chacun, une réflexion personnelle unique et originale*, il faut souligner que, pour eux, réfléchir sur la mort, *ce n'est pas triste en soi !*

« – C'est une histoire triste.
– La vache a tout perdu, elle a disparu.
– Ça veut dire qu'elle est morte. Elle est allée au ciel. C'est là qu'on va quand on meurt.
– Non, on va dans la terre.
– Après, elle se réveille. Ça veut dire qu'elle n'est pas morte. Elle ressuscite.
– Si, elle est morte. Elle se réveille, ça veut dire qu'on croit qu'elle se réveille. On croit ça quand on pense à elle.
– Mais aussi, il y a des choses rigolotes.
Est-ce que c'est une histoire drôle ?
– Pourquoi Olivier Douzou, l'auteur, il a écrit des choses rigolotes pour parler de quelque chose de triste ?
– Pour qu'on ait pas peur de la mort peut-être. »

Extrait du CDRom *La Leçon de lecture*, édité par l'AFL, après la lecture de O. Douzou, *Jojo la mache*, Le Rouergue, 1993.

Sauf cas de deuil ou d'événement douloureux que l'éducateur devrait connaître, les enfants souhaitent s'informer, et être informés sur la mort, comme sur tout ce qui fait partie de la vie, et de leur environnement ! Ce qui peut les perturber et les angoisser, c'est de se heurter à des refus de réponse ou des mensonges qui relèvent de blocages psychologiques des adultes. Ce problème a été analysé dans le livre *Dis, Maîtresse, c'est quoi la mort*[1], où une équipe d'enseignants, de médecins, de psychologues a réalisé un ouvrage qui permet de contribuer à lutter contre ce tabou, contre cette hypocrisie et cette lâcheté qui fait que l'on ne répond pas aux questions des enfants et qu'on laisse s'installer des angoisses redoutables et nocives.

1. J. Deunff (coord.), *Dis, maîtresse, c'est quoi la mort ?*, L'Harmattan, 2001.

Le cimetière vu par Paul, 10 ans

Les enfants aiment se représenter, de temps en temps, des rites, des cérémonies…

Comment se déroule une cérémonie au cimetière ?

Est-il possible de signaler un film, célèbre en son temps, ne serait-ce que par la musique qui l'accompagnait, et qui pourrait être une alternative à certains dessins animés consternants de niaiserie ? Nous évoquons ici *Jeux interdits*. Il est toujours possible d'organiser une projection dans le cadre municipal ou tout simplement dans celui de l'école. C'est un point de départ plausible pour une réflexion avec les enfants.

Chaque enseignant, à l'écoute des réflexions et des questions des enfants peut rapidement savoir « où ils en sont » : *« Il n'est pas mort pour de vrai, il reviendra. »*

Par ailleurs, le rôle des médias et des jeux vidéo ne doit pas être sous-estimé… Dans un jeu vidéo, les personnages se redressent et sont de nouveau prêts à courir et à bondir ! Selon les épreuves qu'ils peuvent subir, ils ont droit à plusieurs vies, donc à plusieurs résurrections !… Dans une classe de cycle 3, la maîtresse supprime un tamagoshi qui vient de sonner. Pauline se met à pleurer et à geindre : *« Si tu me prends mon tamagoshi, il va mourir. »* Jérôme lui répond en ricanant : *« C'est pas grave, il a plusieurs vies. »*

Certains psychiatres pensent que c'est cette construction de la notion d'irréversible qui n'a pas été accomplie dans le cas de certains jeunes meurtriers, et par exemple dans celui des massacres dans les cours d'école ou des quartiers « difficiles » aux États-Unis ou en France. On se demande si ces jeunes criminels ne s'attendent pas à ce que le film repasse « en remontant le temps». D'ailleurs dans une affaire récente de meurtre commis par un enfant, celui-ci a déclaré au juge: *«Mais je pensais qu'il avait plusieurs vies.»* Mais dans la vie, le sang ne rentre pas dans la plaie, la balle ne rentre pas dans le canon du fusil, le mort ne se relève pas... Faire construire aux enfants le principe de réalité, c'est aussi les faire réfléchir sur ce qu'est un point de non-retour!

C'est dire à quel point il est important de placer les enfants en situation de réfléchir, de discuter avec un ou des adultes, de s'exprimer devant leurs pairs, etc. Et nous pouvons donc nous interroger pour savoir comment répondre aux questions des enfants.

Peut-on répondre aux questions des enfants?

Les enfants posent spontanément des questions sur la mort.

Et pourquoi n'en poseraient-ils pas?

Ils se posent des questions sur la mort, comme ils se posent des questions sur tout ce qui les entoure...

Leur origine, la sexualité, omniprésente dans le monde où ils évoluent, leur avenir et celui de leurs parents et de leurs proches, la mort soigneusement occultée et si possible gommée dans nos sociétés occidentales (judéo-chrétiennes), tout cela ne va pas de soi et interroge les enfants qui ont besoin de comprendre leur environnement et leur avenir...

Les questions que les enfants se posent sur la mort sont saines. Elles ne sont pas morbides, tout au moins si d'autres problèmes ne viennent pas compliquer la situation. Elles pourraient devenir morbides et obsessionnelles si des refus de réponse, obstinés, avaient déjà créé, chez l'enfant, de l'anxiété et des troubles psychologiques!

Elles ne sont pas tristes, sauf bien sûr dans le cas, heureusement exceptionnel et que nous traiterons séparément, du décès d'un proche et de l'enfant endeuillé.

Les enfants sont spontanément gais, heureusement, et c'est leur charme, ils sont simplement curieux, parce qu'aucun sujet ne leur est étranger ou indifférent. Être triste suppose que l'on a compris ce que c'est que l'irréversibilité, et l'inéluctabilité!

Les questions que les enfants se posent sur la mort en général sont objectives. Or, il n'est un secret pour personne que, sur ce sujet précis, les enfants se heurtent à un «front du silence», à des refus de réponses qui dépassent tout ce que l'on peut imaginer...

«Je te défends de parler de ça», répond un père à sa petite fille âgée de cinq ans qui demande ce que cela veut dire *«être mort»*? Pourtant, il s'agit d'un

universitaire, professeur d'écologie, tout à fait prolixe d'habitude quand il s'agit d'expliquer à sa fille chérie des problèmes concernant plus directement la vie, et les équilibres biologiques !

Ce front du silence, il faut commencer à l'étudier pour se rendre compte de son ampleur ! Cependant, le « vide bibliographique » commence à se combler… Nous tenons à signaler ici le grand intérêt du livre *La Mort pour de faux et la mort pour de vrai*, de la psychologue Dana Castro[1].

Certes, on peut comprendre que certains adultes eux-mêmes en difficultés psychologiques par rapport à des traumatismes vécus dans leur enfance, ne puissent répondre eux-mêmes et directement…

Mais dans ce cas-là, ne peut-on envisager un détour ? Par exemple : faire répondre un autre adulte, le conjoint, la marraine, un autre proche, l'enseignant, détour ou subterfuge qui ne correspond sans doute pas nécessairement au vœu initial de l'enfant, mais qui évite de laisser ce jeune se demander pourquoi on ne lui répond pas.

Pourquoi faut-il répondre aux enfants ?

Toujours est-il que ce tabou, ce front du silence, ces refus de répondre sont préjudiciables aux enfants… et ceci au moins à deux points de vue :
– pour la cohérence de leur compréhension du monde vivant, de sa relative fragilité, même sous une puissance apparente ;
– pour le développement de leur personnalité, pour leur équilibre psychoaffectif, pour leur vision globale de la vie et de la société.

Pour la cohérence de leur compréhension du monde vivant

Les professeurs de biologie, dans l'enseignement secondaire, les enseignants des écoles, polyvalents, ne peuvent assurer un enseignement de la biologie vraiment cohérent et complet s'ils éludent la réflexion sur le vieillissement et la mort. Que dire de ces « livres du maître » qui sont censés traiter de la didactique de la biologie et qui ne donnent pas de définition de la vie (et encore moins de la mort, bien sûr !), qui n'étudient dans le développement d'un individu que la naissance, la croissance puis la procréation ?

Que se passe-t-il ensuite ?

Est-ce l'éternelle jeunesse, comme dans l'Olympe ? Où de nombreux vivants, éternellement beaux et en bonne santé, considèrent Mathusalem comme un gamin…

1. D. Castro, *La Mort pour de faux et la mort pour de vrai*, Albin Michel, 2000.

Est-ce une sénescence irrémédiable mais indéfiniment prolongée, une décrépitude de plus en plus cruelle et abominable ? La biosphère devient-elle un immense « mouroir » ?

Où en sont alors les problèmes démographiques de surpopulation ?

La longévité est inscrite dans le patrimoine génétique de l'espèce. Les éleveurs et les agriculteurs le savent, aussi bien que les propriétaires d'animaux de compagnie… ainsi que, en première ligne, les médecins en général, et encore plus, si c'est possible, les gérontologues…

Le rôle du temps pour les êtres vivants ne saurait être « gommé » dans un enseignement cohérent de la biologie. Et le rôle du temps, c'est évidemment et en particulier le vieillissement et la mort.

Un enseignement cohérent de la biologie ne peut éluder ces problèmes ni les renvoyer « purement et simplement » à la philosophie, à la métaphysique, où ils ont aussi leur place, certes… Mais les études interdisciplinaires sont ici tout à fait nécessaires.

Du point de vue de la construction de la personnalité des enfants

Du point de vue de la construction de la personnalité des enfants, pour leur équilibre psycho-affectif, pour leur vision globale de la vie et de la société, il est nécessaire qu'ils puissent dialoguer avec des adultes conscients de leurs responsabilités et décidés à ne pas refuser de répondre à toutes leurs questions… Qui décrira le désarroi, l'anxiété des enfants confrontés à un refus total de réponses de la part de tous les adultes qui les entourent ?

Si parents et proches se dérobent obstinément, on espère qu'au moins les enseignants, avec le tact et la délicatesse nécessaires, sauront offrir des occasions de réflexion, individuelle ou collective…

Et, si l'on parle d'équilibre psycho-affectif, on est obligé d'envisager aussi les cas douloureux :
– Les enfants gravement malades ou blessés, et qui ne peuvent pas ne pas s'interroger sur leur propre mort !
Ginette Raimbault[1] a décrit dans des pages bouleversantes la lucidité et le courage de ces enfants.
– Les enfants confrontés à une situation de deuil dramatique : décès de l'un des parents, d'un proche très cher… L'enseignant, le groupe-classe peuvent grandement contribuer à aider l'enfant, à le soutenir. On peut aussi faire appel au psychologue scolaire, dont la formation lui permet de cerner la gravité des problèmes, d'apporter une aide individualisée.

---

1. G. Raimbault, psychanalyste, directrice de recherche à l'INSERM, *L'Enfant et la mort. Des enfants malades parlent de la mort : Problèmes de la clinique du deuil*, Odile Jacob, 1999.

Dans le cadre d'un ouvrage de didactique de la biologie, on ne peut approfondir vraiment ces problèmes. Mais on peut donner des références bibliographiques[1] et indiquer des pistes de réflexion…

Pour des enfants très jeunes, les problèmes du deuil se situent dans un cadre plus général de confiance à l'adulte, de relations psychologiques basées sur la franchise et le respect de l'autre.

C'est dire qu'en « amont » d'une situation de deuil, il est extrêmement important que les enfants aient obtenu des réponses à leurs questions sur la mort, qu'ils ne soient pas heurtés à des mensonges ou des refus de réponses.

Bien sûr, ce sont les parents, les grands-parents, tous les proches de l'enfant dans le cadre familial qui ont la responsabilité de répondre aux questions des jeunes, de souligner l'importance de cette réflexion sur la mort et la fin de la vie.

L'école a aussi un rôle essentiel

Envisageons d'abord le cas le plus favorable : les parents, les grands-parents, les proches des enfants dans un cadre familial répondent à leurs questions, réfléchissent avec eux sur la mort et la fin de la vie.

Mais les échanges à l'école peuvent aussi être très positifs. Pouvoir « parler » à son professeur, et, si l'enfant le souhaite et au moment où il le souhaitera, à ses « copains », à tous les autres enfants dans la classe, ce sera très important, puisque l'on sait à quel point le silence et l'enfermement, le repli sur soi, peuvent être nocifs à un enfant en pleine souffrance, en grand désarroi.

Le rôle du maître est là très délicat. Il ne s'agit pas de chercher à « jouer au psy » (ce sont des psychologues scolaires formés qui interviendront si nécessaire), il ne s'agit en aucun cas de cesser d'assurer « contre vents et marées » un travail de qualité pour atteindre les objectifs nationaux du programme, il s'agit d'aider tous les enfants, le petit endeuillé et ses pairs à réfléchir et à se comprendre…

Envisageons maintenant le cas le plus défavorable, qui malheureusement n'est pas rare ! Dans sa famille, l'enfant n'a obtenu aucune réponse à ses questions, ou des réponses dont il se rend bien compte qu'elles sont mensongères, sans qu'il puisse comprendre pourquoi on lui ment à ce point là ! Il a l'impression qu'on se « moque » de lui, qu'on lui manque de respect, qu'on ne le considère pas comme un sujet.

---

1. G. Raimbault, *Lorsque l'enfant disparaît*, Odile Jacob, 1996.
Publications de la Société de thanatologie, 17 rue Feutrier 75018 Paris. Édition par L'Esprit du Temps ; site web : Psy-book.net:http://espritemps.free.f1/psybook.htm.
Associations nationale et départementales JALMAV : « Jusqu'à la mort accompagner la vie ».

Alors, l'enfant va interroger son maître. Il a confiance en lui et espère que là, il ne sera pas « trahi » et repoussé, renvoyé à ce tabou si anxiogène.

On conviendra donc que les rôles de l'école, de l'enseignant, sont, dans tous les cas très importants. Et dans cette optique, il est nécessaire de ne pas se contenter des acceptions « de bon sens » du mot « mort », mais aussi de faire référence à la définition scientifique explicitée par les biologistes et les médecins.

Définitions de la mort

La définition de la mort a varié au cours des siècles...

Faisons d'abord appel au bon sens : est mort ce qui a cessé de vivre !

Et constatons, de nouveau, ce que nous avons déjà souligné : les deux notions sont « imbriquées ». Est « mort », maintenant, ce qui a été vivant...

On ne peut préciser ce qu'est la mort si l'on n'a pas bien défini, bien cerné ce qu'était le vivant...

Bichat définit la vie par référence à la mort.

Claude Bernard insiste *« sur le fait que des concepts fondamentaux, comme ceux de la vie et de la mort, ne sont susceptibles que de descriptions. Leur définition scientifique fait appel à la thermodynamique, aux théories de l'ordre, du désordre*[1] *»*, du hasard, etc.

Bien sûr, pour le terme : « mort », aussi, de nombreuses acceptions imagées vont « se greffer » sur le sens originel... Les « morts » (des danses macabres) sont-ils vivants ? Ils dansent et sont chargés du rôle important de faire réfléchir les fidèles de l'Église à leur avenir dans la vie éternelle... Cependant, si nous choisissons, comme notre école, d'être résolument laïques, la tolérance nous fera respecter les différentes croyances religieuses, mais nous resterons sur le territoire de la biologie et de la médecine pour définir la mort et, dans un premier temps, la mort humaine...

Longtemps, la mort a été caractérisée par l'arrêt respiratoire... « Il ne respire plus, c'est son dernier souffle, il a rendu son dernier soupir ! » Mais on sait actuellement que la respiration artificielle, l'oxygénothérapie peuvent pallier et faire surmonter ces difficultés respiratoires.

L'arrêt cardiaque a été longtemps l'indication prise en compte par le médecin, mais, là aussi, des massages cardiaques, souvent associés à la respiration artificielle par la méthode du « bouche-à-bouche » peuvent rétablir un fonctionnement dont on avait cru l'arrêt irréversible...

1. Claude Bernard, *in* G. Canguilhem, « La vie », *Encyclopædia Universalis*, tome 18.

Actuellement, c'est l'irréversibilité de l'arrêt du fonctionnement du cerveau qui signe «l'arrêt de mort». *«Un électroencéphalogramme plat pendant un temps suffisant en est aujourd'hui le signe admis.*[1] »

1. H. Péquignot, «La mort: le phénomène biologique», *in Encyclopædia Universalis*, tome 12.

Les progrès de la médecine posent de nouveaux problèmes à nos sociétés...

Comment faut-il et combien de temps doit-on garder artificiellement en vie un malade qui souffre, sans plus aucun espoir d'amélioration de son état ? Quels sont les problèmes éthiques, juridiques, socio-économiques posés ou résolus par l'euthanasie ? Le débat éthique est ouvert... Certains pensent que les médecins sont au service de la vie et ne peuvent être autorisés à « donner la mort »... D'autres pensent que, précisément, être au service de la vie, c'est ne pas « laisser souffrir » si les souffrances sont insupportables, s'il n'y a pas d'espoir de rémission.

On voit là l'importance de la réflexion de tous les citoyens à l'éthique, et la nécessité d'une législation adaptée, très précise... et évolutive. Les Pays-Bas viennent de se doter, les premiers en Europe, d'une législation autorisant l'euthanasie...

La fin de la vie doit-elle intervenir à la maison ou à l'hôpital ? Nombreux sont ceux qui pensent que finir ses jours « entouré des siens » est l'organisation qui permet le meilleur accompagnement affectif... D'autres pensent que la mort sera moins pénible si le malade bénéficie jusqu'au bout de l'appareillage technique le plus perfectionné.

« *Le pourcentage des décès qui se font à l'hôpital sera peut-être un jour le témoin le plus précis et le moins discutable de la qualité de l'équipement sanitaire d'un pays et de la valeur de l'éducation sanitaire de sa population.* [...] *Ce n'est pas le seul problème nouveau que pose la mort, considérée du seul point de vue médical. Par ses progrès, la médecine pose d'une manière nouvelle la vieille idée d'être utile après sa mort. On s'y est intéressé à propos des greffes d'organes vivants destinés à continuer leur vie chez un receveur. Depuis près d'un quart de siècle, on pratique des greffes de cornée. Tout homme serait utile à la recherche médicale et à d'autres hommes si son corps était "donné à la science" après sa mort, si des médecins pouvaient rapidement (immédiatement et avec une autorisation donnée à l'avance) prélever les organes qui peuvent sauver des vies humaines et faire cesser le calvaire des malades "en attente de greffes"*[1]. »

Y a-t-il des questions trop difficiles pour les enfants ?

Les enfants, au moins ceux de 9 à 11 ans, réfléchissent sur ces questions de l'euthanasie, des prélèvements et greffes d'organes, dont ils entendent parler au journal télévisé... Il est bon que leurs enseignants se sentent responsables de l'éducation du futur citoyen sur ces thèmes très importants

1. H. Péquignot, *op. cit.*, p. 192.

et très graves ! Mettre les enfants en situation de formuler des arguments dépassionnés, de dépasser les « idées reçues » dans leur milieu, de comprendre les problèmes en termes de santé publique, ce sont des objectifs très importants dans une interdisciplinarité bien comprise entre l'éducation civique et la biologie.

Si l'on quitte le point de vue, restreint, de la mort humaine, l'étude de la mort biologique en général, de la mort des végétaux, de la mort des cellules pose d'autres problèmes… Un végétal qui s'étend par marcottage ou bouturage est représenté par des « individus » qui ont le même patrimoine génétique… Si l'un disparaît, les autres sont toujours là ! Et il en est de même, bien entendu, des clones.

Et dans le cas des cellules ?

« *Certaines cellules peuvent vivre en culture de tissus* […] *Elles ont, sans aucun doute, en proliférant au laboratoire, produit plus de matière vivante que n'en représentait l'organisme dont elles furent isolées* […] *Ce type caricatural d'immortalité n'intéresse personne.*[1] » Nous avons vu, dans le chapitre précédent, que la mort cellulaire « programmée » (« suicide cellulaire » ou « apoptose ») joue un rôle très important dans le maintien de l'équilibre et de la bonne santé de l'ensemble de l'organisme…[2]

Les connaissances en biologie et en médecine, et les applications dans le domaine de la procréation, de la chirurgie, de la lutte contre le vieillissement, etc. évoluent si vite que la réflexion sur l'éthique et les dispositions juridiques « peinent à suivre » et à s'adapter… Elles ont depuis longtemps renoncé à précéder ! Est-ce parce que c'est possible et réalisable qu'il faut le faire ? Dans quelles situations, dans quelles conditions ? C'est le respect de l'homme, en tant que sujet autonome, qui est en cause.

En conclusion, nous reviendrons sur le terrain de la didactique, et nous analyserons deux positions éducatives opposées : certains estiment qu'il y a des problèmes, des réflexions « trop difficiles » pour les enfants : *« C'est trop compliqué pour ton âge, tu y réfléchiras plus tard ! »*

D'autres pensent, au contraire, qu'il n'est pas de réflexion interdite aux enfants à partir du moment où la vie et les circonstances les conduisent à s'interroger sur… et qu'il faut « répondre à toutes les questions des enfants », les mettre en situation de pouvoir réfléchir, si possible en groupe, sur tout sujet qui les préoccupe.

Une émission de télévision, une séquence du journal télévisé peuvent donner des informations qui bouleversent des données « fondatrices » de nos sociétés. La vie, la mort (on peut prélever du sperme, encore fertile, juste après la mort d'un homme, et lui assurer une descendance posthu-

1. *Idem.*
2. J.-C. Ameisen, *La Sculpture du vivant*, *op. cit.*

me ; cela s'est fait aux États-Unis), l'acharnement thérapeutique, la filiation, le tabou de l'inceste (il est techniquement possible d'inséminer une femme encore fertile avec le sperme de son fils, prélevé juste après la mort de celui-ci !), tous ces bouleversements sont inouïs. Mais leurs échos parviennent aux oreilles des enfants qui s'interrogent…

Par rapport à cette hésitation : « trop difficile, on renvoie à plus tard, on refuse d'en parler pour le moment » ou « cela préoccupe les enfants, ils posent et se posent des questions, donc, on y réfléchit ensemble », la position des auteurs de ce livre est claire :

Sur tous les sujets, s'il y a des questions que les enfants formulent nettement, il faut accepter de travailler avec eux, même si c'est un problème tout à fait nouveau, inédit, dérangeant, voire bouleversant. Si c'est vraiment « trop difficile pour eux », les enfants ne posent pas de questions, ils passent outre et *continuent leur chemin, sans autre forme de procès.*

S'ils questionnent, c'est la responsabilité, c'est le devoir de l'éducateur, de l'enseignant, de faire progresser leur réflexion, *dans le respect de la neutralité laïque… c'est l'éducation du futur citoyen d'une démocratie.*

6

L'évolution : une spécificité du vivant

Si on est là aujourd'hui pour parler de la vie, pour comprendre ce prodigieux phénomène, c'est bien parce qu'une des caractéristiques du vivant est sa capacité à évoluer.

D'où venons-nous ? Comment a-t-on pu passer des bactéries qui peuplaient les océans primitifs, il y a près de 4 milliards d'années, à cette diversité des formes de vie qui peuplent la Terre aujourd'hui ? Comment des êtres adaptés à leur milieu, comme les dinosaures, ont-ils cédé la place aux mammifères ? Pourquoi des êtres vivants ont-ils pu survivre et d'autres disparaître ? Comment les mutations, un mécanisme au niveau moléculaire, peuvent-elles expliquer l'évolution des vivants ?

Même si elles sont difficiles, car elles doivent prendre en compte la notion de temps à une échelle non préhensible par les enfants, ces questions les intriguent et les passionnent. Aborder ce sujet en classe peut faire évoluer de façon importante les représentations sur le vivant.

Mais pour comprendre l'évolution, la connaissance d'un certain nombre de caractéristiques du vivant est nécessaire. Il est tout d'abord nécessaire de prendre conscience de l'infinie diversité du vivant. Même si cette notion préalable de la diversité du vivant commence à se construire dès la maternelle, l'évolution est un thème de synthèse à placer plutôt en fin de cycle 3.

SOMMAIRE

15. Notion d'espèce

Une des premières étapes de la compréhension de la notion d'évolution est la prise de conscience de la diversité du vivant, appelée aussi « biodiversité ». Avoir idée de ce que recouvrent les notions d'espèce et d'adaptation au milieu permet aux enfants, en particulier ceux des villes, de faire un premier inventaire de la complexité du vivant. Le premier acte dès la maternelle est déjà de leur faire prendre conscience de cette diversité (voir chapitre 10, p. 148).

Chez des élèves de l'école élémentaire, seule une étude un peu systématique peut leur faire découvrir cette diversité et les réseaux trophiques qui en résultent, étude qui d'ailleurs les passionne, car ils ont l'impression d'être des détectives (voir p. 148).

La notion d'espèce, une des caractéristiques du vivant

Les élèves croient souvent que des animaux qui se ressemblent sont de la même espèce : *« La chouette est la femme du hibou… Le canard est le mari de l'oie… La grenouille et le crapaud sont la maman et le papa des têtards. »* En réalité Grenouille et Crapaud désignent un grand nombre d'espèces différentes, Chouette et Hibou sont des rapaces nocturnes qui ne peuvent pas avoir de petits ensemble, donc qui ne sont pas de la même espèce. Dans d'autres cas, chez certains oiseaux, comme les Pouillots véloces et les Pouillots fitis, les caractères morphologiques ne sont pas facilement repérables et c'est le chant qui nous permet de différencier ces espèces.

Être de la même espèce, c'est pouvoir procréer ensemble. Mâles et femelles d'une même espèce peuvent procréer et perpétuer l'espèce de génération en génération. Femelles et mâles participent chacun pour moitié à la descendance. L'espèce se perpétue, mais à chaque fois ce sont des individus nouveaux, différents, qui naissent. Ce n'est donc pas une « reproduction » à l'identique, une copie, mais bien une « procréation », qui reste compatible avec les autres membres de l'espèce. Cette procréation, au hasard des multiples recombinaisons, permet un enrichissement, une créativité qui est le moteur de l'évolution. Cependant, à l'intérieur d'une même espèce, les différences apparentes entre individus sont minimes par rapport aux caractéristiques biologiques qui leur sont communes.

Tous les croisements entre individus vivants ne peuvent se faire dans la nature qu'au sein de l'espèce. Artificiellement, comme par exemple chez des animaux élevés en captivité, on peut quelquefois obtenir des hybrides qui n'existeraient pas dans la nature. Des espèces proches d'un point de vue évolutif peuvent alors donner des descendants. C'est le cas du croisement possible entre jument et âne, mais l'animal obtenu, le mulet (ou la mule), est stérile.

Il n'est pas toujours si simple de conclure que deux animaux sont de la même espèce. Il y a parfois des différences si grandes entre mâles et femelles (dimorphisme sexuel) qu'on pourrait classer ces animaux dans des espèces différentes. Il faut observer leur comportement et voir s'ils peuvent avoir une descendance (interfécondité) pour confirmer qu'ils sont de la même espèce. En recherchant dans des livres des photographies d'animaux, les élèves peuvent chercher quels sont les animaux femelles et mâles de la même espèce et découvrir ainsi une grande diversité de cas possibles.

Quant à l'espèce humaine, elle est unique. La notion de race observée dans les lignées d'animaux ou de plantes domestiquées par l'homme, n'existe pas pour l'espèce humaine. Nous sommes à la fois tous semblables, avec tous nos caractères génétiques qui caractérisent notre espèce, et tous différents, puisque aucun de nous (hormis les vrais jumeaux) n'a les mêmes caractères génétiques qu'un autre humain. L'expression de certains des caractères de notre espèce s'inscrit dans un *continuum*. On ne peut donc ni distinguer de race, ni parler de supériorité d'une race.

Découvrir la variation au sein des espèces, afin de découvrir les possibilités d'évolution

L'observation d'une collection d'échantillons d'une même population (feuilles d'arbres de la même espèce, coquilles de moules, d'escargots, etc.) permet de découvrir la variation à l'intérieur de l'espèce. Deux individus d'une population ne sont jamais exactement semblables et toute population manifeste une grande variabilité.

Les escargots des haies (de l'espèce *Cepea nemoralis*) présentent une variété de couleurs (jaune, rose) et de motifs (bandes plus ou moins nombreuses, plus ou moins larges). Malgré leurs différences d'aspect, tous les escargots des haies sont de la même espèce, c'est-à-dire qu'ils peuvent ensemble avoir une descendance[1].

1. F. Guichard et V. Roudeau-Leclercq, *Découvrez l'évolution de la vie*, Grande galerie de l'évolution, Muséum national d'histoire naturelle, Paris, 1992.

On observe une répartition différente des escargots des haies selon le milieu de vie. Un des facteurs de cette répartition est lié à l'impact des prédateurs. En effet, les grives, mangeuses d'escargots des haies, repèrent moins bien les escargots à bandes sombres qui se confondent avec les herbes et échappent ainsi à la sélection faite par les oiseaux. C'est l'inverse sur les murs de pierres sèches, où les escargots jaunes sans bandes sont plus nombreux. Ces paramètres de sélection naturelle (milieu de vie, autres êtres vivants...) sont qualifiés de «pressions sélectives».

Au sein des espèces sauvages, on peut aboutir par des pressions sélectives différentes selon les milieux ou les régions, à l'isolement de populations, qui deviennent tellement différentes qu'elles ne peuvent plus se reproduire ensemble. C'est ainsi que s'explique la formation de nouvelles espèces. Ce phénomène de pression sélective est un prérequis pour comprendre l'évolution.

À l'inverse, l'homme a favorisé l'expression la plus large possible du potentiel de certaines espèces grâce à la domestication. Des plantes et animaux sélectionnés pour leurs divers intérêts : alimentaire, esthétique, transport ou défense..., ont été maintenus de manière artificielle par les hommes. Il en va ainsi des nombreuses espèces d'animaux de la ferme ou de compagnie, de plantes cultivées dans les champs et les jardins qui ne pourraient survivre sans l'attention que les hommes leur portent. Avec les élèves, prendre en compte les activités d'élevage et d'agriculture, ainsi que d'autres processus comme la pêche, la chasse, les prélèvements plus ou moins importants opérés dans le milieu naturel, c'est replacer les questions de protection de la nature dans une perspective évolutive. Les humains n'ont cessé de transformer la nature et les milieux. Le fait qu'ils soient de plus en plus nombreux tend à uniformiser les milieux, et à réduire considérablement la biodiversité. Ainsi l'évolution de la vie dépend aussi de l'homme, de ses activités, de ses choix pour le futur.

Classer les êtres vivants pour mieux comprendre leurs parentés

L'unité du vivant et la compréhension des parentés entre les êtres vivants permettent d'introduire l'idée d'évolution. Cette approche de la parenté passe par la classification des êtres vivants qui est l'aboutissement de l'histoire évolutive des espèces.

Pour se retrouver dans la diversité du monde végétal et animal, il a été nécessaire de décrire, de trier, de classer les êtres vivants. Dans un premier temps, ce sont des critères de forme, critères visibles extérieurement, qui ont été retenus. Mais d'autres critères, anatomiques, comportementaux, et maintenant de parenté dans la constitution chimique de leurs protéines, de leurs gènes, sont pris en compte par les scientifiques. Sous l'apparente diversité des formes, il y a souvent un caractère commun qui permet de regrouper les espèces de plantes ou d'animaux dans une même famille. Ce caractère peut être la manifestation que tous les membres de cette famille ont un ancêtre commun. Pour classer les êtres vivants et retrouver leurs ancêtres communs, certains caractères ont plus d'importance que d'autres : ce sont ceux qui correspondent aux grands plans d'organisation (Arthropodes, Vertébrés, Plantes à fleurs…) et aux modalités de reproduction.

On trouve dans la nature des animaux et des végétaux qui, bien que différents par de multiples aspects, sont construits selon les mêmes principes d'organisation : chat, lion, panthère, tigre, ont en commun leur régime carnassier, le type de dents, leurs griffes rétractiles. On passe de cette constatation à l'idée que ces formes proches dérivent d'une forme de base qui possédait ces mêmes caractères. Ensuite, l'ensemble a varié de manière accessoire pour sa taille, sa couleur… Cette forme de base, à l'origine du plan unique, est la forme ancestrale, telle qu'on la reconstruit et l'imagine.

Pour classer, il faut tenir compte de la diversité et des différences à l'échelle des individus d'une même espèce. Les différences sont quelquefois visuelles, comportementales, mais elles peuvent aussi être de nature biochimique, moléculaire, sans manifestation visible à l'œil nu, et requièrent alors des moyens complexes de catégorisation. Ce seront quelquefois les indices d'un même type de développement larvaire qui permettront de mettre deux espèces d'allures très différentes au stade adulte dans la même catégorie : saviez-vous que balanes (petits bombements calcaires que l'on trouve sur les coquilles de moules) et crevettes se ressemblent au stade embryonnaire et font partie tous deux des crustacés ? Ces deux espèces ont hérité de caractéristiques identiques de leur ancêtre commun.

Ainsi, pour les scientifiques, le « règne animal » est divisé en un certain nombre d'embranchements (Vertébrés, Arthropodes, Mollusques…), eux-mêmes divisés en classes (pour les Vertébrés : Mammifères, Oiseaux, Amphibiens…). À partir des caractères communs partagés, ces ensembles se subdivisent eux-mêmes jusqu'au stade des espèces.

Classer est une attitude spontanée des élèves dès le plus jeune âge. Le problème en sciences concerne les critères de classement à prendre en compte.

La classification peut être abordée dès la maternelle, en comparant les animaux à la manière des premiers scientifiques. Ainsi, à partir de la visite d'un parc animalier ou zoologique, d'une ferme, complétée par un travail sur des photographies, les élèves vont rechercher les points communs et les différences entre les animaux, ce qui aboutit à réunir des critères par catégories[1].

1. Pour le cycle 3, voir J. Guichard, B. Zana, *Fichier Les savoirs de l'école, Sciences et techniques, cycle 3, op. cit.*

La réalisation de classements fait découvrir la nécessité d'une hiérarchie de critères. Les élèves peuvent aboutir à des clés de détermination qui n'ont parfois rien à voir avec la classification scientifique. Ainsi les enfants choisissent souvent des critères de couleur, ou de forme analogue qui n'apportent pas de renseignement sur les parentés évolutives des animaux. Par exemple, « la forme poisson » réunit le dauphin et le requin, alors que le premier est un mammifère bien éloigné des poissons du point de vue phylogénétique. Pour orienter les élèves vers des critères cohérents, se rapprochant des classifications scientifiques, on peut leur faire privilégier certains caractères liés à la reproduction, aux caractères anatomiques (vertèbres, coquille, carapace, corps mou, symétrie de corps), les préparant ainsi à l'utilisation de clés de détermination. Les élèves affinent ainsi leur recherche de critères et en comprennent l'intérêt.

16. La vie évolue

Un enfant de 5 ans interroge : *« Tu me dis que ce chien, il a une mère, mais le premier, premier chien, qui était sa mère ? »* Cette interrogation sur l'origine de la vie, sur l'origine des espèces peut être présente dès cet âge chez l'enfant.

À la question de l'origine de la vie, les élèves répondent pour moitié : *« La vie vient du ciel, de Dieu »*, Kevin, 10 ans. *« C'est le bon dieu qui commande la Terre. C'est lui qui nous a construits, qui nous suit la nuit quand on marche »*, Mohamed, 10 ans. Les autres ont une approche plus matérialiste inspirée par des réminiscences médiatiques : *« La vie vient de l'eau »*, Alexandre, 10 ans. *« La vie vient de la nature »*, Jessica, 10 ans. *« La vie vient de la création des cellules »*, Jean, 10 ans. *« La vie vient du big-bang »*, Idriss, 10 ans. *« La vie vient de la création de la terre et des planètes »*, Cédric, 10 ans. Certains associent les deux origines : *« La vie vient du big-bang et du Dieu créateur »*, Josua, 10 ans.

Enfin quelques-uns ont une ébauche d'idée : *« La vie est une grande histoire qui se déroule de plus en plus »*, Henri, 9 ans. Mais cette vision est entachée d'erreurs : *« Je sais avant, ce qu'on était ; on était des dinosaures, des animaux »*, Sylvain, 7 ans, ou *« Les premiers hommes étaient des singes, plus le temps passe, plus ça s'approchait des hommes »*, Aymeric, 7 ans.

Les traces du vivant

« Un fossile, c'est une pierre avec un dessin dessus. » (élève de CE2) *« Un fossile, c'est la trace d'un animal qui s'est incrusté dans la pierre. »* (élève de CM1)[1]

Les enfants trouvent et reconnaissent des traces d'êtres vivants disparus. Les élèves savent bien qualifier de fossile des traces de plantes ou d'animaux dans une roche. Leurs questions concernent *« les noms »* des animaux ou des végétaux et comment on peut les retrouver là.

Bien sûr, il ne saurait être question de traiter des programmes ambitieux de paléontologie à l'école primaire. Mais on peut leur faire découvrir que

1. Contribution à la définition de modèles didactiques pour une approche de la géologie à l'école élémentaire et dans la formation des maîtres ; MEN/Direction des écoles, 1990, CRDP de Poitou-Charentes, 1995. Recherche pédagogique coordonnée par J. Deunff, J.-P. Astolfi, M.-A. Le Gouellec-Decrop, S. Daloubeix.

dans les pierres des marches, il y a un amas de coquillages pointus, qu'on a trouvé dans ce champ en Bourgogne, un *« énorme escargot de pierre »* (il s'agit d'une Ammonite).

Les fossiles, témoins de vies disparues

Les fossiles sont des restes ou des empreintes d'êtres vivants conservés dans une roche. Les scientifiques qui les étudient, les paléontologues, conduisent un raisonnement à partir de leurs connaissances des êtres vivants actuels pour déterminer l'identité et les hypothèses concernant le milieu de vie des végétaux et l'habitat, le régime alimentaire et le comportement des animaux dont ils ont trouvé les fossiles. Ils repèrent l'âge des fossiles en connaissant l'âge des couches de terrain dans lesquelles on les trouve. Cette datation est effectuée par comparaison avec les terrains du dessus et du dessous et par datation « absolue » avec les éléments radioactifs présents dans certains minéraux qui les contiennent.

La paléontologie, étude de ces témoignages du passé que sont les fossiles, permet de retracer l'histoire de la vie sur la Terre. En observant des photographies ou des fossiles apportés par le maître ou les élèves, on découvre que, à l'exception des rares fossiles conservés dans la résine (ambre de la Baltique), ce sont les parties dures (carapaces, coquilles), ou parfois les empreintes de la forme du corps, qui sont conservées.

Certains fossiles ressemblent un peu à des êtres vivants actuels, ce qui permet d'émettre l'hypothèse qu'ils vivaient dans des conditions semblables (milieu de vie, climat...). Lorsque ce n'est pas le cas (comme pour les Trilobites), on peut parfois trouver dans la même couche de terrain d'autres animaux ou plantes qui rappellent des caractères de certains animaux actuels et, par recoupement, permettent d'imaginer leur milieu de vie.

La notion de fossilisation, pour comprendre comment on peut retrouver les traces de vivants disparus

Les élèves demandent souvent *« comment se forme un fossile »*. La plupart pensent que *« l'animal s'est couché et enfoncé dans la roche en mourant »*.

La réalisation d'une modélisation permet de comprendre. Ces expériences font prendre conscience de la notion de moulage interne ou externe et d'empreinte. Elles permettent de comprendre pourquoi les fossiles sont rares alors que les animaux devaient être très nombreux aux époques où les roches se sont formées : seules les parties dures sont conservées (carapaces, coquilles, os, graines) alors que les parties molles se sont rapidement décomposées mais parfois laissent leur empreinte (feuilles).

COMMENT SE FORMENT DES FOSSILES ?

Plusieurs expériences sont possibles :

1. Mélanger dans un pot transparent de l'eau boueuse, du sable et des coquillages actuels ; laisser reposer une journée pour constater le dépôt des coquillages dans les couches de boue et de sable, voire des coquillages brisés par l'agitation de l'eau.
2. Avec de la pâte à modeler : la ramollir, puis y enfoncer un coquillage actuel pour marquer son empreinte interne ou externe ; on peut y couler du plâtre pour réaliser un moulage, ce qui correspond à une nouvelle couche de terrain qui se dépose, comme dans le processus naturel de fossilisation.
3. Couler du plâtre dans une boîte et y poser une feuille d'arbre en surface ; on obtient une belle empreinte comme celles des feuilles du travertin de Sézanne de l'ère tertiaire, ou celles des feuilles de fougères du Carbonifère.

Situer les fossiles dans le temps

Les échelles de temps géologiques sont tellement grandes que, même pour les adultes, se pose le problème de la représentation mentale de ces durées. En effet, des durées en millions et milliards d'années ne sont plus appréciables, car trop loin des références habituelles et vécues à l'échelle humaine. S'il n'est pas possible de se représenter mentalement ces durées, il est pourtant possible de faire percevoir les durées relatives des différentes périodes dans l'histoire de la vie sur Terre. En effet, une représentation linéaire du temps ne semble pas être un obstacle pour les élèves. « Combien de temps s'est-il écoulé depuis les premiers Hommes ? Quand sont apparus les premiers Mammifères ? Quels étaient les animaux et les plantes qui vivaient à la même période ? »

Des notions d'antériorité ou de postériorité ou encore de simultanéité sont mises en jeu. On peut se situer à une époque donnée et en imaginer le contexte ; puis on peut enchaîner les scènes les unes par rapport aux autres et raconter les histoires qui en découlent : soit « on remonte le temps » en partant de l'actuel et en s'enfonçant vers un passé plus flou ; ou bien on choisit de raconter l'histoire de la vie comme on raconte une histoire en commençant par le début et en enchaînant de manière logique tous les épisodes. Il y a deux méthodes pour raconter l'histoire de la vie. La seconde est la plus classique ; la première est la plus juste du point de vue scientifique, car elle suit la démarche des chercheurs qui consiste à présenter les éléments en termes d'hypothèses et de construction du savoir, à partir d'indices, de comparaisons et de raisonnements.

Il s'agit de faire prendre conscience des durées relatives des périodes de temps qui se sont écoulées depuis la formation de la Terre. Par exemple, il a fallu un temps 9 fois plus long, de l'origine de la vie à celle des premiers Vertébrés terrestres, que de ces premiers Vertébrés à l'Homme.

Des repères significatifs pour les élèves peuvent être proposés. Ainsi les enfants peuvent visualiser les durées relatives des temps géologiques en déroulant assez lentement une corde de 46 m sur laquelle figurent des repères chronologiques. Cette idée simple permet de concourir à une meilleure approche de l'infiniment grand des temps géologiques et des durées relatives des épisodes de l'histoire du vivant, en projetant du temps dans une représentation spatiale.

Ouardia, 8 ans : « La maison en paille et en caillou faite par les avant-singes ! »

Cette « corde » du temps suscite chez les élèves des constatations fondamentales pour comprendre l'évolution des vivants : la lenteur du développement des premières formes de vie (en particulier entre l'origine de la vie et les premiers animaux à squelette), et l'accélération de l'évolution de la vie dans les temps les plus récents (sortie des eaux, époque des dinosaures, origine de l'Homme).

On peut réaliser une frise du temps de 4,5 mètres avec de grandes feuilles fixées sur le mur de la classe. On peut aussi choisir de faire une corde du temps avec une corde de 46 mètres (1 mètre représente 100 millions d'années). On peut réaliser des modélisations intermédiaires en réalisant une frise sur un long couloir de l'école. Il faut essayer toujours de prendre des longueurs totales ayant un rapport simple avec 46 (4,6 m, le double 9,2 m, etc.). S'il s'agit d'une corde, on la déroule en nommant au fur et à mesure les événements qui y sont marqués pour prendre conscience des temps relatifs entre les différents événements, en particulier la longue durée de la vie unicellulaire et l'accélération relative de l'évolution des Vertébrés à la fin.

Une autre situation consiste à faire vivre le temps aux élèves, physiquement et temporellement. Ce qui évite une transposition, toujours délicate pour les plus jeunes.

Choisir un grand terrain, comme un stade ou un circuit dans un bois ou le long d'un chemin, voire une grande cour d'école. L'activité va consister à représenter le temps soit sur la plus grande longueur de ce terrain, soit sur sa circonférence s'il est trop petit, d'y placer des repères (panneaux où les enfants dessinent le ou les animaux ou plantes caractéristiques du début d'une époque) et de le faire parcourir par les enfants pour « vivre le temps ». Mesurer la circonférence du terrain ou la longueur à baliser. Le

CONSTRUIRE UNE CORDE DU TEMPS POUR RECONSTITUER L'HISTOIRE DE LA VIE

▸ **Matériel et réalisation**

– Prendre une corde de 46 mètres (type cordage pour voilier).
– Commencer par marquer des traits (au feutre indélébile) tous les mètres sur la corde de 46 mètres, c'est-à-dire tous les 100 millions d'années.
– Placer ensuite des repères (sous forme d'épingles à nourrice enfoncées dans la corde) aux étapes principales de l'évolution de la vie sur la Terre (voir tableau suivant).
– À partir de documents ou de planches d'un livre sur l'histoire de la vie[1], dessiner sur des cartons épais (de 5 cm × 5 cm) des animaux ou des plantes fossiles en notant bien leur âge en millions d'années.
– Fixer ensuite ces dessins sur la corde du temps à la bonne place.
– Enrouler la corde sur un enrouleur type enrouleur pour rallonge électrique.

▸ **Informations nécessaires à la réalisation**

Durée réelle en millions d'années	Événements à représenter	Distance au début sur la corde de 46 m
4560	formation de la Terre	vers 46 m
Entre 4000 et 3800	origine de la vie (bactéries)	vers 40 m
3000	cyanobactéries produisant de l'oxygène	30 m
620	premiers animaux pluricellulaires et algues vivant dans l'eau	6,2 m
500	premiers poissons	5 m
420	premières plantes terrestres	4,2 m
360	sortie des eaux des vertébrés (amphibiens)	3,6 m
260	premiers dinosaures	2,6 m
200	premiers mammifères	2 m
150	grands dinosaures tels que Diplodocus	1,5 m
65	disparition des dinosaures (Tyrannosaure)	65 cm
30	premiers singes	30 cm
3	Lucy (Australopithèque)	3 cm
0,002	année 0 du calendrier	2/100 mm

1. I. de Froment, V. Theinhardt, *L'Extraordinaire Histoire de la vie*, Bayard Centurion/Astrapi, 1993 ou J-B de Panafieu, *Drôles de cousins*, Paris, Milan, 1996.

point de départ du circuit sera balisé « origine de la Terre ». Pour simplifier les activités de mesure et rester dans des proportions simples par rapport aux temps à représenter, choisir une longueur totale qui soit un multiple de 4,6 (4,6 milliards d'années = temps écoulé depuis l'origine de la Terre, notre planète). Cette représentation a l'avantage de faire « ressentir le temps » aux enfants à une échelle qui leur est perceptible. Elle ne leur fait sans doute pas « comprendre » l'immensité des temps géologiques, mais elle permet de repérer correctement la chronologie des événements et les proportions entre ces événements majeurs de la vie sur notre planète.

L'histoire de la vie

Les enfants ont des conceptions erronées concernant l'évolution. Certains croient à la fixité des espèces ; ainsi ils pensent que *« des Hommes vivaient en même temps que les Dinosaures »,* que les Dinosaures ont disparu, mais les Hommes sont restés *« parce qu'ils sont plus intelligents ».* Beaucoup d'autres situent l'origine de la vie près de l'époque des Dinosaures, juste avant l'origine de l'Homme. Pour eux, l'Homme préhistorique vivait avec ces derniers, quand ce n'est pas les arrière-grands-parents qui vivaient aux temps préhistoriques ! Sur ce sujet qui passionne les élèves, beaucoup d'idées reçues doivent être remises en cause.

L'histoire de la vie sur Terre

– La Terre s'est formée il y a 4,56 milliards d'années. Bombardée de météorites et couverte de volcans, elle s'est refroidie lentement durant des millions d'années avant qu'apparaissent les premières formes de vie.
– L'histoire de la vie a débuté il y a environ 3,8 milliards d'années avec des formes de vie très simples comme des bactéries ; ces premières formes de vie ont laissé très peu de traces ; la vic était alors impossible à l'extérieur de l'eau, car l'atmosphère était dépourvue d'oxygène et d'une couche d'ozone protectrice des rayonnements ultraviolets mortels du soleil. Certaines ont évolué en cyanobactéries capables de produire de l'oxygène, permettant alors le développement d'êtres vivants respirant comme nous de l'oxygène ; elles ont ainsi permis une explosion de formes de vie, tout d'abord dans l'eau. Cette période a duré extrêmement longtemps.
– Les formes de vie plus complexes, comme les méduses, sont apparues il y a seulement 620 millions d'années.
– Les êtres vivants se sont alors diversifiés avec une véritable explosion du nombre d'espèces d'animaux et de végétaux ; les premiers poissons sont apparus il y a un peu plus de 500 millions d'années, d'abord des poissons sans mâchoires, puis plus tard des poissons à mâchoires.
– La sortie des eaux, donc la conquête des terres émergées par des espèces végétales et animales, a pu s'effectuer lorsque l'atmosphère a été

Représentation de Charlotte, 8 ans :
« Les premiers hommes et les dinosaures »

suffisamment riche en oxygène. D'abord les végétaux, accompagnés rapidement par des vers, des araignées, scorpions, insectes… Des Amphibiens, comme *Ichtyostega*, ont été les premiers vertébrés à sortir de l'eau en respirant de l'oxygène de l'air et en marchant sur 4 pattes.
– L'ère secondaire a été marquée par la diversification des Reptiles, en particulier avec les dinosaures, et ils ont dominé la terre, le ciel et les mers pendant près de 200 millions d'années ; certains, comme l'Archéoptéryx, possédaient des plumes et on admet que les oiseaux actuels sont des descendants d'une lignée de dinosaures. La disparition des dinosaures, comme celle des ammonites et des bélemnites (Mollusques qui peuplaient les océans) il y a 65 millions d'années reste une énigme : plusieurs hypothèses et en particulier celles de la chute d'un astéroïde et de phénomènes volcaniques importants sont avancées, bien que certains pensent que cette disparition n'a peut-être pas été aussi brutale qu'on veut bien le croire (elle a peut-être duré un million d'années ; de plus tous les dinosaures que l'on connaît n'ont pas vécu tous ensemble ; de nombreuses espèces se sont succédé pendant l'ère secondaire).
– Les Mammifères sont apparus il y a 200 millions d'années, à l'époque des dinosaures ; ils avaient la taille de petites souris ! À partir de l'extinction des dinosaures, il y a 65 millions d'années, les Mammifères se sont énormément diversifiés et ont conquis tous les milieux, y compris les mers. On connaît des fossiles qui permettent d'étudier les lignées évolutives de nombreux Mammifères actuels (chevaux, éléphants, baleines, etc.).

– Quant aux espèces proches de l'Homme actuel, elles ne sont apparues qu'il y a 2 ou 3 millions d'années ; c'est une histoire extrêmement courte par rapport à celle des autres êtres vivants.

La théorie de l'évolution

Les animaux et les végétaux qui vivent aujourd'hui n'ont pas toujours existé. D'autres vivaient avant et ont disparu. Les êtres vivants actuels sont le résultat d'une longue évolution à partir de transformations au sein des espèces, de génération en génération. L'apparition de nouvelles espèces n'est pas observable à l'échelle d'une vie, mais à l'échelle des millions d'années. Cependant, on conçoit bien que deux populations d'une même espèce, isolées l'une de l'autre, puissent se différencier et que cela entraîne avec le temps une barrière d'interfécondité. Ces deux groupes, différents au plan génétique, peuvent conduire à deux nouvelles espèces.

On sait ainsi que les êtres vivants actuels ont des ancêtres communs. La théorie de l'évolution apporte un cadre qui intègre les observations des biologistes et des paléontologues, le vivant obéissant à des lois relativement simples et universelles.

L'existence de l'évolution est une certitude confirmée par les fossiles et les parentés anatomiques, embryologiques, biochimiques et chromosomiques des êtres vivants. Les explications actuelles s'appuient toujours sur la théorie de « la sélection naturelle » de Darwin (1859) : la variation

Célia, 8 ans : « À l'époque des dinosaures »

naturelle des espèces produit en très grand nombre des individus différents ; ceux qui ne sont pas bien adaptés à leur milieu disparaissent, les autres poursuivent leur essor jusqu'à ce que survienne un changement du milieu et que se distinguent alors des formes mieux adaptées. Les gènes qui confèrent à leurs porteurs les meilleures valeurs sélectives sont transmis préférentiellement.

La naissance de formes nouvelles n'exigerait pas nécessairement des bouleversements génétiques considérables : « la nature sait faire du neuf avec du vieux » – par exemple la duplication de gènes peut aboutir à une diversité de fonctions pour l'organisme – et « de petites causes peuvent avoir de grands effets » – par exemple, l'ADN de l'homme et du chimpanzé sont similaires à 99,9 %. « *Les différences entre les deux espèces sont dues à la modification d'un petit nombre de gènes de l'ancêtre commun, conduisant à coup sûr à des effets considérables.*[1] » Telles sont les deux grandes règles du bricolage évolutif chères à François Jacob. De petits changements dans l'embryon vont conduire à des adultes très différents, comme par exemple chez les vertébrés dont les premiers stades sont très homologues. Ces processus, qui commencent à être compris, sont annonciateurs d'idées neuves dans le champ des recherches actuelles[2].

1. A. Langaney, *La Philosophie biologique*, Belin, 1999.
2. Pour mieux comprendre la théorie de l'évolution, on peut se référer aux ouvrages suivants : P. Blandin (coord.), *L'Évolution*, Bordas & Muséum national d'histoire naturelle, 1996 ; P. Tassy, *Le Paléontologue et l'évolution*, Le Pommier, 2000 ; P. Duris, G. Gohau, *Histoire des sciences de la vie*, Nathan Université, 1997.

7

Le vivant, imité et utilisé par l'homme

Au troisième millénaire, à une époque où l'homme, grâce à des techniques de plus en plus sophistiquées, essaie de pouvoir scientifiquement maîtriser le vivant, des questions éthiques ne cessent de se poser au citoyen et sont largement vulgarisées par les médias. Les élèves ne peuvent les ignorer.

Cette maîtrise technique du vivant peut déjà être appréhendée par les élèves à partir de situations simples à l'école. Le jardinage ne met-il pas en jeu des situations de clonage inspirées de phénomènes naturels comme le marcottage ? La réalisation de yaourts en classe n'est-elle pas une utilisation de techniques de culture de micro-organismes ? Dès l'école maternelle, ces situations sont souvent l'occasion d'avoir une approche expérimentale des conditions de la vie, de mettre « la main à la pâte », tout en construisant le concept de vie.

SOMMAIRE

17. L'homme imite le vivant

L'homme cherche à imiter le vivant jusque dans les jouets pour les enfants. Ainsi cette poupée qui parle, rit, tousse, gazouille, boit et fait pipi, fait « miam miam » en mangeant à la cuiller ! Heureusement, les enfants ne sont pas toujours dupes ! *« Un ours en peluche, il a pas de cœur. »* Sarah, 9 ans 10 mois.

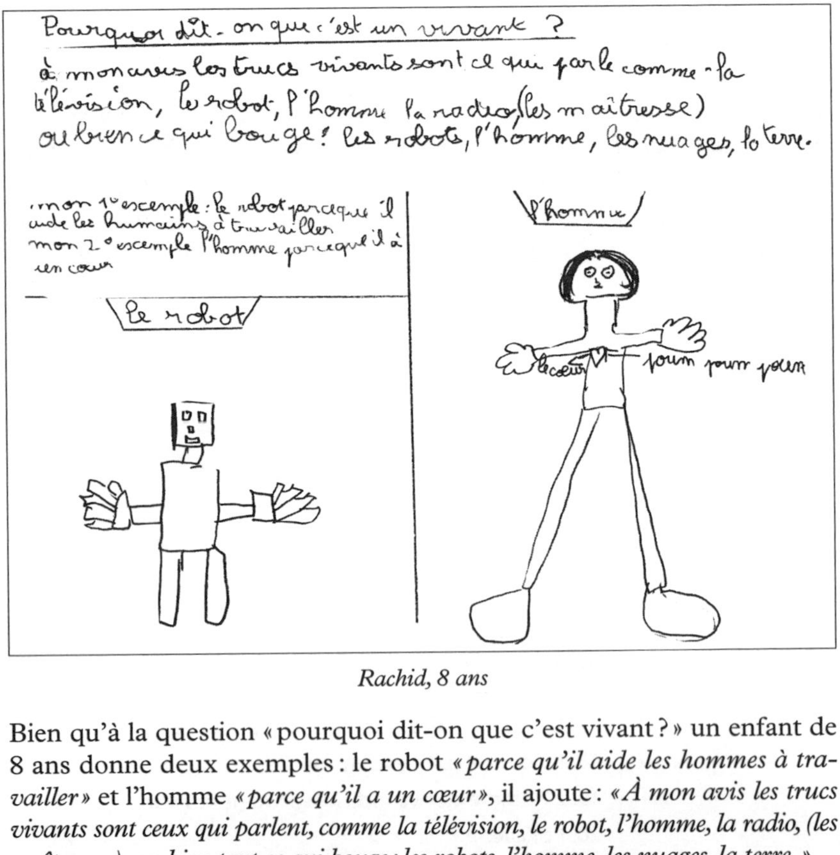

Rachid, 8 ans

Bien qu'à la question « pourquoi dit-on que c'est vivant ? » un enfant de 8 ans donne deux exemples : le robot *« parce qu'il aide les hommes à travailler »* et l'homme *« parce qu'il a un cœur »*, il ajoute : *« À mon avis les trucs vivants sont ceux qui parlent, comme la télévision, le robot, l'homme, la radio, (les maîtresses) ; ou bien tout ce qui bouge : les robots, l'homme, les nuages, la terre. »*

Observant que souvent « la nature » propose des solutions astucieuses aux problèmes posés, de tout temps l'homme s'est inspiré du monde vivant pour tenter de créer des outils ou des réponses à ses propres besoins.

Le vivant, modèle pour une nouvelle approche des techniques

Le monde vivant a inspiré la conception d'une profusion d'objets techniques en architecture, dans les transports et, plus récemment, dans le domaine des nouveaux matériaux. Ainsi prend corps la « physionique », nouvelle discipline qui dépasse la simple imitation des formes naturelles. Son principe : décortiquer systématiquement les mécanismes produisant ou faisant évoluer les structures du vivant (des cellules aux écosystèmes). Son objectif : comprendre comment l'unité globale rétroagit sur ses composants et tirer parti de ces interactions pour concevoir autrement le fonctionnement d'une organisation humaine.

Le Velcro

Le ruban Velcro (mariage de velours et crochet) a le succès qu'on lui connaît depuis qu'il a supplanté la fermeture Éclair dans dc nombreux assemblages de tissus. Son inventeur, Georges de Mestral, avait été intrigué dans les années 1950 par l'étrange comportement des fruits secs d'une plante des montagnes, la bardane *(Arctium lappa)*, qui s'accrochent aux vêtements ou au pelage des animaux et s'y maintiennent aisément. En les observant au microscope, Mestral constate que le tégument de la fructification est hérissé de minuscules crochets très recourbés. Par leur disposition aléatoire, ils sont prêts en permanence à s'accrocher au moindre tissu. Que l'on tire sur le fruit, et les crochets cèdent grâce à leur très grande souplesse. Mais le mécanisme d'accrochage n'est en rien abîmé, il revient à sa position initiale pour un autre accrochage ! L'ingénieur suisse envisagea tout de suite l'intérêt du système dans l'habillement ou la décoration : il évitait un ajustage trop précis. De plus, le phénomène était reproductible à volonté.

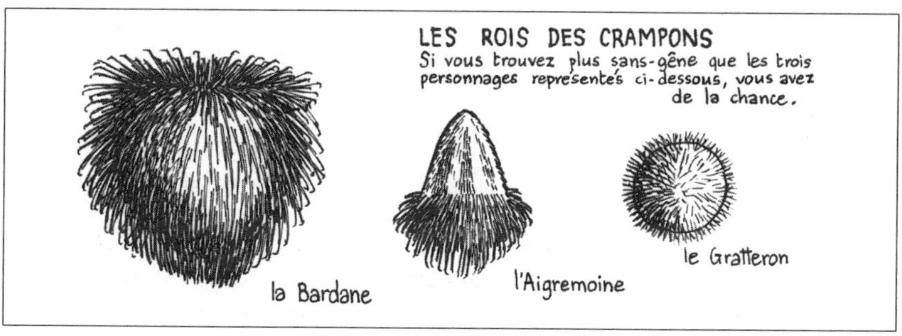

Extrait de La Hulotte, n° 15.

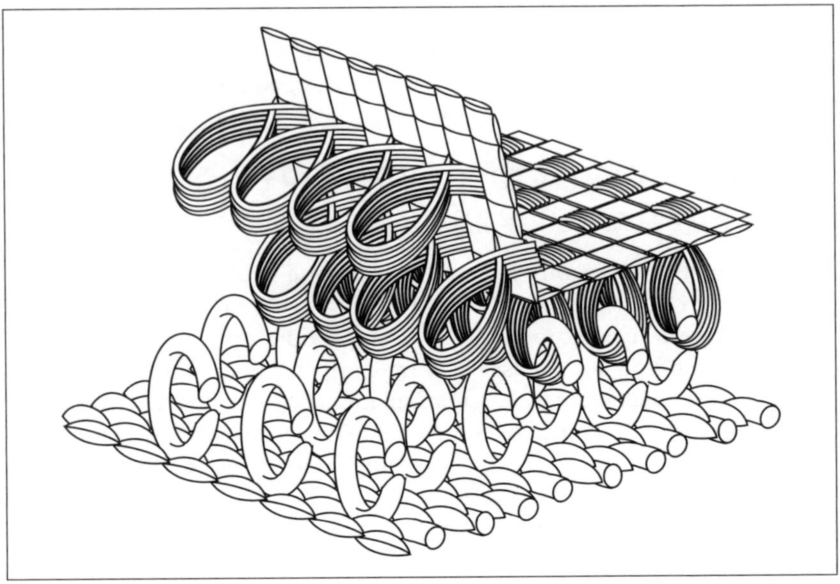

Les crochets de la bardane et des autres plantes dont les fruits sont disséminés en s'accrochant au pelage des animaux ont inspiré l'inventeur du Velcro

ACTIVITÉ 41

UNE EXPÉRIENCE : LE VELCRO

– Il est facile de se procurer un échantillon de Velcro en récupérant des attaches sur de vieux tennis ou de vieux vêtements. Les enfants doivent d'ailleurs être mis à contribution dans cette recherche.
– L'objectif de la séquence est de tenter expérimentalement de déterminer avec quels matériaux ce produit fonctionne ou ne fonctionne pas. Quand l'accrochage a-t-il lieu ?
– Susciter la constitution d'un tableau de vérité.
– Faire constater la similitude qui existe avec certaines plantes…, qu'on se procurera au bord du chemin. (La bardane, fleur bisannuelle à gros capitules munis de crochets sert souvent de projectiles aux petits farceurs.) Les enfants seront naturellement mis à contribution pendant leurs vacances ou lors d'une classe de nature pour en chercher ; le maître lui-même en récoltera et en apportera en classe.
– La même manipulation est alors à envisager. L'utilisation de la loupe permet de voir ce qui se passe réellement.
– Le dessin librement conçu par les enfants sera encouragé.

Les plus lourds que l'air

Éole, l'avion avec lequel Clément Ader réalisa le premier décollage d'un « plus lourd que l'air », imite point par point la voilure d'une chauve-souris. Sa membrane en pongé de soie présente des coutures dont l'orientation reproduit fidèlement les muscles et les tendons du mammifère aérien. Son plan légèrement incliné avec un bord d'attaque réglable facilite son envol et son maintien dans l'air. Ses ailes sont sous-tendues par un squelette conçu avec un nombre d'éléments quasi identique au nombre d'os. Ader poussa sa copie jusque dans les moindres détails. Les ailes de sa machine étaient soutenues, à l'image des os creux des vertébrés volants, par des tuyaux creux faits de faisceaux de bois de pin des luthiers assemblés selon la méthode des tonneliers. Pour augmenter leur résistance, il les larda de chevilles de bois disposées de façon aléatoire, à la manière des trabécules ou piliers osseux. Et il alla jusqu'à replier les ailes de son avion à l'arrêt à la manière des chauves-souris.

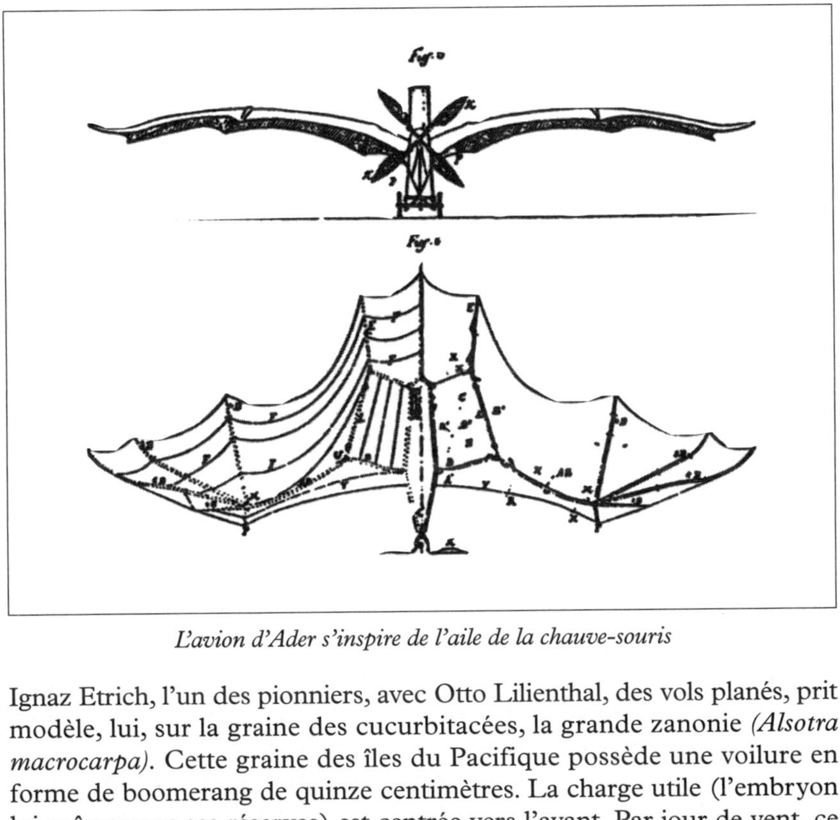

L'avion d'Ader s'inspire de l'aile de la chauve-souris

Ignaz Etrich, l'un des pionniers, avec Otto Lilienthal, des vols planés, prit modèle, lui, sur la graine des cucurbitacées, la grande zanonie *(Alsotra macrocarpa)*. Cette graine des îles du Pacifique possède une voilure en forme de boomerang de quinze centimètres. La charge utile (l'embryon lui-même avec ses réserves) est centrée vers l'avant. Par jour de vent, ce dispositif permet à la graine de passer d'île en île, même distantes de dizaines de kilomètres. Ses extrémités relevées en « toit de pagode » lui assurent alors une très bonne stabilité. Lorsque plus tard, le fils de Lilienthal tenta d'équiper ce planeur avec un lourd moteur (40 chevaux-vapeur), il le nantit d'une queue stabilisatrice... identique à celle du pigeon. C'est ainsi que fut conçu le Taube, bel avion d'observation de la Première Guerre mondiale.

La forme des pales des hélices en bois s'inspire des samares de l'érable

Le vivant imité par les ingénieurs et les architectes : les structures

La célèbre tour Eiffel doit son esthétique à un ingénieur, qui se vit confier la tâche de calculer la répartition des charges. Celles-ci furent déterminantes pour décider de la forme définitive de la Tour. La nuée de charpentes fut dessinée et disposée suivant les lignes où devaient s'exercer les principales forces de tension et de compression ; à l'origine de ce principe, connu aujourd'hui sous le vocable de « statique graphique », est un professeur d'anatomie de Zurich, Hermann Von Meyer. Ce spécialiste des structures osseuses s'était longtemps interrogé sur la structure externe et l'organisation interne, toutes deux surprenantes, mais combien efficaces, de l'os du fémur. La tête de cet os qui s'articule avec le bassin se trouve totalement déportée par rapport à l'axe principal. Une observation fine interne permet de repérer une pléthore de faisceaux de fibres osseuses distribuées de façon tout aussi déroutante. Le poids du corps se dispose ainsi totalement en porte-à-faux. Pourtant, l'ensemble reste étonnamment solidc.

Un professeur de mathématiques de l'École Polytechnique de cette même ville, Karl Culmann, montra par le calcul que la répartition de ces multiples faisceaux ne devait rien au hasard. Bien qu'aléatoires, ils étaient exactement orientés pour tenir compte des lignes de force s'exerçant dans la matière de l'os. Ce principe fut au départ de nombreuses structures métalliques légères. Depuis, certaines analogies ont été encore plus travaillées. Certaines grues imitent la colonne vertébrale de l'homme, des ponts copient la structure du bréchet de l'oiseau.

Copier la nature est une démarche que l'on rencontre dans la plus lointaine Antiquité. Même si elle reste un mythe, la légende d'Icare pourrait en être une balbutiante préfiguration. Les ingénieurs de la Renaissance en feront un usage abondant. Léonard de Vinci la popularisa au travers de ses multiples projets de machines volantes.

UNE RECHERCHE : LES MACHINES VOLANTES

À partir des dessins de Léonard de Vinci, cherchés sur Internet[1], rechercher les modèles de la nature dont il s'est inspiré.

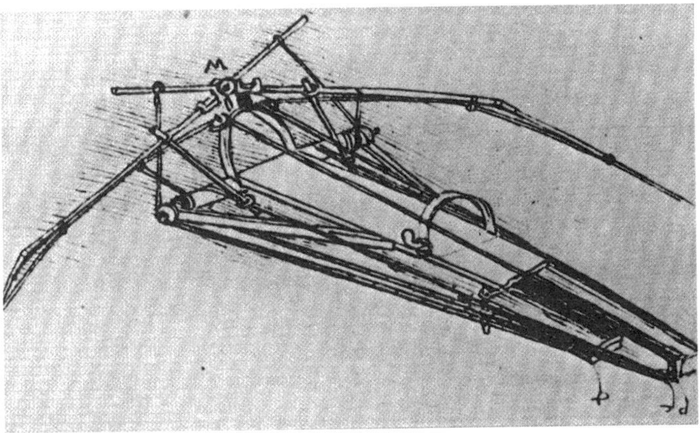

Le regard que porteront les élèves sur ces dessins et les représentations qu'ils leur inspireront sont de nature à les aider à comprendre la démarche suivie par ce dernier.
La mise en commun des observations (à l'oral) sur les formes et leurs similitudes constitue le temps fort de cette activité et prend valeur d'évaluation.

La bionique

Cette approche a reçu un nom : la bionique, contraction de biologie et électronique, dénomination proposée lors d'un congrès en 1960 à Dayton. Cette « science des systèmes qui ont un fonctionnement copié sur celui des systèmes naturels ou qui présentent les caractéristiques spécifiques des systèmes naturels », comme l'avaient définie ses pères fondateurs lors du congrès, s'est diversifiée. Les coquilles de mollusques, les squelettes d'éponges, les tiges de prêles, les chaumes des graminées et les ramifications des arbres sont imités dès lors qu'il s'agit de réaliser des formes légères et élancées. De même, les toiles d'araignées ont conduit à envisager d'impressionnantes structures tendues (couverture de stades).

Les transports ont eux aussi bénéficié des études sur le déplacement animal. En observant avec soin à la fois les morphologies et les anatomies des dauphins, des requins ou des oiseaux, nombre d'améliorations ont été produites pour favoriser les déplacements dans l'air ou dans l'eau. Les

1. *Yahoo LdeVinci www. multimania. com:art de vinci* http://www. museo@museoscienza.org

turbulences ont été limitées, les moyens de propulsion améliorés, et la pénétration dans les fluides facilitée. Certaines particularités de la peau de ces animaux ont été reproduites dans le détail pour favoriser l'hydrodynamisme des sous-marins.

On construit également des mécanismes de robotique à l'identique du fonctionnement des membres des vertébrés ou des invertébrés. Aux États-Unis, le déplacement sauté des kangourous, la marche hexapode des insectes ou les étirements des vers de terre constituent encore d'excellents modèles pour les mobiles tout-terrain.

Enfin, dans le domaine des nouveaux matériaux, de nombreux produits (toujours des agglomérés ou des composites), alliant légèreté, souplesse, plasticité et bonne résistance mécanique, ont été réalisés. Actuellement, les enveloppes de graines de pollen ou les pattes en forme de massue des odontodactyles (arthropodes marins) sont particulièrement étudiées pour leur endurance aux intempéries ou aux chocs.

Mais la démarche bionique ne cherche plus à copier systématiquement la nature. Les « bioniciens » s'emploient plutôt à exploiter des analogies, à forcer des comparaisons, à vérifier des principes ou à transposer des approches. Dans le même mouvement, le champ de recherche se déplace vers de nouvelles directions. Les capteurs, en prenant comme point de départ les multiples organes des sens, les systèmes de transmission des informations, constituent autant de secteurs en développement.

La physionique

Une nouvelle direction prend toutefois corps, qui dépasse la simple imitation des formes ou la simple analogie des structures et des matériaux. Elle étudie systématiquement les mécanismes inhérents aux organisations. En particulier, les processus qui les produisent (comme les régulations) ou qui les font évoluer (comme les espaces de changements) sont décortiqués et resitués par rapport aux systèmes envisagés : cellules, organes, individus, société, écosystèmes… Les procédures intimes et les mécanismes qui les sous-tendent (y compris au niveau cellulaire et infracellulaire) sont privilégiés. Le projet majeur est de comprendre les interactions fécondes entre les unités de niveaux dits « inférieurs » et d'envisager comment l'unité globale rétroagit sur les composants plus simples. Au point de départ de cette nouvelle approche, non plus la morphologie ou l'anatomie comparée, mais une autre branche de la biologie, la physiologie et plus précisément la physiologie des régulations. Cette direction de travail, développée par A. Giordan sous le vocable de *physionique*, devient une source importante d'inspiration.

On observe même dans le vivant de multiples régulations de régulations, et des régulations avec mémorisation, capables d'apprentissage.

C'est que les **systèmes du vivant** (écosystèmes, individus, systèmes fonctionnels, cellules, organites) sont les organisations les plus élaborées sur lesquelles nous commençons à maîtriser les principaux paramètres, ainsi que quelques-unes de leurs interactions. Par exemple l'organisme humain ne peut plus être considéré seulement comme une simple machine, au sens où l'entendait la philosophie classique. Ce dernier ne possède pas moins de soixante mille milliards d'unités de base, les cellules, chacune d'elles contenant des centaines de *mitochondries*, lieux d'intenses activités énergétiques ou encore des dizaines de milliers de *ribosomes* qui synthétisent des milliers de protéines différentes. Des procédés très stricts sont nécessaires, des centaines de milliers de réactions chimiques très conflictuelles s'y déroulent à la seconde dans des milliers d'organites. Des millions de bits d'informations sont décodés simultanément sur les membranes par des récepteurs, d'autres en quantité similaire circulent en son sein grâce à des cohortes de messagers ou sont stockés dans son noyau. Malgré des intérêts extrêmement divergents, toutes les cellules et tous les organites, sans exception et sans discontinuité, se coordonnent les uns sur les autres… Comment se fait-il qu'à chaque nouveau niveau de complexité, une organisation nouvelle, dotée de propriétés spécifiques et imprévisibles, émerge, se maintienne, éventuellement prospère et se reproduise à l'identique ? (Voir chapitre 2, pp. 28 et suiv. et chapitre 16, p. 208.)

La démarche en jeu dans la physionique est prospective : elle tente de définir en quoi « le tout devient beaucoup plus (ou autre chose) que la somme de ses parties ». L'hypothèse en action est similaire à celle présidant nombre de domaines scientifiques. Devant une complexité, on l'étudie en travaillant sur un modèle censé plus simple.

18. L'homme cultive le vivant

Au Néolithique, lorsque l'homme conçoit qu'il peut s'émanciper des aléas de la nature et que l'idée lui vient de cultiver les plantes pour favoriser celles dont il tire avantage, l'organisation du monde a radicalement changé. Le nomadisme a cédé la place au sédentarisme permettant la culture. Le cultivateur commence sa longue carrière. Le jardin que la famille entretient, le champ sur lequel veille le village, l'organisation qui vise à augmenter les chances de se nourrir pour la collectivité ; ces pratiques procèdent de l'observation pragmatique des manifestations de la nature.

L'art du jardinier

La germination des graines en vue de leur multiplication nécessite des conditions que l'homme s'efforce de recréer et de favoriser. C'est l'observation attentive des manifestations des végétaux qui a progressivement amené le « jardinier » à adapter son action pour en améliorer le gain. Le jardin est la première tentative de l'homme pour domestiquer les végétaux. Du premier lopin organisé à l'agriculture industrielle qui prévaut maintenant, les évolutions et les étapes ont été nombreuses. Et ceci n'est pas terminé. La culture « hors sol » qui préfigure la colonisation des galaxies n'est-elle pas l'ultime et temporaire développement dans ce domaine ? Il faut aussi évaluer les conséquences de la surexploitation des terres que les cultures intensives provoquent avec la cohorte des déséquilibres que connaissent les milieux (voir chapitre 10, p. 148).

Le jardin à l'école

La relation directe avec le vivant est essentielle pour les enfants. Qu'ils soient préparés à comprendre les données de la génétique moderne, de la biologie moléculaire et de leurs implications relève du rôle de l'école. Les élèves doivent *jardiner* à l'école[1].

1. Voir Jardinons à l'école, GNIS : www.jardinons-alecole.org.

VISITE D'UNE EXPLOITATION AGRICOLE

– On aura soin de faire émerger et de noter les représentations initiales des élèves (voir partie 1, chapitre 1) sur chacun des thèmes abordés (oral, écrit, dessin ; selon l'âge) à partir desquels un questionnaire sera élaboré collectivement, qui fera le point des préoccupations de tous et d'où sera tirée la fiche enquête qu'utilisera chaque élève ou chaque équipe lors de la visite.
– À l'issue de la visite, on amènera les enfants à reformuler, selon un processus similaire, leurs nouvelles « visions ». La comparaison faite par eux-mêmes des deux versions amènera à la prise de conscience de leur évolution.
– Il est à noter que des « fermes pédagogiques » existent dans les zones urbaines afin de permettre aux enfants de la ville d'approcher ce qu'est, ou ce que fut, le monde rural.

« Moi j'aime bien jardiner à l'école parce qu'on plante, on creuse, on enlève les mauvaises herbes et on arrose. » Marine, 4 ans.

« Moi j'aime bien jardiner parce qu'on plante et j'aime bien arroser pour jouer à l'eau. » Samir, 4 ans.

De nombreuses possibilités découlent de cette activité que toute école peut inscrire à son projet. Plusieurs objectifs sont en jeu : faire aimer la biologie aux élèves ; les rendre désireux et capables d'enrichir, d'approfondir et d'organiser leur futur savoir ; contribuer à la formation civique et morale des citoyens à venir en les préparant à être capables de prendre des décisions intelligentes par rapport à la gestion de la vie, les sensibiliser aux problèmes de l'environnement…

Chloé et Alice, 7 ans : « Le Jardin à l'école »

En ville et dans les écoles où le terrain est compté, il est parfois difficile de jardiner « en pleine terre ». Cependant, avec un peu d'astuce, il est toujours possible aux enfants et aux maîtres de mener à bien bon nombre de cultures. Ainsi, même dans une cour bétonnée ou sur une terrasse, il est possible de disposer dans un coin ensoleillé une série de bacs profonds (30 cm de terre) en carré, chacun avec un type de culture.

Pour démarrer, choisissez une petite surface dont la largeur ne sera pas trop importante pour que les enfants n'aient pas à piétiner la terre. Son emplacement sera à la fois bien exposé (au soleil), peu soumis au vent et visible de tous. Les plantes grimpantes se feront les alliées des architectures « verticales ».

Le sol méritera un amendement et un apport de matières organiques (terreau, tourbe). Un engrais complet favorisera les cultures. D'année en année un terreau de feuilles l'enrichira de manière naturelle. Une aide de la municipalité est toujours envisageable dans ce domaine.

Pour les enfants, les outils sont un des principaux attraits du jardinage car ils leur permettent de s'exprimer avec la terre et de participer en arrachant, en creusant, en plantant. De petits outils, robustes et faciles à utiliser, conviennent : mini-fourches, griffes, plantoirs, transplantoirs, arrosoirs…, prévoir aussi tuteurs, ficelle, lien de raphia, étiquettes plastique, un filet pour protéger les cultures des oiseaux, et en particulier des pigeons (en ville).

En classe des semis en bacs ou en caissettes permettent des activités de même type. Une mini-serre est toujours facile à réaliser et à mettre en œuvre. Une longue table, des étagères, un tableau pour afficher, des pots, des cuillers, des sacs en plastique, des petits pots de verre (récupérés), du terreau ; voilà l'espace culture réalisé.

Pour débuter dans de bonnes conditions et encourager les élèves par des réussites assurées, préférer des végétaux « solides » et qui poussent facilement et rapidement.
– Bulbes à fleurs (plantation automnale) : narcisse, tulipe, jacinthe, perce-neige, muscaris, crocus, anémone, iris…
– Fleurs annuelles (semer fin mars, début avril) : capucine, pois de senteur, coquelicot…
– Vivaces et bisannuelles (fin de l'hiver) : myosotis, pensée, corbeille d'argent, ancolie, campanule…
– Légumes (semis en mars) : radis, petits pois, salades…
– Plantes aromatiques (faciles à bouturer) : thym, romarin, sauge, lavande…
– Plantes grimpantes, certaines vivaces : lierre, chèvrefeuille, d'autres annuelles : cobée, capucine.
– Rosiers, grimpants ou nains.
– Arbustes à fleurs (de peu de volume) : deutzia, spirée, azalée japonaise, hortensia.

– Petits fruitiers : fraisiers en pots, cassissiers en bac, framboisiers palissés sur un mur…

Dans tous les cas, la récolte, ou la présentation des résultats, doit faire l'objet d'une information largement diffusée. L'utilisation fonctionnelle de la langue, écrite et orale, est en l'occurrence largement favorisée. En cela l'activité de jardinage est une puissante motivation qui joue son rôle d'éducation au civisme et au respect de la nature. En effet, et particulièrement dans le cas d'un coin de jardin dans la cour de l'école, les élèves sont amenés à s'organiser pour son entretien, à communiquer avec les autres afin de faire respecter les cultures et les récoltes…

Le retour en septembre est un moment particulièrement riche. D'une part, il est l'occasion de récoltes, d'autre part, il permet la découverte et la récolte des graines de certaines plantes comme les radis « qui sont montés à graines », les graines de pommes de terre, d'oignons, et surtout des mauvaises herbes qui ont envahi les cultures. C'est l'occasion de se poser la question de « comment elles ont pu coloniser si vite le jardin », et d'observer leur mode de propagation : stolons des boutons d'or, tiges souterraines du chiendent, montée à graine rapide avec un grand nombre de graines par plante, etc.

Dès lors que des jeunes enfants sont impliqués, il est intéressant de faire prendre conscience que des conditions sont nécessaires pour permettre la pousse des végétaux et que, par exemple, des températures extrêmes ne la favorisent pas. La petite « expérience », objet de la fiche qui suit, est de nature à y contribuer.

POURQUOI LES PLANTES NE POUSSENT-ELLES PAS FACILEMENT (OU PAS DU TOUT) AU PÔLE SUD ?

ACTIVITÉ 44

▸ **Consigne**

Essayer de faire germer des graines dans deux endroits différents, l'un froid, l'autre chaud.

▸ **Matériel**

Une dizaine de haricots (en grains), deux couvercles en plastique, du coton, de l'eau.

▸ **Déroulement**

1. Placer un morceau de coton dans chacun des couvercles.
2. Déposer la moitié des haricots sur chaque couvercle.
3. Humecter chaque ensemble et placer le premier au réfrigérateur ; l'autre restera dans la pièce.
4. Observer au bout de quatre ou cinq jours.

Multiplier les plantes

La visite de jardins publics, de serres professionnelles, d'entreprises d'horticulture sont l'occasion d'apprendre qu'il est possible de multiplier les plantes par différents procédés. Parmi ces derniers, le *bouturage* et le *marcottage* peuvent sans difficulté être pratiqués en classe. Les enfants seront mis en situation d'agir à partir de fiches mode-d'emploi (voir activité 45, p. 227). L'activité de lecture authentique (texte et image) que cela implique, s'inscrit dans la logique des apprentissages généraux.

Une bouture est une portion de branche bien saine, prélevée avec un talon, c'est-à-dire un petit morceau de celle d'où elle surgit. C'est de là que partiront les racines. On peut aussi prendre une branche toute droite. Il faut savoir que les boutures de printemps prennent mieux et plus vite que celles d'automne car la végétation se réveille, la sève circule plus vite.

Le marcottage est un mode de multiplication naturelle pour un certain nombre de plantes sauvages ou cultivées. Le fraisier en est un exemple bien connu avec ses stolons qui partent du pied-mère et portent de petits fraisiers avec leurs racines. Des arbustes comme le noisetier ou le forsythia (Mimosa de Paris) se multiplient aussi grâce à des branches qui se plient vers le sol et y font des racines. C'est aussi le cas de nombreuses « mauvaises herbes », qui, par ce procédé, envahissent rapidement nos jardins.

Marine, 7 ans :
Quelle joie de jardiner !

Deux manières pour le jardinier de reprendre ce procédé à son compte : le marcottage simple (se fait en enterrant une branche) et le marcottage aérien (qui a l'avantage de préformer les racines sur le pied-mère).

COMMENT OBTENIR DES PLANTES SANS SEMER DE GRAINES ?

Des pommes de terre apportées en classe pour une activité de géométrie ont été oubliées. Des enfants observent les germes apparus au bout de quelque temps de stockage. Cette occasion permet de lancer une nouvelle activité.

▸ Matériel

Pommes de terre de petit calibre bien « dures ». Une caissette de polystyrène (récupération), de la terre de jardin, du sable, du gravier, un écriteau plastique.

▸ Mise en œuvre

Constituer un lit de gravier sur le fond de la caissette ; mélanger terre et sable en parts égales, en recouvrir le lit de gravier ; enfouir 3 ou 4 pommes de terre à bonne distance les unes des autres ; mouiller la terre modérément, installer la caissette à la lumière ; marquer la date de plantation.

▸ Conditions générales

Faute d'une lumière suffisante, la croissance des « pieds » sera perturbée (l'observation du phénomène est d'ailleurs riche de potentiel). L'arrosage sera modéré. Pour être assuré de connaître le développement de la plante avant les congés d'été, il faut planter au début du printemps.

▸ Observation

L'utilisation de la loupe est systématique. Chaque élève ou groupe d'élèves sera responsable de consigner ses observations régulièrement sur un cahier (ou tableau) de suivi daté : des observations qualitatives (formes, couleurs...), des observations quantitatives (longueur, nombre de feuilles, nombre de jours...). Le recours au dessin et au texte d'explicitation est recommandé.

▸ Informations complémentaires

Le germe est reconnu comme une très petite tige porteuse de bourgeons et de racines. Une partie de tige souterraine qui accumule des réserves et peut donner naissance à une nouvelle plante est appelée tubercule. Il connaît une vie ralentie.

▸ Question

Peut-on obtenir des graines de pomme de terre ?
Les fleurs blanches, roses ou violacées des pommes de terre donnent un fruit ou baie, verdâtre, pâlissant à maturité, qui contient de nombreuses graines. La pomme de terre peut se reproduire à partir de ces graines, mais elle ne se reproduit pas normalement par semis car on obtient alors une récolte très hétérogène de tubercules très souvent inutilisables parce que trop petits. On reproduit la pomme de terre par plantation de tubercules.
(Attention : Les élèves ne doivent en aucun cas sucer les tiges de pommes de terre, elles sont toxiques.)

ACTIVITÉ 45

MARCOTTAGE PAR COUCHAGE

Exemples : plantes dont les tiges se courbent facilement.
Ficus, Vigne, Glycine, Fraisier, Hortensia, Noisettier, Forsythia, Œillet, Romarin.

MARCOTTAGE AÉRIEN

Exemples : Ficus (trop haut ou ayant perdu ses feuilles inférieures) ; Œillet.

BOUTURES DE STOLONS

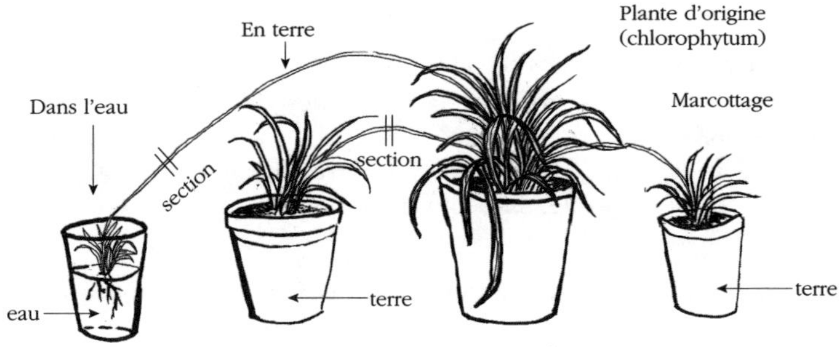

Exemples : Chlorophytum, Bégonia-fraisier, Ajuga, Fraisier.

BOUTURES DE RAMEAUX FEUILLÉS

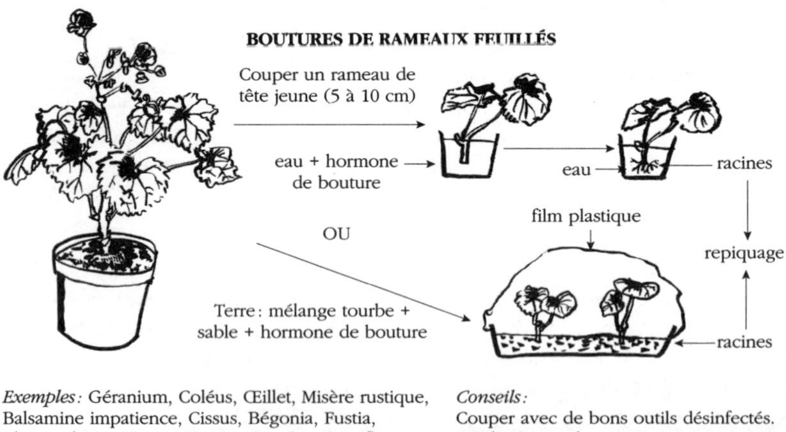

Exemples : Géranium, Coléus, Œillet, Misère rustique, Balsamine impatience, Cissus, Bégonia, Fustia, Chrysanthème, Sauge, Troëne, Bruyère, Passiflore. Pommier, Groseiller, Vigne, Figuier, Olivier, Saule, Peuplier, Rosier, Lilas.

Conseils :
Couper avec de bons outils désinfectés.
Garder 3 nœuds.
Enlever les feuilles de la base si elles sont trop grandes.

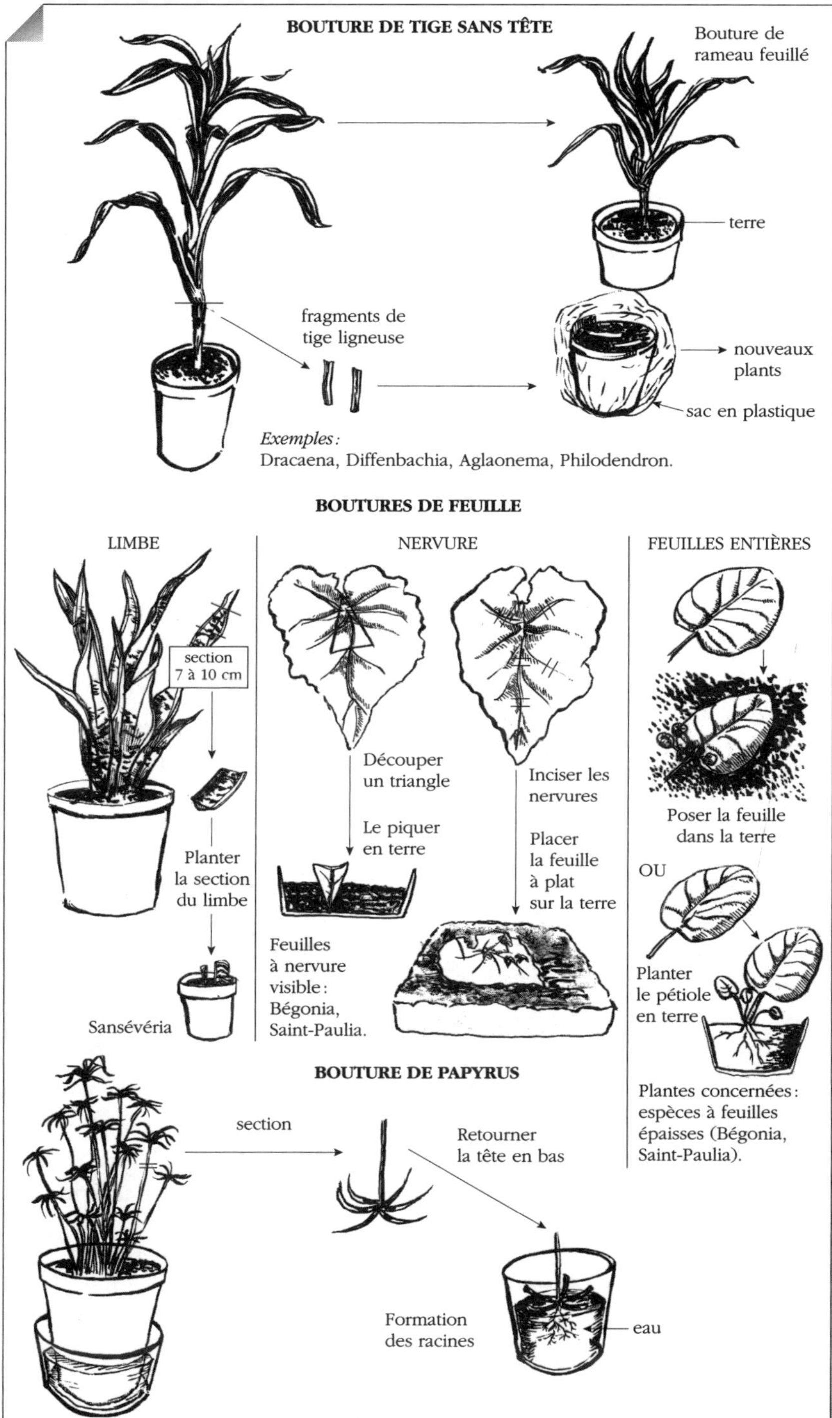
BOUTURE DE TIGE SANS TÊTE
Bouture de rameau feuillé
terre
fragments de tige ligneuse
nouveaux plants
sac en plastique
Exemples :
Dracaena, Diffenbachia, Aglaonema, Philodendron.
BOUTURES DE FEUILLE
LIMBE
section 7 à 10 cm
Planter la section du limbe
Sansévéria
NERVURE
Découper un triangle
Le piquer en terre
Feuilles à nervure visible : Bégonia, Saint-Paulia.
Inciser les nervures
Placer la feuille à plat sur la terre
FEUILLES ENTIÈRES
Poser la feuille dans la terre
OU
Planter le pétiole en terre
Plantes concernées : espèces à feuilles épaisses (Bégonia, Saint-Paulia).
BOUTURE DE PAPYRUS
section
Retourner la tête en bas
Formation des racines
eau

19. L'homme cultive industriellement le vivant

Cette recherche constante d'amélioration de sa condition a amené l'homme à concevoir des systèmes de plus en plus performants. Répondre aux attentes du plus grand nombre, obtenir un meilleur gain de ses activités, sont les moteurs de ses actions. Ces activités regroupées sous le terme générique d'agro-alimentaire font la force de certains pays, participent activement aux échanges commerciaux mondiaux et sont parfois des enjeux politiques majeurs.

Le yaourt, un aliment qui contient des germes vivants

Le lait fraîchement tiré contient des germes. Ces germes se développent rapidement et font « tourner » le lait : on dit qu'ils le font cailler. La conservation du lait est donc difficile. En 1865, pour éliminer cette flore pathogène, Pasteur préconise de chauffer le liquide sans toutefois le faire bouillir, à l'abri de l'air : c'est la pasteurisation.

Ainsi le lait que nous avons aujourd'hui dans les briques ou les bouteilles est un lait pasteurisé, sauf lorsque nous achetons du lait cru. Pour que le lait pasteurisé puisse à nouveau cailler, il faut rajouter à ce lait les deux familles de germes qui transforment le lait en yaourt. C'est l'ensemencement.

Le yaourt ne peut être élaboré qu'à l'aide de deux espèces bactériennes : *Streptococcus thermophilus* et *Lactobacillus bulgaricus*. Ces bactéries doivent être présentes, vivantes, dans le produit à un taux ne pouvant être inférieur à 100 millions par gramme à DLC (date limite de consommation).

Dans une classe de cycle 2, nous avons essayé de connaître les représentations des enfants sur le yaourt : de quoi est-il composé ?
« *Le yaourt, c'est du lait, c'est tout.* » Mike.
« *Moi je les achète tout faits.* » Jonathan.

Comment le fabrique-t-on ?
« Il faut mettre de la farine et puis du sucre et puis du lait. » Mohamed.
« Je fais chauffer du lait et du sucre. » Jennifer.
« Alors ça fait du lait chaud et si tu le mets au micro-ondes ça va encore plus vite. » Gloria.
« Moi, ma maman elle les fait dans une yaourtière, avec un yaourt. » Perrine.

On fabrique des yaourts selon les recettes données par les élèves, échec.
« Le yaourt n'est pas très sucré. Ce n'est pas un vrai yaourt. Il était trop liquide. » Rédouan, 7 ans.
« Le premier yaourt qu'on a mis dans le micro-ondes était un petit peu liquide. Le deuxième avait l'allure un petit peu d'un vrai. C'est quoi le ferment ? » Laurie, 7 ans.

On fabrique des yaourts à partir d'un autre yaourt. Le lait n'étant pas chaud, le lendemain on constate l'échec, les yaourts sont toujours liquides.
« Il y avait trop de lait, ils n'étaient pas assez sucrés et ils étaient liquides. » Marine.

On lit alors l'étiquette d'un yaourt acheté dans le commerce et les élèves remarquent un ingrédient mystérieux : *ferment*. Il s'agit alors de faire une recherche pour savoir de quel produit il s'agit et à quoi ça sert. La maîtresse indique alors le rôle du ferment et les conditions pour qu'il se reproduise. Des expériences sont à nouveau tentées avec du ferment acheté en pharmacie. Les yaourts sont réussis. Que s'est-il passé ?

Réponses des élèves : *« Petit à petit, les gouttes sont descendues. Dans le ferment on dirait qu'il y a quelque chose qui fait durcir le lait. »* Joanna.
« Le ferment se mélange avec la crème du lait, ça fait grossir les gouttes. Les petites gouttes vont au fond, elles remontent et s'occupent de la crème. Le lait est enfermé dans la crème, après ça durcit. » Aymeric.
« Pendant la nuit, les trois petites gouttes se sont partagées, elles sont divisées en plusieurs gouttelettes et après ça a durci et ça a fait le yaourt. » Jennifer.

On recommence alors avec un yaourt en respectant la température du lait. Réussite à nouveau.

Questions des élèves : *Qu'est-ce que le ferment ? Pourquoi les yaourts étaient ratés quand on ne faisait pas chauffer le lait ? Est-ce qu'on peut faire des yaourts au micro-ondes ? Combien de fois peut-on multiplier les yaourts ?*

Après dix reproductions, on constate que le yaourt est moins épais et prend un goût plus acide.

On décide aussi de faire des essais avec des laits de brebis et de chèvre.

Enfin, on s'interroge pour savoir si la fabrication du fromage blanc se fait de la même manière et si le ferment utilisé est le même.

Dernière interrogation : y a-t-il du ferment dans les flans ? Les enfants identifient les flans et les yaourts comme étant de la même famille parce qu'on les trouve dans les mêmes rayonnages au supermarché.

ACTIVITÉ 46

COMMENT FABRIQUER DES YAOURTS ?

1re FABRICATION : MULTIPLICATION PAR LEVAIN

▸ Ingrédients

1 litre de lait. 1 yaourt du commerce.

▸ Matériel

Une cocotte minute. Huit pots de verre. Casserole. Thermomètre.

▸ Procédure

– Faire bouillir le litre de lait dans la casserole et attendre que le lait refroidisse jusqu'à 50 à 60 °C.
– Mélanger le lait et le yaourt, puis répartir le mélange dans les pots de verre.
– Faire bouillir dans la cocotte minute deux verres d'eau. Quand la soupape tourne, arrêter.
– Ouvrir la cocotte et la vider.
– Disposer les pots remplis dans la cocotte vide et encore bien chaude. La fermer rapidement et remettre la soupape. Laisser ainsi pendant 6 heures. Les yaourts sont prêts.

2e FABRICATION : MULTIPLICATION PAR FERMENT

▸ Ingrédients

1 litre de lait. Ferment ou présure acheté en pharmacie.
À la place du yaourt on mélange dans le lait tiède quelques gouttes de ferment. Suivre ensuite les mêmes opérations.

▸ Remarques

– Le yaourt est meilleur dégusté 24 heures après sa fabrication : son arôme se développe mieux.
– Son goût est plus ou moins acide suivant la température de préparation. Entre 37 et 40 °C, c'est la famille de germes qui donne au yaourt son arôme particulier qui se développe rapidement. Entre 45 et 50 °C, c'est la famille des germes qui donnent le goût acide qui se développe plus rapidement.

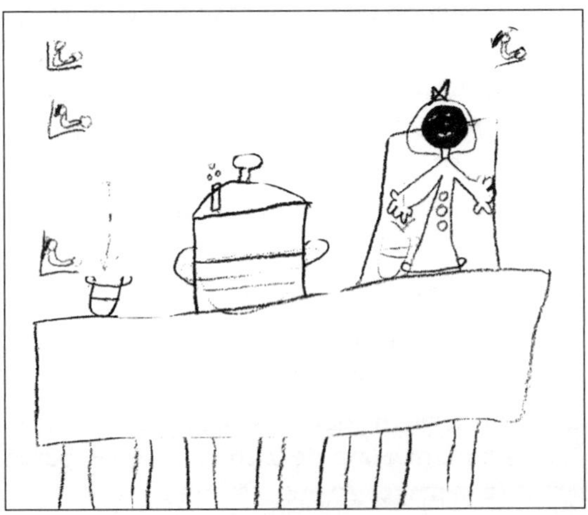

Gloria, 7 ans : Fabrication du yaourt à la cocotte minute

Les champignons

Des champignons domestiques variés prennent part à la fabrication de beaucoup de fromages. Ils sont le plus souvent répandus dans les fermes, les laiteries, les caves où se fait la maturation du fromage, et ils sont apportés par l'atmosphère, avec les bactéries de la fermentation lactique soit sur le lait, soit sur la pâte molle qui résulte de sa coagulation ; leur mycélium se développe dans la masse et à la surface du fromage, où des spores sont fréquemment produites. Par exemple le camembert se fait avec l'aide *du Penicillium candidum* cultivé à l'état pur dans des laboratoires, qui en livrent des spores aux industriels préparant ce fromage (voir chapitre 3, p. 50).

Sur une échelle beaucoup plus vaste, l'homme exploite des champignons supérieurs pour en recueillir les fructifications dont il se nourrit. Le plus important d'entre eux est le *Psalliota campestris*, ou champignon de couche. Sa culture est courante dans divers pays d'Europe et d'Amérique. En France, on le cultive dans les carrières souterraines. Il y trouve une température constante d'une dizaine de degrés. L'aliment qui lui convient le mieux est le fumier de cheval, que l'on place d'abord en tas à l'entrée des carrières, où il subit des fermentations bactériennes qui le rendent meilleur ; on l'introduit ensuite dans les carrières, puis on le dispose en parterres qu'on appelle des meules ou des couches, d'où le nom de champignon de couche ; ces meules forment des tas allongés, de 45 à 50 cm de large. Elles sont ensemencées avec du mycélium qu'on appelle du blanc de champignon. Le mycélium envahit toute la meule. On la recouvre de sable, qu'on tasse suffisamment pour permettre les arrosages, et c'est sur ce revêtement sableux et propre que viennent se former les carpophores du champignon. Actuellement, la culture en meule a laissé place à la culture en caissette ou en sac plastique qui permet une plus grande mécanisation.

Le marché permanent

L'époque actuelle a partiellement gommé la notion de saison du fait que les végétaux (fleurs, fruits, légumes) sont disponibles tout au long de l'année, au moins dans le circuit commercial. Le marché traditionnel lié aux saisons a vécu. On trouve tous les végétaux tout au long de l'année. Tout vient « d'ailleurs », d'un « autre été ». Par ailleurs de nombreuses plantes ont été acclimatées très loin de leur terre d'origine. Le kiwi, ainsi nommé par les cultivateurs néo-zélandais en référence au langage « local », n'est autre que la groseille de Chine qui a conquis les campagnes et les marchés du monde. L'acclimatation d'espèces exotiques est devenue la règle. Sait-on par exemple que l'Islande compte parmi les producteurs de bananes du monde ? Que la Hollande est devenue le premier pays producteur européen de fleurs ? Leur climat ne les y destinait pourtant pas. Cette réalité doit être explicitée avec les élèves au travers d'une enquête sur la provenance des fruits et légumes qu'ils consomment. Les fruits disponibles en décembre : pêches ou cerises d'Afrique du Sud par exemple, dont les élèves savent bien qu'on ne les trouve sur nos arbres qu'au début de l'été, permettent de prendre conscience de l'inversion des saisons dans l'hémisphère sud ; une approche originale de la géographie du globe !

ACTIVITÉ 47

D'OÙ VIENNENT LES FRUITS ET LES LÉGUMES QUE NOUS MANGEONS ?

L'affichage obligatoire de la provenance des fruits et légumes dans les points de vente va permettre une recherche que chaque enfant mènera sur une période donnée. Le relevé de ces indications et leur localisation sur le planisphère doit permettre la mise en relation de la saison et de la géographie.
La découverte de la culture en serres, ainsi que des pratiques de conservation de longue durée, donneront à cette activité un intérêt accru.
Pour ce faire, une fiche enquête sera rédigée collectivement en classe et utilisée individuellement ou en petits groupes lors d'une sortie au marché, voire au supermarché en famille. Un inventaire exhaustif des végétaux vendus au marché présenté sous forme de tableau comportant : dénomination, provenance, lieu de stockage, date de conditionnement... est un outil à fabriquer.
L'exploitation des résultats sera l'objet d'un débat et débouchera sur la fabrication d'un panneau collectivement réalisé, destiné à être affiché en bonne place dans l'école à des fins informatives.
Cette activité d'élucidation passe par l'usage fonctionnel de la langue (orale et écrite) et se situe donc dans le cadre d'une interdisciplinarité bien comprise.

20. Et l'avenir ?

L'air est pollué (voir chapitre 11, p. 157). Il n'y a plus de saisons. Personne ou presque ne conteste l'inquiétante destruction de l'environnement et les risques pour la vie (celle des hommes, mais aussi celle de tous les vivants qui l'entourent), pour la fine couche de vie qui entoure notre planète, la biosphère. Alors pourquoi les chercheurs scientifiques ne se font-ils pas davantage entendre pour arrêter le massacre, pour asséner La Vérité ? Un problème majeur est que de nombreux journalistes, comme la plupart des gens, ne savent pas ce qu'est la démarche scientifique et quelles sont les caractéristiques du vivant. Aussi ils sont prêts à croire n'importe quoi, ou à exiger l'impossible des scientifiques. En effet, un chercheur digne de ce nom se pose des questions, cherche, mais la rigueur scientifique lui impose de ne jamais avoir de vérité simple et définitive.

Et pourtant la science biologique progresse à grande vitesse, confiant aux hommes de plus en plus de moyens de transformer le vivant.

« La vie est importante parce que si on n'est pas vivant on ne peut pas voir les oiseaux, les arbres, tout ce qui vit avec nous. Il faut les respecter ! »
Pauline, 8 ans et demi.

Préserver le vivant

Conserver la diversité du vivant

« L'homme est-il l'ennemi des autres espèces ? » : c'est avec ce titre provocateur que la revue *La Recherche* d'août 2000 posait le problème de la sauvegarde de la biodiversité. Cette diversité du vivant est un des principaux concepts inscrits dans les programmes scolaires du primaire. La découverte de cette biodiversité est un objectif important pour les enseignants, car quand on demande à des enfants de 10 ans de dire ce qui vit dans un étang, 80 % d'entre eux sont juste capables de citer « des poissons, une ou

deux sortes» et «des canards», alors que l'étang abrite des centaines d'espèces vivantes différentes visibles à l'œil nu ou à la loupe, et des milliers visibles au microscope! Il est donc d'abord nécessaire de faire découvrir cette diversité (voir chapitre 10, p. 148) aux élèves afin qu'ils puissent comprendre le risque que court notre planète.

La conservation des milieux naturels devrait être un souci prioritaire aujourd'hui dans le monde. En effet, la destruction de vastes écosystèmes comme la forêt tropicale humide d'Amazonie, non seulement pose un problème majeur de disparition irrémédiable d'espèces animales et végétales, dont la plupart ne sont pas encore connues, mais a aussi une influence considérable sur les climats à l'échelle locale et à l'échelle planétaire. Près de la moitié des espèces de plantes et d'animaux est menacée d'extinction avant la fin du siècle, si la pression humaine sur les milieux naturels continue. Bien plus qu'une affaire de chasse, c'est la destruction des milieux qui est en cause.

Mais il n'est pas si simple d'arrêter le massacre. Les enjeux économiques sont toujours les plus forts dans le monde actuel. Mais, même à un niveau plus local, il n'est pas si facile de créer un espace naturel en protection totale. En effet, l'homme est maintenant partout présent, par ses activités, ses cultures, ses élevages, souvent en contradiction avec les enjeux touristiques. Les enjeux des uns et des autres sont rarement compatibles. On pourrait croire que le développement du tourisme favorise la protection de la nature, mais une trop forte fréquentation d'un milieu par les promeneurs présente aussi des risques: érosion des sentiers, risque d'abandon des petits par les femelles dérangées... Les espaces interdits au public sont souvent mal perçus par la population. La mise en protection totale d'un milieu où il n'y a pas assez de prédateurs a aussi ses inconvénients et de nombreuses réserves naturelles en ont fait les frais. En France, une surpopulation des sangliers et des cervidés conduit à une destruction de la forêt. En Afrique, les surpopulations d'éléphants conduisent aussi à la destruction des milieux et peuvent entraîner la désertification de zones fragiles de savane. La connaissance des interactions et la notion d'équilibre (voir chapitre 10, pp. 151 et 155) sont fondamentales.

La simple réintroduction d'une espèce n'est pas si simple à gérer en face des intérêts contradictoires des acteurs de terrain. Les exemples de l'ours des Pyrénées ou du loup sont régulièrement dans l'actualité des médias. Tout le problème est de savoir quelle priorité définir et quelle place l'homme accepte de laisser aux autres êtres vivants.

Les arguments concernant le long terme conduisent à la prévoyance. Et déjà aujourd'hui on a compris tout l'intérêt des conservatoires d'espèces, par exemple pour les arbres fruitiers. «Les croqueurs de pommes» en France se sont donné comme objectif de conserver et de pérenniser toutes les sortes de pommiers existant sur le territoire. Après une phase où le consommateur mangeait n'importe quoi, on revient à la recherche de la qualité et l'on est content de redécouvrir une variété de goût.

Intérêt de conserver la diversité des formes de vie

Les élèves prennent facilement conscience de la menace qui pèse sur certaines espèces. À Paris, une visite dans la galerie des espèces disparues de la Grande galerie du muséum provoque une émotion propre à déclencher une prise de conscience. En classe, la recherche des espèces en voie de disparition sur une carte du globe est à la fois un travail de repérage géographique et une prise de conscience de la mondialisation du problème. Ainsi peuvent-ils repérer les risques de disparition de la Baleine menacée par la pollution des eaux de la Méditerranée, du Panda géant en Chine, du Lynx en Suisse, du Rhinocéros noir au Zimbabwe, du Léopard des neiges en Afghanistan, de l'Éléphant de forêt en Côte-d'Ivoire, de la Tortue-luth en Guyane, du Jaguar menacé par la disparition de la forêt tropicale humide d'Amazonie, et de bien d'autres encore.

La disparition progressive des forêts tropicales humides est inquiétante. Au-delà des modifications climatiques provoquées, ce sont des millions d'espèces qui disparaissent. Certaines auraient pu être la base de médicaments. Ainsi la Pervenche de Madagascar dont on utilise maintenant l'action anti-tumorale et dont on extrait deux substances, la vinblastine et la vincristine, qui sont deux atouts majeurs de la chimiothérapie anticancéreuse.

Effet de serre et modifications climatiques

L'effet de serre correspond au phénomène par lequel les couches inférieures de l'atmosphère forment une barrière qui empêche la ré-émission vers l'espace du rayonnement solaire qui a atteint le sol. Cet effet de serre a eu jusqu'à ce jour des effets bénéfiques sur la vie sur Terre en y maintenant une température moyenne de + 15 °C, alors qu'elle ne serait que de – 18 °C sans ce phénomène. Il a donc eu par le passé un effet bénéfique sur le développement de la vie.

Mais depuis un siècle, et avec une croissance continue, l'utilisation des combustibles fossiles (charbon, pétrole, gaz) et des matières organiques dans les activités humaines provoque la formation de gaz à effet de serre : dioxyde de carbone, méthane, protoxyde d'azote, aérosols… Ce phénomène est accompagné de la formation de fines particules en suspension dans l'atmosphère qui absorbent ou réfléchissent les rayonnements et influent sur la durée de vie des nuages. L'effet de serre augmente donc en permanence depuis un siècle et particulièrement de nos jours, modifiant les équilibres actuels de la planète.

Tout ceci a pour effet :
– un réchauffement de la planète, de 0,5 à 0,6 °C depuis un siècle ;
– la destruction de la couche d'ozone protectrice qui l'entoure et des conséquences bien perceptibles telles que fonte des glaciers et montée du niveau des eaux : le niveau moyen des mers est monté de 10 à 20 cm depuis un siècle. Ce phénomène accroît la surface des zones humides favorisant la prolifération d'espèces comme par exemple les moustiques, vecteurs de maladies.

Mais surtout les climats subissent de fortes variations provoquant des catastrophes qui modifient déjà les conditions de vie. Le cycle de l'eau connaît de ce fait des modifications importantes. Le réchauffement global augmente l'évaporation et l'énorme réservoir d'eau qui se constitue dans l'atmosphère provoque pluies violentes et tornades dans des régions auparavant tempérées, comme c'est le cas de la France. À de très fortes pluies succèdent des vagues de sécheresse. Cela permet de montrer et de confirmer le rôle régulateur que la forêt a toujours tenu dans l'équilibre climatique de la planète.

Comment maintenir l'équilibre actuel ? Le dioxyde de carbone, principal gaz à effet de serre, est absorbé par les végétaux verts pour fabriquer de la matière vivante grâce à la lumière. D'où la suggestion de planter des arbres pour lutter contre l'augmentation de l'effet de serre. C'est une bonne solution à court terme. Mais le jour où ces arbres mourront et se décomposeront, ou seront brûlés, la question se reposera.

Maîtriser le vivant

« Je peux vivre en liberté. On peut vivre comme les autres qui sont sur les autres planètes. On a des espoirs. » Nadar, 7 ans.

Dans la course que l'homme a engagée pour comprendre ce qu'est le monde et la place qu'il y tient, force est de constater qu'il avance en aveugle. Après les révolutions agraire et industrielle, puis maintenant informationnelle qu'il accomplit, sa capacité à maîtriser le vivant est patente tant dans l'ordre de l'animal que du végétal. Dans les cinquante dernières années, il a fait plus de découvertes que lors des cinquante siècles précédents. Se projeter dans l'espace pour l'explorer lui impose d'envisager la question de sa nourriture. D'où toutes les recherches sur les cultures hors sol. En laboratoire sont recréées les conditions de l'espace (absence de gravité, de lumière, eau absente ou comptée, accélérations, rythmes perturbés, surfaces limitées…). Ces essais préfigurent ce que pourrait être la colonisation de planètes, devenues étapes de voyages interplanétaires. La mise au point de plantes répondant à de telles contraintes est déjà à l'ordre du jour. OGM est un sigle bien connu. Des plantes qui n'existaient pas dans la nature sont « inventées » pour constituer le jardin du futur, d'ici ou d'ailleurs. Des animaux clonés aux caractéristiques déterminées permettent une production standardisée. La nature est « aux ordres ». Les enfants sont particulièrement sensibilisés à cet aspect de la place du vivant par les fictions et les œuvres d'anticipation qui leur sont proposées.

Manipuler le vivant

Certaines variétés hybrides de semences industriellement produites ont la particularité, curieuse pour des semences, de donner des plantes stériles. *Terminator* est leur nom. Pas de nouvelle récolte avec elles. Cette stérilisation du vivant à laquelle pousse la logique économique est un exemple inquiétant.

La question des manipulations génétiques est une question posée presque chaque semaine par les médias. Mais en quoi consistent les manipulations génétiques qui conduisent à la production des OGM (organismes génétiquement modifiés) ? Elles consistent en *« la possibilité d'introduire chez une plante des gènes venant d'une autre espèce végétale très éloignée, voire d'un virus ou d'une bactérie...*[1] » Comment comprendre cette question sans un minimum de connaissances en biologie ? Probablement pas avec celles acquises à l'école primaire. Il n'empêche que la compréhension du problème ne peut pas se faire si l'on n'a pas compris dès l'école élémentaire que la science n'est pas une encyclopédie de connaissances absolues, mais que c'est une démarche de découverte basée sur le questionnement et des démarches d'investigations pour essayer d'y répondre, qu'elle met en jeu, pour l'analyse du vivant, une multiplicité de paramètres, d'où la difficulté d'avoir des réponses absolues immédiates d'experts scientifiques « qui devraient donner directement un avis absolu ».

On peut aussi comprendre que des OGM apportent des avantages par la réduction de l'usage des pesticides, qui tuent les insectes et détruisent ainsi la biodiversité. De plus ils permettent une réduction des coûts de production, une plus grande régularité du rendement, une durée de conservation plus longue, par exemple par l'introduction d'un gène de tolérance à un herbicide. Mais qu'en est-il pour le consommateur ? Quel est le risque qu'un gène manipulé s'échappe dans la nature ? Pour comprendre l'existence de ce risque, il faut déjà savoir comment les graines sont produites par fécondation d'un ovule de la fleur par un grain de pollen d'une autre fleur, donc connaître les principes de la pollinisation. La connaissance des mécanismes du vivant, et en particulier le travail d'observation sur la fleur (voir chapitre 4, p. 59), y trouve tout son intérêt.

1. *Sciences & Avenir*, mai 1999.

Des incertitudes demeurent quant à l'impact que peuvent avoir ces variétés sur leur environnement biologique. Ces plantes améliorées ne risquent-elles pas de dominer les plantes rustiques et donc de contribuer à la perte de la biodiversité ? Des variétés de soja ou de maïs sont créées pour résister aux herbicides ou aux insectes, mais cette résistance ne risque-t-elle pas d'être transmise aux herbes sauvages ? Combien de temps faudra-t-il aux insectes, par exemple, pour s'adapter à ces nouvelles plantes résistantes ?

Ensuite se posent les risques pour l'homme qui ingère ces gènes dans sa nourriture. Cela a conduit en France à la pratique du «*principe de précaution*», faute de connaissance des effets futurs. L'existence de contrôles de sécurité, peut limiter les inquiétudes à propos des OGM. Par exemple la création de comités de biovigilance composés *«d'agriculteurs, d'écologistes, de consommateurs et de scientifiques»*.

Construire le vivant

De la compréhension progressive des modes de fonctionnement du vivant à la tentation de les réutiliser, l'homme n'a jamais vraiment hésité, dès lors qu'il pouvait en tirer avantage. Son ambition de démiurge ne peut que l'y pousser.

L'homme développe donc aujourd'hui différentes techniques :
– le clonage des animaux à des fins de standardisation et de productivité accrue ;
– le clonage humain à des fins thérapeutiques à partir de cellules souches de l'embryon ;
– la création, en laboratoire, d'interfaces entre circuits électroniques et êtres vivants (implants visant à pallier certains handicaps humains, télécommandes d'animaux par électrodes) ;
– le pilotage de circuits informatiques par un cerveau d'animal relayé par des neurones de culture ;
– la fabrication de «robots de compagnie» aux comportements «plus vrais que nature».

Le désir d'imiter, de reproduire ou d'utiliser le vivant qu'expriment ces recherches se concrétise selon deux axes :

■ Le fantasme d'immortalité

La recherche de l'élixir de longue vie hanta les premiers alchimistes. Il ne se réduisait pas à l'immortalité, mais à l'espoir éperdu d'une éternelle jeunesse. Aujourd'hui, le commerce des produits de beauté et le développement de la chirurgie esthétique reprennent ce fantasme d'éternelle jeunesse qui ne serait en fait qu'une vieillesse masquée.

Pourtant, la science apporte chaque jour des éléments nouveaux qui peuvent contribuer à alimenter ce désir de rendre à son corps l'âge que l'on a dans sa tête : hormonothérapie ; autogreffes (un cœur abîmé renaît avec des cellules de la cuisse) ; génome type de longue vie.

Repousser sans cesse l'échéance fatale, voilà l'objectif que se donnent les humains. Mais pourra-t-on gérer ces années supplémentaires ? Jusqu'où peut-on bouleverser l'ordre de l'existence ? La mort n'est-elle pas nécessaire pour que la vie soit belle ? (Voir chapitre 13, p. 173.)

■ **Le désir d'immortalité** sublimé dans la création d'une œuvre et la procréation d'une lignée qui transmet la vie, mais aussi la culture, les valeurs d'un individu et d'une civilisation sont les réponses que l'homme a trouvées jusqu'alors.

Ces exemples montrent assez que la frontière est proche, sinon déjà franchie, d'un territoire sur lequel on ne pénètre pas impunément : le vivant instrumentalisé. Dans sa quête d'éternité, l'homme ne recule devant aucun obstacle. Pourtant sa liberté ne doit pas être disjointe de sa responsabilité, condition du maintien de sa dignité. Selon le docteur Philippe Meyer[1], le drame de l'époque actuelle est d'avoir réduit le vivant à la matière. D'un point de vue moral, cloner l'animal c'est le rabaisser. Dans une interview récente, il estime qu'entre Néandertal et nous, les changements ne sont pas si grands, que l'obstination demeure intacte de tout bouleverser, de s'en prendre à la nature. L'homme est lancé dans une course aveugle à la fois géniale et folle. Mais, motif d'espoir, l'humanité vit de manière cyclique ; aux lumières succèdent les ténèbres et ainsi de suite…

Malgré tous les progrès, il reste une dimension de l'homme qu'il est difficile d'appréhender. L'être est-il sacré ? En dernier recours il faut croire dans les ressources de la conscience éthique. L'actualité est nourrie de faits et d'événements qui posent avec acuité la question : cette liberté prise sur la nature est-elle fondée ? De plus en plus de voix s'élèvent qui préconisent un *développement durable*, des avancées raisonnées s'agissant des domaines sensibles qui touchent à l'essence même du monde naturel. L'émotion ressentie par l'enfant qui caresse son animal favori sera-t-elle recréée à son tour par la grâce d'un robot ?

1. Philippe Meyer, *Philosophie de la médecine*, Grasset, 2000.

Glossaire

ADN : acide désoxyribonucléique, formé de nucléotides disposés en double hélice, support de l'information génétique.

Arbre phylogénétique : représentation des liens de parenté entre les êtres vivants.

Autotrophie : synthèse de matière organique à partir de matière minérale prélevée dans le milieu extérieur par certains êtres vivants. Les végétaux verts la réalisent par photosynthèse grâce à l'énergie lumineuse.

Base azotée : molécule contenant de l'azote qui code le nucléotide. Il en existe quatre pour l'ADN : Adénine, Cytosine, Guanine, Thymine.

Biocénose : groupement d'êtres vivants (micro-organismes, plantes et animaux) existants dans un biotope déterminé.

Biodégradable : susceptible d'être transformé progressivement en résidus minéraux par des êtres vivants, surtout par des bactéries.

Biomasse : masse totale des organismes vivant dans un milieu donné.

Biosphère : ensemble des milieux terrestres où la vie est possible.

Biotechnologies : techniques utilisées pour fabriquer ou transformer des produits en se servant d'organismes vivants.

Biotope : partie non vivante d'un écosystème comprenant les éléments physico-chimiques du milieu.

Bouturage : multiplication artificielle asexuée des végétaux à partir d'un fragment détaché de la plante mère.

Chromosome : présent dans le noyau des cellules, il est formé de molécules d'ADN, support du code génétique.

Dégradable : se dit de toute substance qui se transforme progressivement en résidus minéraux.

Écologie : étude des interactions des êtres vivants entre eux dans leur environnement.

Écosystème : système presque autonome d'êtres vivants (faune et flore), leur habitat et leur environnement non vivant. Écosystème = biotope + biocénose.

Effet de serre : élévation de la température à la surface de la Terre, due au retour vers la Terre d'une partie des rayonnements infrarouges piégés par les gaz, en particulier le dioxyde de carbone.

Fermentation : dégradation incomplète de la matière organique permettant une récupération d'énergie.

Gène : séquence de nucléotides de l'ADN à l'origine d'une synthèse de protéine.

Génie génétique : ensemble des techniques qui, tirant profit de l'universalité du code génétique, permettent de transférer dans un organisme un ou plusieurs gènes provenant d'un autre organisme et de lui faire exécuter le programme génétique contenu.

Génome : ensemble des gènes contenus dans le noyau d'une cellule.

Hétérotrophie : nécessité pour certains êtres vivants de disposer de substances organiques. Les animaux et les champignons sont hétérotrophes.

Invertébrés : ensemble des animaux dépourvus de colonne vertébrale.

Marcottage : multiplication asexuée des végétaux à partir d'une portion de tige ; contrairement à la bouture, la marcotte n'est séparée du pied-mère qu'après la formation de racines.

Mutation : modification de l'ADN touchant une séquence de nucléotides.

Nucléotide : unité codante de l'ADN ou de l'ARN ; molécule comprenant un sucre, un acide phosphorique et une base azotée.

OGM : organisme génétiquement modifié.

Ozone : gaz présent dans la stratosphère et qui protège la surface de la Terre d'une grande partie du rayonnement solaire ultraviolet.

Parasite : animal ou végétal qui se nourrit obligatoirement aux dépens d'un hôte d'une espèce différente en l'affaiblissant, sans forcément le tuer.

Pathogène : se dit d'un élément qui engendre une maladie.

pH : coefficient caractérisant l'acidité ou la basicité d'une solution.

Photosynthèse : fabrication de matière organique à partir de matière minérale (dioxyde de carbone), qui s'effectue chez les végétaux grâce à la chlorophylle qui capte l'énergie solaire ; ce phénomène dégage de l'oxygène.

Pollution : altération d'un milieu par l'introduction de substances nocives ou en excès qui modifient la vie des animaux et des végétaux.

Respiration : dégradation cellulaire de la matière organique (glucides) permettant une récupération d'énergie ; ce phénomène utilise de l'oxygène et produit du dioxyde de carbone et de l'eau.

Index des notions

Index des activités

Bibliographie

Ouvrages didactiques

P. Antheaume, *Formation en biologie des étudiants d'IUFM, futurs enseignants polyvalents*, Thèse, Université Paris-VII, 1993.

Au cœur du temps, notion de temps à l'école maternelle, Actes du congrès AGIEM, Versailles, 1992.

Contribution à la définition de modèles didactiques pour une approche de la Géologie à l'école élémentaire et dans la formation des maîtres, MEN/Direction des écoles, 1990, CRDP de Poitou-Charentes, 1995.

J. Deunff (coord.), *Dis, Maîtresse, c'est quoi, la mort ?*, CRDP de Dijon, L'Harmattan, 2001.

J. Deunff (coord.), *Découverte du vivant et de la Terre*, Hachette Éducation, 1995.

P. Duris et G. Gohau, *Histoire des sciences de la vie*, Nathan Université, 1997.

P. Giolitto, M. Clary, *Éduquer à l'environnement*, Hachette Éducation, 1997.

A. Giordan, J. Guichard, F. Guichard, *Des Idées pour apprendre*, Delagrave, 2000.

A. Giordan, C. Souchon, *Une Éducation pour l'environnement*, CRDP de Nice, 1996.

A. Giordan, G. de Vecchi, *L'Enseignement scientifique, Comment faire pour que ça marche*, Z'éditions, 1994, Delagrave, 2000.

J. Guichard, J.-L. Martinand, *Médiatique des sciences*, PUF, 2000.

J. Guichard, B. Zana, *Les savoirs de l'école, Sciences et techniques, cycle 3*, Hachette Éducation, Fichier et Livre élève, 1999.

J. Guichard, *Observer pour comprendre les sciences de la vie et de la Terre*, Hachette Éducation, 1998.

S. Tessier, J.-B. Andreys, *Santé publique et santé communautaire*, Maloine, 1996.

M. Paccaud, J. Vuala, *Biologie, Géologie, Concours de professeur des écoles*, Hatier, 1999.

G. Raimbault, *L'Enfant et la mort. Lorsque l'enfant disparaît*, Odile Jacob, 1999.

Ouvrages scientifiques

P. Blandin (coord.), *L'Évolution*, Paris, Bordas/Muséum national d'histoire naturelle, 1996.

A. Connes, J.-P. Changeux, *Matière à pensée*, Odile Jacob, 2000.

F. Guichard et V. Roudeau-Leclercq, *Découvrez l'évolution de la vie, Grande galerie de l'évolution*, Muséum national d'histoire naturelle, Paris, 1992.

C. Hartmann, *La Sénescence des végétaux*, Hermann, 1992.

F. Jacob, *Qu'est-ce que la vie ?*, Odile Jacob, 2000.

É. Klein et M. Spiro, *Le Temps et sa flèche*, Flammarion, coll. « Champs », 1996.

A. Langaney, *La Philosophie biologique*, Belin, 1999.

R. Lestienne, *Les Fils du temps : causalité, entropie, devenir*, Paris, Presses du CNRS, 1990.

P. Meyer, *Philosophie de la médecine*, Grasset et Fasquelle, 2000.

P. Tassy, *Le Paléontologue et l'évolution*, Édition Le Pommier, 2000.

S. Tisseron, *Secrets de famille, mode d'emploi*, Marabout, 1997.

Albums de jeunesse et documentaires

I. de Froment, V. Theinhardt, *L'Extraordinaire Histoire de la vie*, Bayard Centurion/ Astrapi, 1993.

Colette, *Sido*, Le Livre de Poche, n° 373.

C. Dolto-Tolich, *Si on parlait de la mort*, Gallimard, 1999.

C. Dolto-Tolich, *Les Grands-Parents*, Gallimard, 1997.

C. Dolto-Tolitch, *Attendre un petit frère ou une petite sœur*, Gallimard, 1997.

C. Dolto-Tolich, *Les Mamans*, Gallimard, 1977.

P. Dupasquier, *Un Dimanche chez grand-père*, Gallimard, 2000.

G. Laurencin, *Le Dimanche noyé de grand-père*, Gallimard, 1998.

J.-B. de Panafieu, *Drôles de cousins*, Milan, 1996.

A. Rosensthiel, *La Naissance*, La Nacelle, 1995.

T. Ross, *Je veux grandir !*, Gallimard, 2000.

S. Varley, *Au Revoir Blaireau*, Gallimard, 1996.

J. Willis, *J'étais comment quand j'étais bébé ?*, Gallimard, 2000.

Crédits iconographiques

p. 93 : © J. Guichard.
p. 128 : © J. Guichard.
p. 165 : © Sunset / Photobank (g.) ; © Sunset / NHPA (d.).
p. 192 : © Nicole Lambert, 1997.
p. 217 : © Bibliothèque centrale MNHN, Paris.
p. 218 : © R. Landin / MNHN, Paris.
p. 219 : © British Science Museum, Londres / Explorer Archives.

Achevé d'imprimer par Hérissey - N° d'impression : 89928
Dépôt légal : 09490/06/2001 - Collection n° 08 - Édition n° 01
17/0681/1